DE L'OR ET DE L'ARGENT.

PARIS. — IMPRIMERIE DE W. REMQUET ET Cie,

rue Garancière, 5, derrière St-Sulpice.

DE L'OR

ET

DE L'ARGENT

LEUR ORIGINE

Quantité extraite dans toutes les contrées du monde connu,
depuis les temps les plus reculés
jusqu'en 1855:

L'ACCUMULATION ACTUELLE DE CES MÉTAUX DANS LES PRINCIPAUX ÉTATS,

ET

leur rapport mutuel suivant leur poids et leur valeur,

PAR

NARCÈS TARASSENKO-OTRESCHKOFF,

GENTILHOMME DE LA CHAMBRE DE S. M. L'EMPEREUR DE RUSSIE,
CONSEILLER D'ÉTAT,
MEMBRE DE LA SOCIÉTÉ IMPÉRIALE D'ÉCONOMIE, DE LA SOCIÉTÉ D'ÉCONOMIE RURALE
DE MOSCOU ET DE CELLE DU MIDI DE LA RUSSIE, ETC., ETC.

TOME PREMIER.

PARIS

GUILLAUMIN ET Cⁱᵉ, LIBRAIRES ÉDITEURS,
14, RUE DE RICHELIEU.

A SAINT-PÉTERSBOURG, CHEZ S. DUFOUR, LIBRAIRE DE LA COUR IMPÉRIALE.
1856.

À Sa Majesté Impériale

L'EMPEREUR DE TOUTES LES RUSSIES

Alexandre Nicolaiévitch.

SIRE,

La quantité universelle d'or et d'argent exploitée, surtout celle de l'or, a considérablement augmenté vers ces derniers temps. Dans toutes les contrées du monde connu on exploitait, il y a aujourd'hui vingt-cinq ans, en moyenne, 180 millions de francs chaque année. En 1848, cette moyenne ne dépassait pas 400 millions de francs, tandis qu'aujourd'hui, en 1855, l'exploitation de ces métaux s'élève déjà par an à 2 milliards, et laisse, en outre, présager, selon toute apparence, un avenir encore plus brillant.

La découverte des gîtes aurifères est devenue pour ainsi

dire générale. Toutefois, les pays qui occupent aujourd'hui le premier rang dans la production de l'or, sont : la Russie, la Californie et l'Australie.

L'exploitation de l'argent n'a commencé en Russie qu'en 1704, et celle de l'or en 1745. Quoique la richesse de ce pays, sous le rapport de ces deux métaux, soit incontestable, l'exploitation en était presque nulle avant ces époques. Ainsi, pendant le temps qui s'est écoulé depuis lors jusqu'à l'avénement au trône de Sa Majesté Impériale Nicolas Pawlowitch, que la Russie a eu le malheur de perdre cette année, c'est-à-dire dans le cours de cent vingt ans, on n'a exploité, en tout, en or et en argent, que pour une somme de 443 millions de francs. Aujourd'hui l'exploitation annuelle de ces métaux en Russie atteint le chiffre de 86 millions de francs; et dans les vingt-neuf années du règne de Sa Majesté Impériale Nicolas Pawlowitch, on en a exploité pour une valeur de 1,440 millions.

L'immense influence que l'or et l'argent exercent sur la situation financière des gouvernements, et le rang qu'occupe la Russie dans la production universelle de ces métaux, m'ont engagé à entreprendre ce travail.

A la suite de mes recherches, j'y expose, autant que mes lumières me le permettent, l'origine de l'or et de l'argent; leur quantité exploitée dans toutes les contrées du monde connu, depuis les temps les plus reculés jusqu'en 1855; l'accumulation actuelle de ces métaux dans les principaux États et leur rapport mutuel suivant leur poids et leur valeur.

La généralité du sujet même, comme aussi le désir de faire connaître à l'Europe l'état de la production de l'or et de l'argent en Russie, m'ont conduit à faire imprimer ce livre en langue française.

L'attention très-gracieuse dont Votre Majesté Impériale daigna honorer mon mémoire sur la position de la partie financière en Russie, m'enhardit à prier très-humblement Votre Majesté Impériale de vouloir bien accepter la dédicace de cet ouvrage.

J'ai le bonheur de me nommer avec un profond respect,

de Votre Majesté Impériale,

le très-fidèle sujet,

NARCÈS TARASSENKO-OTRESCHKOFF.

Saint-Petersbourg. 1853.

PRÉFACE.

Le véritable mérite de l'or et de l'argent consiste non-seulement dans les qualités utiles et
agréables de ces métaux, qui se prêtent à la confection d'une variété infinie d'objets d'industrie,
d'art et de luxe, mais aussi dans leur emploi, dès
la plus haute antiquité, comme signes monétaires,
ou, pour parler le langage des économistes, comme
étalon de la valeur des autres objets.

Avec une destination aussi importante que celle

réservée à l'or et à l'argent, et en raison de la quantité qui en fut exploitée et des conséquences qui résultèrent de cette exploitation, il est évident que ces métaux durent attirer depuis longtemps l'attention des économistes.

Les écrits de ces derniers servent encore aujourd'hui de base aux calculs qui ont été faits depuis. Ceux qui me semblent mériter une mention particulière, sont Adam Smith, Dureau de Lamalle, Jacob, Joseph Garnier, Stirling et le baron Al. de Humboldt, duquel les recherches sont reconnues comme les plus complètes et les plus dignes de foi. Les ouvrages de M. Michel Chevalier sont particulièrement supérieurs sous ce rapport et se sont acquis pour cette raison une considération bien méritée[1].

---

[1] *Économie politique des Romains,* par Dureau de Lamalle; *Essai politique sur le royaume de la Nouvelle-Espagne,* par A. de Humboldt; *Cours d'économie politique,* par Michel Chevalier; *Éléments d'économie politique,* par J. Garnier; *De la découverte des mines d'or en Australie et en Californie,* par Stirling.

Comme l'or et l'argent servent d'étalon pour fixer la valeur des autres objets, il devient évident que la modification de la valeur même de ces métaux acquiert de l'importance, non-seulement pour les gouvernements, mais aussi pour chaque individu.

Si cette modification s'effectue graduellement dans le cours d'un grand nombre d'années, les conséquences n'amènent pas alors de perturbations violentes dans les rapports fixés pour les valeurs, c'est-à-dire dans les revenus et les dépenses des gouvernements comme dans ceux des particuliers. Mais que cette modification se manifeste subitement et dans une grande proportion, alors il en résulte nécessairement pour les uns des pertes immenses, et pour les autres des avantages inespérés.

Il est incontestable que la valeur de l'or et de l'argent, ainsi que celle de tout autre objet, dépend de la quantité qui s'en exploite, qui s'en amasse, et en outre du chiffre des dépenses qu'entraîne cette exploitation même. D'où il résulte que si l'exploitation de l'or et de l'argent augmente et que les frais d'exploitation diminuent, la valeur de ces deux métaux doit nécessairement baisser.

Des recherches faites à ce sujet prouvent que, dans le courant des trois derniers siècles et demi, c'est-à-dire depuis la découverte de l'Amérique jusqu'à celle de l'or en Californie, en 1848, la quantité universelle d'or et d'argent exploitée a beaucoup augmenté, et en outre, que, bien que cette augmentation devînt toujours plus forte d'année en année, elle eut lieu, toutefois, assez graduellement et dans des proportions modérées [1]. En conséquence, la baisse de la valeur même de

[1] A l'exception de l'époque qui s'est écoulée depuis 1810 jusqu'à 1825, ou plus exactement jusqu'à 1848, lorsqu'à la suite de tremblements de terre survenus dans les possessions américaines appartenant autrefois à l'Espagne et au Portugal, la production de l'or et de l'argent diminua, se releva ensuite peu à peu et arriva en 1848 presque jusqu'à la quantité précédente.

l'or et de l'argent, occasionnée par cette augmentation, se manifesta graduellement aussi, assez lentement, et, pour ainsi dire, d'une manière à peine sensible [1]. D'après les indications unanimes des économistes les plus distingués, la valeur de l'or et de l'argent n'a baissé à peu près qu'à six reprises dans le courant de trois siècles et demi.

Mais en 1848, la production de l'or et de l'argent, dont le résultat ne s'était fait sentir que graduellement jusqu'alors, prit tout à coup un développement extraordinaire. D'une part, la découverte de riches gîtes aurifères en Californie et en Australie; d'autre part, l'activité de la production, portèrent la quantité d'or et d'argent universellement exploitée qui, chaque année, jusqu'en 1848, ne dépassait pas la valeur de 400 millions

[1] En exceptant l'apparition subite d'une grande quantité d'argent qui eut lieu dans le XVIᵉ siècle, à l'époque de la découverte des riches mines argentifères de Potosi au Pérou; ce qui occasionna alors une baisse de presque les deux tiers sur la valeur de l'argent.

de francs, au chiffre actuel, en 1853, de 2 milliards. En outre, un accroissement aussi rapide laisse entrevoir, selon toute probabilité, un avenir plus brillant encore.

Cette augmentation surprenante de l'exploitation de l'or et de l'argent constitue, sans nul doute, l'événement le plus important de notre époque. Elle éveilla l'attention des gouvernements civilisés, dont quelques-uns prennent même déjà des mesures de précaution. Elle fut également soumise aux recherches attentives des économistes, et fournit à l'Académie française des sciences morales et politiques l'occasion de mettre au concours en juin 1853, « l'examen de l'influence que doit exercer cette augmentation récente et rapide de la quantité d'or et d'argent exploitée, sur la condition financière, commerciale et industrielle des nations. »

L'accroissement incessant de la production de l'or et de l'argent donna naturellement naissance à la question suivante: « La valeur même de l'or et de l'argent n'a-t-elle pas éprouvé de baisse aujourd'hui ; et, si elle en a éprouvé une, quelles en seront les conséquences sur la prospérité publique et sur la position des classes productives et des capitalistes ? »

Deux opinions se manifestèrent pour la solution de ce problème.

Les uns prétendirent que, bien que la valeur de l'or et de l'argent en Europe ait baissé en réalité graduellement depuis la découverte de l'Amérique jusqu'en 1848, l'accroissement extraordinaire de la production de ces deux métaux, dont nous avons été témoins depuis cette époque, n'a pas encore donné lieu à une baisse nouvelle et sensible, parce qu'ils sont absorbés immédiatement par le développement immense de l'industrie et de la civilisation de beaucoup d'États, particulièrement d'États nouvellement formés ; et surtout parce que l'on a commencé maintenant à mettre en circulation dans beaucoup de pays la monnaie d'or au lieu de celle d'argent.

D'autres assurent au contraire que, bien que l'on exploite à présent de l'or en beaucoup plus grande quantité relativement que l'argent et que, malgré des causes qui seront expliquées dans la suite, la baisse sur la valeur de l'or, surtout par rapport à l'argent, ne se soit pas encore manifestée directement, il n'en est cependant pas moins évident que la valeur des deux métaux a baissé, depuis 1848, d'une manière graduelle et simultanée, et que cette baisse continue fortement.

Il est incontestable que, quel que soit le sens dans lequel on décide cette importante question, l'on doit en tous cas, pour arriver à une solution motivée, posséder nécessairement l'histoire et la statistique de la production de l'or et de l'argent, c'est-à-dire avoir indispensablement un livre dans lequel se trouvent rassemblés, autant que possible, les renseignements exacts relatifs au développement progressif de la production, à la quantité universellement exploitée de ces deux métaux, et divisés par périodes d'exploitation et par contrées.

Séduit par l'importance d'un fait aussi extra-ordinaire, et possédant les moyens de réunir les renseignements relatifs à la Russie, qui joue un rôle remarquable dans la production univer-selle de l'or et de l'argent, j'ai entrepris la publi-cation de cet ouvrage simultanément en langues russe et française.

À la suite de mes recherches, j'y expose, autant qu'il est en mon pouvoir, « l'origine de l'or et de l'argent; la quantité de ces métaux exploitée dans toutes les contrées du monde connu, depuis les temps reculés jusqu'en 1855 ; leur accumulation actuelle dans les principaux États et leur rapport réciproque suivant leur poids et leur valeur. »

Les recherches qui se trouvent détaillées dans ce livre me serviront surtout à examiner les ques-tions mentionnées plus haut; questions qui dé-coulent de l'accroissement actuel de l'exploitation, savoir : « l'influence sur la richesse publique de la quantité monétaire en circulation, et la proportion dans laquelle s'est accomplie actuellement la baisse de la valeur de l'or et de l'argent. »

Je me propose de publier séparément, à la suite de cet ouvrage, mes recherches sur ces derniers sujets.

Quant aux données que j'ai réunies dans ce livre, j'ai tâché de les emprunter aux ouvrages qui jouissent de la plus grande authenticité. Parmi ces derniers, je dois citer particulièrement les excellentes *Recherches sur la quantité d'or et d'argent exploitée* jusqu'en 1803, publiées par M. le baron de Humboldt, et, jusqu'en 1848, par M. Michel Chevalier, auxquels je suis reconnaissant des renseignements qu'à l'exemple de tous ceux qui se sont occupés de ce sujet, j'ai trouvés dans leurs ouvrages si distingués. Pour les documents relatifs aux années postérieures et récentes, j'ai mis tous mes soins à les puiser aux sources les plus nouvelles et les plus dignes de foi.

Si ce livre ne contient pas des recherches plus satisfaisantes, l'excuse s'en trouvera en partie dans l'importance du sujet même, et dans les grandes difficultés que j'ai rencontrées à rassembler, au milieu de mes occupations, des renseignements plus exacts et plus certains.

Toutefois, je me considérerai plus que récompensé de mes peines, si les conclusions que j'ai exposées dans cet ouvrage peuvent donner, sous des points de vue généraux, une idée suffisante du sujet que j'ai traité.

VALEUR DE L'OR ET DE L'ARGENT

EN 1855.

	OR.		ARGENT.	
	PUR.	AU TITRE de la monnaie française.	PUR.	AU TITRE de la monnaie française.
POIDS FRANÇAIS, ou poids décimal.	fr. c.	fr. c.	fr. c.	fr. c.
Kilogramme. . .	3,444 44,444	3.100 »	222 22,222	200 »»
Grammes	3 44	3 4	» 22	» 20
POIDS ANGLAIS.				
Livre de Troy. .	1,242 28			
Once.	103 52			

OBSERVATION.

Le prix de l'or en grains, en paillettes et en sable, c'est-à-dire, de l'or à l'état naturel non purifié, tel qu'on le recueille dans les gîtes aurifères par le lavage des terres, est divers, en ce qu'il dépend des localités et de la pureté naturelle plus ou moins grande de ce métal. —On peut évaluer approximativement à 3,150 francs un kilogramme de cet or en grains, et à 94 fr. 25 cent. une once anglaise (Troy). Au reste, l'or se vend encore meilleur marché, savoir : sur les lieux d'exploitation en Californie et en Australie, on paye pour une once anglaise

84 fr. 75 cent. dans le commerce, et dans les gîtes aurifères mêmes, 76 francs.

On sait qu'à l'exception de la Russie, on adopte dans les autres principales contrées où l'on exploite l'or, surtout en Australie, en Californie et généralement dans l'Amérique du Nord, le poids anglais (Troy) pour peser l'or et l'argent. La livre anglaise (Troy) se divise en 12 onces. — Ce poids se compare au poids français comme suit : une livre anglaise égale 373 grammes 238 milligr.; une once anglaise égale 31 gr. 103 milligr.

PREMIÈRE PARTIE.

PREMIÈRE PARTIE.

**Origine de l'or et de l'argent, et manière d'extraire
ces métaux.**

CHAPITRE PREMIER.

FORMATION DU GLOBE TERRESTRE ET APPARITION DES MONTAGNES CONTENANT
DE L'OR ET DE L'ARGENT.

La science démontre que la matière dont fut formé le
globe terrestre était primitivement d'une nature ignée
ou pâteuse.

On a reconnu également que l'espace qui se trouve
entre les étoiles, le soleil et la terre, est d'une température glaciale, et même inférieure à celle du mercure con-
gelé[1].

Cette matière primitive ignée dut se refroidir peu à
peu, pendant la révolution du globe autour du soleil à
travers les espaces glacés de l'univers. Ce refroidisse-

[1] *Voy.* les *Recherches sur la température du monde ou sur l'espace entre
les étoiles,* par le baron de Humboldt, par Fourrier, Swanberg, et le *Mémoire*
présenté par M. Liais à l'Académie des sciences de Paris, en août 1853.

ment s'est sans doute opéré lentement, et continue probablement encore de nos jours [1].

Le refroidissement graduel des parties extérieures de la substance ignée du globe terrestre en constitua l'écorce ou l'enveloppe primitive, laquelle forma le granit, servant, pour ainsi dire, de fondement à la superposition des autres couches.

Dans le principe, cette enveloppe, à peine formée, était probablement peu épaisse, et renfermait en elle les restes de la substance ignée. On sait, en outre, que toute substance en fusion occupe plus d'espace que lorsqu'elle est refroidie; or, les couches supérieures de la matière ignée, contenues dans l'enveloppe en formation et se refroidissant toujours de plus en plus, finirent par se condenser en laissant un espace entre elles et l'écorce granitique qui entourait le globe. Cet espace dut nécessairement se remplir de vapeurs et de gaz, dont la force expansive rompit en plusieurs endroits l'écorce granitique. A travers ces crevasses se répandirent à la surface du globe d'énormes masses de substances ignées, nouvellement lancées hors des entrailles de la terre. Ces substances se transformèrent en minéraux qui constituèrent les terrains postérieurs. Au reste, ces terrains postérieurs furent formés de subs-

---

[1] Pour démontrer ce fait, il suffit d'observer l'eau qui sort des puits artésiens; elle est toujours plus chaude que l'eau séjournant à la surface du globe. Il est également reconnu que plus on descend dans les entrailles de la terre, plus la chaleur augmente; et cela apparemment dans les mêmes proportions sur tous les points du globe, sans acception de climat, qu'on y pénètre dans le nord de la Sibérie ou sous l'équateur. Cette chaleur augmente, par 31 mètres de profondeur, d'un degré du thermomètre centigrade; par conséquent, la chaleur actuelle du globe terrestre doit égaler celle de l'eau bouillante à une profondeur de 3 kilomètres, à une profondeur de 64 kilomètres, la chaleur de la fonte, et à 320 kilomètres, celle du fer en fusion.

tances déjà distinctes, et provenant des couches ou corps
qui les avaient précédés.

Pour démontrer de quelle manière ces masses ignées,
s'élançant des entrailles de la terre, purent former des
couches se distinguant par leur aspect et par leurs propriétés diverses, il suffit de rappeler que le degré de chaleur a toujours une action distincte sur les qualités des
corps formés par elle. En conséquence, on comprend que
les substances lancées hors du sein de la terre ne durent
pas ressembler exactement aux matières qui les avaient
précédées, et durent nécessairement former des corps
plus ou moins distincts. C'est ainsi que les parties intégrantes de la matière primitive ou granitique se reproduisirent dans les substances ou les couches successives ;
mais elles apparurent déjà sous des aspects différents,
et les matières postérieures se reproduisirent pareille-
ment en se distinguant des couches plus récentes, et ainsi
de suite.

A cette même époque, d'autres phénomènes non moins
merveilleux survinrent jusque sur la surface du globe
terrestre. La chaleur excessive de l'atmosphère qui l'entourait diminua peu à peu. Les vapeurs et les gaz de cette
atmosphère produisirent par leurs combinaisons, en se
condensant et en se décomposant, les éléments de l'air,
et plus tard les éléments de l'eau. Mais ces éléments, en
raison du degré très-élevé de la chaleur de cette époque,
possédaient des parties intégrantes autres que celles qui
les constituent aujourd'hui. L'influence de ces éléments
aériformes et aqueux finit par former et précipiter des
substances ou des couches entièrement distinctes de celles
d'origine ignée. Quelques-uns d'entre eux se formèrent
à ce moment en un précipité qui se déposa sur les pro-

1.

duits encore incandescents d'origine ignée. De cette manière, ces couches acquirent un caractère distinct. D'autres, ayant fait éruption à la suite de ces masses de
matières lancées hors des entrailles de la terre, subirent
infailliblement une modification, et apparurent sous la
forme de substances intermédiaires [1].

Si toutes les couches de matières devant leur origine
soit aux masses ignées, soit aux précipités des éléments
aqueux, étaient restées dans un état d'immobilité parfaite
après leur formation, sans subir plus tard aucune altéra-
tion, elles devraient présenter partout *une disposition constamment uniforme, une superposition régulière*, et la terre
offrirait une surface unie. En outre, les substances les
plus lourdes auraient formé les couches inférieures ; les
plus légères se seraient rapprochées de la surface, et
enfin le globe eût été entouré d'eau de tous côtés. Cependant, nous voyons non-seulement que le globe terrestre
est formé de vastes et hautes chaînes de montagnes et de
mers immenses, mais que la surface en est partout irrégulière.

En étudiant la position actuelle des couches ou terrains,

---

[1] Les géologues modernes divisent tous les corps qui entrent dans la composition du globe terrestre en quatre classes, dont chacune se subdivise elle-
même, savoir : A. les couches ou substances proprement dites d'origine ignée,
ayant été formées par la cristallisation et le refroidissement ; B. les couches
ou substances volcaniques lancées hors des entrailles de la terre, également
d'origine ignée et plus ou moins cristallisées. Ces couches apparurent plus tard
sur la surface du globe et s'échappèrent à travers les crevasses de l'écorce
primitive ; C. les couches aquatiques ou substances précipitées par les éléments
aqueux ; elles se formèrent non cristallisées et se déposèrent en schistes ou en
couches ; D. les couches métamorphiques ou terrains métamorphosés. Elles formèrent primitivement des éléments aqueux ; mais, par la suite, en raison de
leur contact avec les couches d'origine ignée, elles furent soumises à l'action
de la chaleur et transformées en couches aussi cristallisées, mais distinctes.

et en s'enfonçant dans les entrailles de la terre, on est
frappé de la toute-puissance de cette force, qui a changé
si souvent et dans tant d'endroits l'ordre que nous venons
d'indiquer de l'apparition des terrains.

Apparemment, après la formation de l'écorce primitive,
l'apparition des substances ignées qui se succédèrent à
sa surface s'accomplit sans grandes révolutions, ces matières n'ayant alors qu'une croûte peu épaisse à traverser.
Cependant, au fur et à mesure que l'épaisseur de l'écorce
augmenta, les efforts nécessaires pour la traverser devinrent plus grands. C'est donc par l'action énergique
des substances sortant des entrailles de la terre, que la
superposition des couches mentionnées plus haut, qui
formèrent l'enveloppe du globe, perdit l'ordre successif
de son origine; de hautes montagnes s'élevèrent au-
dessus du niveau des mers, ainsi que dans leurs profondeurs. Pour se faire une idée de la toute-puissance de la
chaleur et de la force des vapeurs qui se formèrent dans
les vides souterrains du globe, il n'y a qu'à se représen-
ter les tremblements de terre déjà connus et dont quelques-uns sont encore tout récents[1].

---

[1] Le tremblement de terre qui détruisit Lisbonne en 1755 et fit périr près de
30,000 âmes, fut en même temps ressenti non-seulement en Portugal, en Espagne, en France et en Allemagne ; mais il ébranla toute l'Europe et l'Asie,
renversa des villes entières en Amérique et parvint jusqu'aux Antilles. L'effroyable tremblement de terre qui se manifesta plus particulièrement à Lima
en Amérique, fut ressenti dans toute l'Europe. Celui qui eut lieu dans la
province de Quito, à Java, à la Jamaïque et également en Islande, en 1772,
comme aussi celui de la Malaisie en 1838, fit disparaître de hautes montagnes dans ces localités; et pendant le tremblement de terre qui eut lieu
au Chili, il y a vingt-cinq ans, l'Océan se retira à une grande distance
du rivage; des abîmes de la mer sortit une nouvelle terre ferme, et tout
le rivage, à une étendue de 128 kilomètres, dépassa d'un mètre le niveau de
l'Océan.

Toutefois, il est rassurant pour nous de voir que de pareils bouleversements finirent peu à peu par se manifester plus rarement, et qu'ils agirent plus faiblement au fur et à mesure que l'écorce terrestre augmenta d'épaisseur. Si les tremblements de terre, les éruptions volcaniques et les inondations ont encore lieu de nos jours, nous ne pouvons cependant nous former qu'une faible idée de ces événements, qui ont précédé la création et l'installation de l'homme sur la terre et qui l'exposèrent a d'aussi terribles et de si fréquentes révolutions.

C'est ainsi que les découvertes de la science prouvent que *la surface du globe terrestre n'acquit son aspect actuel qu'à une époque plus récente ;* que précédemment les continents présentaient des surfaces planes ou seulement des élévations peu considérables ; et qu'enfin l'action ignée des substances provenant des entrailles de la terre sur son écorce produisit partout, à cette époque, ce phénomène formidable et encore visible de nos jours, à la suite duquel se formèrent, telles que nous les voyons aujourd'hui, les mers profondes et les chaînes de montagnes dont les sommets sont presque inaccessibles à l'homme.

Ces montagnes, d'origine plus tardive, composent le *squelette* du globe terrestre : elles se montrent en chaînes non interrompues du nord au sud de l'Amérique ; elles se retrouvent en Afrique sous le nom de *montagnes de la Lune*, formant une ramification avec les Alpes et les monts du Caucase, et une autre avec l'Himalaya, les montagnes du Thibet et celles de la Sibérie ; elles pénètrent d'une part jusqu'au Kamtchatka, en Chine et au Japon, et de l'autre, en créant par leurs élévations les îles innombrables de l'Océanie, elles passent à travers toute l'étendue de l'Australie et atteignent enfin la terre Victoria, découverte depuis peu et située presque sous le pôle antarctique.

Ces montagnes, d'origine plus tardive, renferment en elles de riches gisements d'or et d'argent, tandis que les terrains qui les avaient précédés n'en contiennent pas du tout ou n'en contiennent qu'accidentellement.

CHAPITRE II.

ASPECT DE L'OR ET DE L'ARGENT ET LEUR ORIGINE. — PROFONDEUR A LAQUELLE SE RENCONTRENT LES RÉGIONS MINÉRALES, ET PUISSANCE DE LEURS MINERAIS. — POSSIBILITÉ D'UNE FORMATION NATURELLE ET ARTIFICIELLE DE L'OR ET DE L'ARGENT.

§ 1. Aspect de l'or et de l'argent.

L'or et l'argent, à l'état où les présente la nature, se trouvent en minerais ou en filons. On appelle *minerais* aurifères et argentifères des roches pierreuses plus ou moins grandes, extraites des entrailles de la terre et parsemées d'or et d'argent. Lorsque ces minerais se trouvent dans l'intérieur des montagnes, on appelle *filons* les endroits où ils se rencontrent.

A la suite des événements qui se sont accomplis sur le globe terrestre et dont il sera fait mention plus loin, ces mêmes filons ont formé des *métaux natifs, ou nuggets, ou pépites aurifères et argentifères* et *des terres ou gîtes aurifères.*

On appelle métaux natifs, ou nuggets, ou pépites, des morceaux d'or et d'argent existant à l'état naturel, de diverses dimensions et d'une composition plus ou moins pure. Les métaux natifs se trouvent sur le versant des montagnes et dans des endroits peu élevés à la superficie de la terre, ou à des profondeurs peu considérables.

On appelle *gîtes aurifères* les bancs d'argile et de sable plus ou moins étendus et de forme oblongue, et, en général, les terres renfermant de l'or en morceaux dont le volume varie. Jusqu'à nos jours, on n'a pas encore trouvé de sables argentifères proprement dits. En conséquence, l'or et l'argent, suivant l'endroit où ils ont été découverts, s'appellent : or ou argent extrait des mines, *or ou argent de mine et de filon*, et également *or ou argent tiré des montagnes*. L'or trouvé à l'état de métal vierge s'appelle *or natif ou nugget ;* et l'or obtenu des gîtes aurifères s'appelle *sable d'or*.

§ 2. Origine de l'or et de l'argent et de leurs minerais.

Les propriétés de l'or et de l'argent purs sont partout et toujours identiques, dans quelque partie du monde que ces métaux soient exploités. Relativement à leur origine, les recherches de plusieurs savants ont donné lieu aux déductions suivantes :

1° Les éléments, c'est-à-dire les principes ou les substances en général qui ont formé l'or et l'argent, étaient probablement enfouis dans les profondeurs de la terre, jusqu'à l'époque où ils furent transformés en or et en argent.

Une preuve à l'appui de cette opinion, c'est que l'or et l'argent font partie des matières les plus pesantes parmi celles qui ont formé l'écorce du globe terrestre [1].

---

[1] On sait que la pesanteur spécifique des métaux suit l'ordre suivant : platine, 20 ; or, 19 ; mercure, 13 ; plomb, 11 ; argent, 10 ; cuivre, 8 ; fer, 7 ; étain, 7.

Suivant l'ordre naturel, ces deux métaux durent donc, comme les autres substances plus lourdes, se trouver dans les couches inférieures. En outre, les filons ou les minerais aurifères et argentifères, dans leur position naturelle, s'élèvent de bas en haut, c'est-à-dire du centre de la terre à sa superficie. S'il arrive que cette direction ascendante des minerais ne soit pas en ligne droite et même qu'elle soit interrompue, ce changement violent dans la formation régulière de ces filons de bas en haut, comme aussi cette modification dans la position normale des terrains ou des couches, à travers lesquels pénètrent ces filons, se passa évidemment à la suite des bouleversements qui eurent lieu. Par la violence de ces bouleversements, quelques couches, composant déjà l'enveloppe ou l'écorce du globe, furent élevées jusqu'à la hauteur de véritables montagnes, tandis que d'autres descendirent jusqu'au fond des mers. Dans ce cas, les changements de la position primitive des terrains, c'est-à-dire de leur superposition uniforme, durent modifier également la régularité de la voie suivie par les filons aurifères et argentifères, qui s'étaient formés en pénétrant à travers ces couches.

2° L'or et l'argent se formèrent plus tard que les autres métaux.

On en voit la preuve en observant que l'or et l'argent se frayèrent un passage à travers les couches ou terrains composant l'écorce du globe terrestre, couches de formation ancienne et superposées les unes aux autres, ainsi que la science nous le démontre. Il est à remarquer, en

---

Ou plus exactement : platine forgé, 20,336 ; or forgé, 19,361 ; mercure, 13,518 ; plomb fondu, 11,352 ; argent fondu, 10,474 ; cuivre rouge fondu, 8,788 ; fer forgé, 7,788 ; étain fondu, 7,291.

outre, que les autres métaux, sauf les cas de modifications tardives, ne passèrent pas à travers ces mêmes couches, mais se trouvent encore dans leur ordre primitif.

3° L'or et l'argent se formèrent par l'action du feu ou, comme on dit, par la voie ignée.

Et en effet, non-seulement l'or et l'argent, mais aussi les diverses espèces de roches et les minerais qui les accompagnaient, furent formés par la cristallisation. En outre, on sait que ces mêmes minerais, contenant de l'or et de l'argent, ne peuvent être mis en fusion qu'à l'aide d'une violente chaleur.

4° L'or et l'argent pénétrèrent jusqu'à la surface de la terre, à travers des fentes et des crevasses, sous la forme de vapeurs.

Si, comme il est dit plus haut, l'or se forma plus tard que les autres minéraux ou substances composant l'enveloppe du globe ; si la voie ascendante suivie par l'or ou l'argent à travers les autres couches de la terre est tout à fait distincte ; si, enfin, la formation de l'or et de l'argent s'est accomplie par l'ignition souterraine, il est évident que ces deux corps passèrent à travers *toutes les couches* par des fentes ou des crevasses résultant de l'action des substances ignées lancées hors des entrailles de la terre, et, en outre, que ces métaux se présentèrent primitivement sous la forme de vapeurs ou de gaz, ou, en général, à l'état liquide. D'après cela on comprend aisément que ces vapeurs aurifères et argentifères, en s'élevant à travers ces fissures, durent se déposer sur elles en cristaux. C'est ainsi que ces vapeurs, en traversant les roches ou les minéraux qu'elles rencontrèrent sur leur passage, et en s'unissant avec eux, formèrent les minerais et les filons que nous voyons aujourd'hui. C'est pour cette même raison que l'or et l'argent ne purent pas se former en masses énormes, comme le granit et les autres métaux.

3° La formation de l'or et de l'argent fut probablement simultanée.

Nous voyons en effet que ces deux métaux se trouvent presque partout dans les mêmes localités, et souvent on les rencontre mélangés ensemble dans les mêmes minerais. En outre, on peut mentionner comme une circonstance remarquable que quelques mines aurifères finissent par se transformer en mines argentifères, au fur et à mesure qu'on pénètre plus profondément dans les entrailles de la terre, et l'on prétend généralement que les mines argentifères surtout sont à de plus grandes profondeurs que les mines aurifères. Ces faits et d'autres propriétés appartenant à la formation des minerais aurifères et argentifères donnent jusqu'à un certain degré le droit de supposer que, lors de l'origine identique de l'or et de l'argent, cette modification si visible provint probablement de la participation plus ou moins active de l'air, ou, en général, de l'oxygène [1].

§ 3. Profondeur à laquelle se rencontrent les régions minérales aurifères et argentifères.

Quant à la profondeur à laquelle se trouvent de préférence les minerais, on peut dire seulement que l'épaisseur de l'écorce du globe terrestre, telle qu'il nous est permis de la connaître aujourd'hui, est très-peu considé-

---

[1] Quelques-uns de nos savants contemporains supposent que l'or fut engendré par le quartz. Suivant leur opinion, les quartz, c'est-à-dire les espèces de roches dans lesquelles on trouve aujourd'hui de l'or, peuvent être transformés en or par l'action de la chaleur et de l'électricité.

rable. La plus grande profondeur à laquelle on ait atteint jusqu'à présent ne dépasse pas 654 mètres au-dessous du niveau de la mer, tandis que l'on compte six millions et demi de mètres jusqu'au centre du globe.

Les mines actuellement en état d'exploitation sont à des profondeurs très-variées ; celles-ci se trouvent presque à fleur de terre, comme les mines auro-argentifères du Pérou et du Mexique ; celles-là à une profondeur considérable, comme certaines autres mines dans les mêmes contrées ; ou comme les mines d'argent d'Andreasberg, en Saxe, qui sont déjà à une profondeur de 650 mètres, à partir de l'orifice. Les mines d'argent sont, avons-nous dit déjà, plus profondes que les mines d'or, et il paraîtrait que la richesse des premières augmente avec leur profondeur, tandis que le contraire a lieu pour les secondes.

Pour ce qui concerne la profondeur des couches des gîtes aurifères, on en lira plus loin les détails.

§ 4. Puissance des minerais aurifères et argentifères.

La puissance ou la richesse des filons ou minerais aurifères et argentifères est également très-variée et ne peut être soumise à aucune règle générale. Il arrive même que, dans un seul et même gisement, la grosseur du minerai ou du filon est de 2 à 3 centimètres, tandis que d'autres ont jusqu'à 60 centimètres et même plus. Dans les mines d'Andreasberg, par exemple, les filons argentifères qu'on y exploite ont à peu près 64 centimètres de largeur ; dans une des mines argentifères de la Hongrie, il y a des filons de la grosseur de 4 mètres 67 centimètres ; et dans les mines célèbres de Veta-Madre, les filons atteignent jusqu'au chiffre immense de 87 mètres.

Quant à la richesse des gîtes aurifères, elle est également très-variée. Au reste, on trouvera des détails, à ce sujet, dans le chapitre troisième.

§ 5. Possibilité d'une formation naturelle de l'or et de l'argent purs, et leur apparition dans les mines.

En présence de l'état actuel de la science, il est impossible d'affirmer positivement que l'action ignée des substances, action qui continue encore de nos jours dans les entrailles de la terre, ne puisse pas produire à la surface du globe, à la suite de circonstances particulières, une éruption de substances formant l'or et l'argent. On peut dire seulement que, si cette possibilité existe, il n'y a cependant point de preuves qui permettent de supposer aujourd'hui l'apparition de ces événements favorables.

§ 6. Possibilité d'une composition artificielle de l'or et de l'argent.

La recherche des moyens de composer artificiellement l'or et l'argent forme l'objet d'une science particulière appelée *alchimie*. La conviction de pouvoir parvenir à une composition artificielle de l'or et de l'argent était généralement répandue il y a quelques siècles, et même, à des époques plus rapprochées, ces recherches furent poursuivies par un grand nombre d'individus avec une constante ardeur. En dépit des efforts des savants, les ignorants et les charlatans s'emparèrent de cette question remplie d'attraits comme d'un moyen de duperie et de séduction pour les gens aisés et crédules : c'est ce qui contribua à perdre la science des alchimistes dans l'opinion publique, et cela à un tel point que, désormais, quelques-

uns seulement d'entre eux poursuivirent leurs recherches en silence. Toutefois, quelques savants, en Italie,
en France et en Allemagne, s'occupent avec zèle de cette
question [1].

L'espoir des alchimistes, d'arriver à décomposer l'or et
l'argent, se fondait sur cette donnée que, quels que soient
le nombre et la variété des corps composant notre globe,
les chimistes ont déjà réussi à en faire l'analyse, à l'exception de soixante seulement [2]; qu'en outre, le nombre des
corps qui ont résisté jusqu'à présent à l'analyse chimique
doit infailliblement diminuer, ainsi que des expériences
récentes l'ont démontré pour une grande quantité de substances; que, d'un autre côté, on est déjà parvenu à composer artificiellement des corps parfaitement semblables
aux substances primitives du globe [3], comme les pierres
précieuses et, entre autres, le rubis, que le célèbre chimiste français Ebelmen a réussi de nos jours à former si
parfaitement, qu'il est impossible aux hommes les plus
compétents de le distinguer des rubis naturels.

A ces arguments précités les alchimistes ajoutent que,
si tous les corps organiques du globe terrestre durent leur
origine à quatre principes ou substances, savoir : à l'oxygène, à l'hydrogène, au carbone et à l'azote; et si, en
outre, toutes les substances inorganiques, qui sont visi-
bles et si multiformes, proviennent d'un petit nombre de
principes ou de corps simples, pourquoi ne s'en suivrait-

---

[1] En 1819 fut constituée la société des alchimistes en Westphalie.

[2] Parmi les substances qui n'ont pas encore pu être soumises à une analyse
chimique, on remarque : l'électricité, le calorique, la lumière, l'oxygène, l'hydrogène, le carbone, le platine, l'or, l'argent, le fer, l'étain et le mercure.

[3] Comme le feldspath, le mica, la cornéenne, la pyrite magnétique, le sul-
fure d'argent, le lustre argentin, l'acide de cuivre, le phosphore et l'acide de fer.

il pas que tous les métaux également, sans égard à la disparité de leurs qualités extérieures, provinssent d'un seul et même principe, différant uniquement les uns des autres par la disposition et la cohésion de leurs parties intégrantes ? Partant de ce point, les alchimistes concluent qu'il suffit seulement de découvrir cette substance ou cet élément, qu'ils appellent *pierre philosophale*, qui aurait la propriété magique de transformer les métaux, et qu'alors on serait en possession de l'art de composer l'or et l'argent.

Certes, les alchimistes n'ont pas atteint le but de leurs investigations scientifiques ; mais il est incontestable que leurs recherches, relatives à la composition artificielle de l'or et de l'argent, donnèrent naissance à d'importantes découvertes, dont s'enorgueillissent de nos jours, à juste titre, la chimie et la physique.

Sans entrer dans de plus longs détails sur les espérances des alchimistes, on peut ajouter que l'intelligence humaine s'est déjà ouvert tant de voies nouvelles, et a dérobé à la nature tant de secrets merveilleux qu'il est en général assez difficile de tracer des limites à ses progrès.

CHAPITRE III.

ORIGINE ET UNIVERSALITÉ DES GITES AURIFÈRES.

§ 1. Origine des gîtes aurifères.

Il a été expliqué plus haut que, par la dénomination de *gîtes aurifères,* on entend une étendue de terre se prolongeant plus ou moins loin et contenant de l'or mélangé avec l'argile, le sable, ou généralement avec les matières terreuses qui les constituent.

L'or se trouve dans les gîtes aurifères en parties plus ou moins divisées. Suivant la forme sous laquelle il se présente, on l'appelle *or en grain, sable d'or, or en paillettes, or de schlich,* etc.; en outre, on rencontre dans les gîtes aurifères de l'*or natif;* c'est ce que l'on nomme spécialement *nuggets* ou *pépites,* c'est-à-dire des morceaux d'or pur dont les gros sont, en général, assez rares, tandis que les petits se trouvent assez fréquemment.

Nous avons également dit plus haut que les gisements aurifères sont situés dans les montagnes d'origine plus récente; que l'or, à l'époque de l'élévation de ces montagnes, sortit des entrailles du globe sous la forme de vapeurs et de gaz, à travers les fentes ou les crevasses qui s'y étaient formées, et dans lesquelles il se précipita en cristaux et détermina de cette manière les *filons ou minerais aurifères* que nous découvrons; enfin que l'or, après cette formation, ne s'unit pas toutefois avec d'autres

minéraux, c'est-à-dire que les molécules intégrantes de
l'or, en pénétrant à travers les couches de terre ou les minéraux qu'elles rencontrèrent sur leur passage, et tout en
s'y déposant, ne se combinèrent jamais avec aucun d'eux,
mais se mélangèrent seulement d'une manière mécanique,
sans altérer aucunement leurs qualités naturelles. De sorte
qu'en bocardant du minerai aurifère, extrait dans n'importe quelle partie du monde, et en lui faisant subir un
simple lavage avec de l'eau ordinaire, on obtient de l'or
entièrement pur [1].

Pour se faire une idée exacte de la formation des gîtes
aurifères, il faut prendre un vase à fond plat ; après y
avoir versé de l'eau, on y introduit de la limaille de fer,
du sable et de la terre végétale ; on mélange le tout ensemble. Puis, en laissant couler lentement et peu à peu
ce mélange dans un chéneau incliné, l'on remarquera
qu'en vertu de la loi naturelle des corps, les substances
les plus lourdes, telles que la limaille et le sable, s'écou-
leront les premières et seront suivies des substances plus
légères.

C'est ainsi que se formèrent les gîtes aurifères ; ils peuvent être répartis, suivant l'époque de leur formation, en
anciens et en *modernes*.

1° *Gîtes aurifères anciens.* — Il est difficile de déterminer l'époque de l'apparition des gîtes aurifères anciens ou
primitifs. Selon toute probabilité, leur formation s'effec-
tua pendant l'élévation définitive des montagnes d'origine plus récente.

La science nous prouve que les continents du globe

---

[1] Toutefois l'or, dans son état naturel, se trouve mêlé avec de l'argent et
une très-petite quantité de fer.

terrestre présentaient primitivement une surface plane,
ou seulement des élévations de peu d'étendue, recou-
vertes d'eau presque partout; que, par l'action des substances ignées des entrailles du globe sur son écorce,
se produisit ce terrible phénomène, sensible encore partout
tout de nos jours, à la suite duquel les eaux s'abais-
sèrent profondément pour former les mers, et les élévations se manifestèrent en ces innombrables chaînes
de montagnes, dont l'homme peut à peine atteindre le
sommet.

La position primitive des eaux fut complétement dé-
truite par cette élévation prodigieuse des chaînes de
montagnes. Les eaux des océans se précipitèrent avec
une puissance formidable, entraînant non-seulement
les terres et les roches qu'elles rencontrèrent, mais
brisant les plus dures et les pulvérisant. A cette influence destructive furent particulièrement exposées des
espèces de roches ou de minerais appelés *quartz,* contenant de l'or, parce que ces roches se trouvent, dans les
montagnes, plus rapprochées de leur superficie. Après
cette révolution universelle, cette masse d'eau, contenant
des terres en ébullition, des minerais pulvérisés et de l'or
réduit en parcelles menues, arriva peu à peu à une situation calme à mesure que la rapidité de son courant dimi-
nuait. En même temps, les substances les plus lourdes
se déposèrent d'abord, comme l'or réduit en poudre, et
à ces dernières vinrent se superposer d'autres substances pulvérisées, ou les espèces de roches moins lourdes, avec lesquelles elles étaient réunies dans leurs minerais, savoir : le gneiss, la syénite, la serpentine et enfin
les argiles.

Il est évident qu'à cette époque les grains d'or les

plus pesants se déposèrent en premier lieu, et les plus
légers, *les paillettes*, furent emportés plus loin, et souvent
à une très-grande distance.

Cette formation des gîtes aurifères, par l'action puissante du choc violent des masses d'eau, explique aussi
comment beaucoup de gîtes aurifères, principalement
les anciens, se formèrent à de très-grandes distances des
montagnes, dans lesquelles se trouvaient alors leurs minerais. C'est pour cela que l'on rencontre des gîtes aurifères anciens à cinquante, à cent kilomètres et même plus
de l'endroit où leur or s'est formé primitivement ; et c'est
aussi pour cette raison que les particules d'or, com-
munément appelées *paillettes*, en raison de la divisibilité
infinie de ce métal, furent emportées à des distances
beaucoup plus considérables.

C'est ainsi que ces masses d'eau, contenant des terres
entraînées par leur courant, des minerais morcelés et
par conséquent de l'or réduit en poudre, durent descendre dans les endroits plus profonds, et stationner
parfois dans plusieurs d'entre eux pendant un espace
de temps plus ou moins prolongé ; l'or pulvérisé dut donc
se déposer particulièrement sur le versant des montagnes, dans les ondulations de terrain, dans les gouffres,
dans les vallées, dans les ravins et enfin dans les lits de
rivières déjà desséchées, comme aussi dans ceux de rivières et de ruisseaux qui coulent encore. C'est évidemment surtout dans ces localités que se trouvent les gîtes
aurifères les plus riches.

Cette formation des gîtes aurifères explique aussi
pourquoi l'on trouve ordinairement plus d'or dans le
milieu et au fond, que vers leurs extrémités ou leurs
bords.

2.

Si l'endroit où se forma un gîte aurifère ne fut pas plus tard envahi par les eaux ou recouvert par des terrains d'alluvion, alors le gîte aurifère est resté là à la surface même de la terre, ou sous l'herbe qui l'a recouverte, et à travers laquelle on voit scintiller des grains d'or. Dans le cas contraire, il fut recouvert par des couches étrangères plus ou moins épaisses de sable, de terre et de tourbe, qui s'y accumulèrent sans toutefois contenir de l'or. Si, enfin, sur ces terres d'alluvion sans or survinrent d'autres terres, accompagnées de minerais morcelés, brisés et d'or réduit en poudre, alors de nouveaux gîtes aurifères se formèrent sur ces alluvions stériles. C'est ainsi qu'en Australie et en Californie, en creusant au-dessous du gîte aurifère trouvé à la surface, on en découvre un second incomparablement plus riche que le premier. *Voyez* à ce sujet les chapitres xvii et xxi sur la Californie et l'Australie.

Généralement ces alluvions stériles ou étrangères, composées de terres ordinaires ne contenant point d'or, ou, comme on dit, *ces couvertures de gîtes aurifères*, ne sont nulle part très-épaisses ; elles atteignent depuis la hauteur de quelques centimètres jusqu'à celle de 4 mètres, 7 mètres, et rarement jusqu'à celle de 15 mètres.

On n'a pas de données suffisantes jusqu'à présent pour indiquer positivement les contrées dans lesquelles se trouvent les gîtes aurifères les plus profonds et celles où se trouvent les plus rapprochés de la surface de la terre. Apparemment la profondeur des gîtes aurifères dépendit partout de la condition locale et des phénomènes qui se produisirent à cette époque. Il paraît, en outre, qu'en Australie et dans les contrées septentrionales de l'Amérique, y compris la Californie, les gîtes aurifères se trouvent plus rapprochés de la surface de la terre [1].

Toutefois, au Brésil, dans l'Amérique du Sud, les gîtes aurifères sont profonds ; et, quoique l'épaisseur des
couches de terre contenant de l'or y soit très-peu considérable, elles n'en sont pas moins riches. En Afrique, sauf les gîtes aurifères qui se trouvent sur les
bords des ruisseaux, on les rencontre généralement à
une profondeur plus considérable que dans d'autres contrées. En Russie, dans l'immense étendue sur laquelle
on exploite les gîtes aurifères, la profondeur de leur position est très-variée : ils se trouvent quelquefois presque
à fleur de terre, ou sous une couche de terre ou de
tourbe très-mince, tandis que d'autres fois ils sont à une
profondeur de 4 à 8 mètres et assez souvent davantage.
Beaucoup de personnes supposent que l'on peut admettre 3 mètres ou à peu près 3 mètres et demi comme
profondeur moyenne des gîtes aurifères de la Russie. Au
reste, on lira plus loin sur la profondeur des gîtes aurifères des détails à propos de la production des contrées où l'or est exploité [2].

La forme des gîtes aurifères est habituellement plus

---

[1] En parlant ici de l'Australie, on comprend surtout les gîtes aurifères qu'on
rencontre les premiers : pour ce qui concerne ceux qui se trouvent au-dessous, il paraît qu'ils sont à une profondeur assez considérable.

[2] Un habile industriel qui exploite l'or en Sibérie m'a communiqué une observation remarquable sur les couches des gîtes aurifères de ce pays. Au commencement même de la fouille, dans l'endroit où l'on espérait découvrir de l'or en
creusant la terre, je rencontrai, dit-il, des couches de terres dégelées et non
aurifères, de l'épaisseur d'un mètre et demi à deux mètres ; plus loin, des
couches fortement gelées renfermant de l'or, sous lesquelles se trouvaient d'épaisses couches gelées non aurifères, et sous ces dernières des couches dégelées avec de l'or. — Il est à remarquer qu'à présent on est aussi convaincu en
Australie et en Californie que, si l'on continue à creuser sous le gîte aurifère
en exploitation, on en trouvera infailliblement un autre dessous, plus riche
même que le premier.

ou moins oblongue, occupant en longueur un espace de dix à douze fois sa largeur; les contours en sont irréguliers, ayant été subordonnés aux conditions locales qui existaient à l'époque même de leur formation.

2° *Gîtes aurifères modernes.* — Après l'apparition des montagnes qui donnèrent naissance aux gîtes aurifères anciens ou primitifs, la production des gîtes aurifères continua sans nul doute et continue probablement encore jusqu'à présent. Leur formation s'accomplit *par l'action naturelle du soleil, de l'air, de l'eau, ou en général de l'humidité;* on sait, en effet, que toutes les espèces de roches (sans en excepter les plus dures) qui sont soumises à l'action de la lumière, de l'air et de l'humidité, finissent par se décomposer en particules plus ou moins ténues, en grains, en sable et se changent ainsi successivement en une poussière très-fine; cette décomposition s'appelle *efflorescence des roches et des minerais.*

Cette action si destructive de la lumière, de l'air et de l'humidité s'exerce également sur les minerais aurifères ou sur les quartz, de la manière suivante : l'or, comme nous l'avons dit déjà, dans les minerais de quartz naturels, pénètre à travers les grains les plus fins de cette matière, et cela en veines tellement déliées qu'elles deviennent imperceptibles à l'œil. En conséquence, lorsque le quartz, c'est-à-dire le minerai aurifère, a été mis en poudre par le bocard, ainsi que cela se pratique dans l'exploitation de l'or, ou par la puissance des eaux de l'Océan, ainsi que cela eut lieu dans les temps primitifs, pendant la formation des gîtes aurifères anciens; ou bien par l'efflorescence, c'est-à-dire par l'action de la lumière, de l'air et de l'humidité; il est certain que, dans tous ces cas, on ne peut recueillir que l'or qui s'est trouvé entre les grains du quartz ou à leur superficie. Mais l'or qui a pénétré dans l'intérieur des molécules du minerai reste invisible et ne peut être extrait que par la réduction du minerai en grains beaucoup plus menus. De cette manière les quartz aurifères produisent un rendement d'or presque infini, jusqu'à la réduction des grains de quartz en une poudre aussi fine que possible.

On comprend donc que les minerais aurifères exposés à l'action incessante du soleil, de l'air et de l'humidité furent décomposés et dissous ; et qu'en se décomposant ils se transformèrent, généralement parlant, en terres aurifères. Ces terres furent entraînées par les pluies et les eaux d'automne dans les bas-fonds ; et de cette manière se formèrent *les gîtes aurifères modernes*.

La richesse de ces gîtes aurifères dépend naturellement de celle des minerais ou des quartz qui furent exposés à la décomposition, comme aussi de leur contact plus ou moins continu avec la lumière, l'air et l'humidité. On peut reconnaître que les terrains aurifères modernes sont généralement moins riches que les terres aurifères des mêmes endroits où elles s'accumulèrent dans le cours de plusieurs siècles.

§ 2. Universalité des gîtes aurifères.

Si l'on récapitule les explications qui précèdent, sur la formation des gîtes aurifères, et qu'on se rappelle que l'or fut formé dans les montagnes d'origine plus récente, et probablement à l'époque même de leur élévation définitive ; que ces montagnes apparaissent avec leurs ramifications dans toutes les parties du monde, et forment comme le squelette du globe terrestre en pénétrant à travers les conti-

nents, les mers dans toutes les directions, et en constituant
par leurs embranchements, leurs pentes et leurs vallées, l'i-
négalité produite sur toute la surface de la terre ; si, enfin,
l'on se souvient que, par suite de l'extrême divisibilité de
l'or, les plus riches gîtes aurifères furent déposés à une
distance de cent kilomètres et plus, tandis que les particules formant aujourd'hui les gîtes aurifères peu abondants, furent transportées à cette époque à des distances
encore plus lointaines ; il semble alors qu'on peut être
convaincu que *les gîtes aurifères se trouvent presque partout sur le globe terrestre à des profondeurs variées et qu'ils
sont souvent superposés les uns aux autres dans les mêmes
endroits.*

On peut même dire qu'il y a peu d'endroits où l'on ne
puisse découvrir la présence de l'or, et même quelquefois
de gîtes aurifères. Sans mentionner les contrées où l'on a
découvert des sables aurifères abondants et où ils s'exploitent sur une grande échelle, comme dans la Sibérie orientale et occidentale, en Californie et en Australie, on ne
peut s'empêcher de partager cette conviction sur l'universalité des gîtes aurifères, en se rappelant les fouilles
qui eurent lieu pendant les deux ou trois dernières années dans beaucoup de pays tant de l'ancien que du
nouveau continent, et à la suite desquelles on trouva
presque partout de l'or, quoique souvent en petite quantité [1]. On peut encore ajouter que des gîtes aurifères fu-

---

[1] De semblables fouilles faites par les ordres du gouvernement russe sur les
côtes de la mer Glaciale, dans le gouvernement d'Arkhangel ; du gouvernement
danois en Hollande, du gouvernement français dans la Nouvelle-Calédonie,
ont fait découvrir des gîtes contenant de l'or quoique en petite quantité. On a
reconnu également, en 1853, des gîtes aurifères à la Nouvelle-Zélande, dans la
Nouvelle-Grenade, à Guatemala, sur le fleuve des Amazones, au Canada et en
Turquie.

rent découverts dans beaucoup de provinces des États-
Unis de l'Amérique du Nord, dans l'Hottentotie, en Afrique, près du cap de Bonne-Espérance, en Caucasie et
dans la Kirghizie. Le chimiste Berthollet a même reconnu
la présence de l'or dans la terre ordinaire des champs et
dans la terre franche [1].

Il est incontestable que pendant l'invasion impétueuse
des eaux de l'Océan, qui formèrent les gîtes aurifères,
l'or fut dispersé dans un grand nombre d'endroits de la
surface du globe. Mais la divisibilité extrême de l'or fut
cause que, dans la majeure partie de ces localités, ce
métal se déposa en quantité très-minime. On appelle proprement *gîtes aurifères* ces seuls bancs de terre où l'or
se déposa, avec le sable et l'argile, en quantité suffisante
pour couvrir les frais d'exploitation.

Ainsi, la nature, en produisant si libéralement l'or pour
le progrès de la civilisation, non-seulement créa les innombrables montagnes qui renferment ce métal précieux,
mais, en le préparant, elle le répandit sur presque toute
la surface du globe.

---

[1] Pendant l'impression de ce livre nous apprenons que deux matelots de
retour de l'Australie, viennent de découvrir sur l'île de Ceylan, située
dans l'Inde anglaise, des sables aurifères à 86 kilomètres de Colombo, près de
Jeroukla, sur la route de Négombo à Kornégalts. On ajoute aussi que la constitution géologique de Ceylan a une gránde ressemblance avec celle de l'Australie et que cette nouvelle découverte de terrains aurifères a été certifiée par
l'autorité locale.

CHAPITRE IV.

CAUSES POUR LESQUELLES L'OR FUT EXPLOITÉ AVANT LE CUIVRE, L'ARGENT ET LE FER.
— PREUVES DE L'ANTIQUITÉ DE L'EXPLOITATION DE L'OR ET DE L'ARGENT, ET DE
LA DÉCOUVERTE PLUS TARDIVE DE L'ART D'EXPLOITER LE FER.

§ 1. Causes pour lesquelles l'or fut exploité avant les autres métaux.

Ces causes sont les suivantes :

1° Les minerais aurifères sont beaucoup plus rapprochés de la surface de la terre que les minerais argentifères.

2° L'or, dans son état naturel, se trouve non-seulement dans les mines, mais aussi dans les terrains aurifères, et, dans ce cas, sans le secours de l'art, on obtient de l'or par un lavage de ces terres avec de l'eau ordinaire. En outre, les terrains aurifères se rencontrent généralement presque partout à la surface du globe terrestre ou à une profondeur peu considérable; tandis que jusqu'à présent on n'a découvert nulle part de gîtes argentifères.

3° Les minerais aurifères possèdent la propriété d'être facilement fondus, tandis que la fusion des minerais argentifères est beaucoup plus difficile.

4° Il est impossible de reconnaître à l'œil nu la présence de l'argent dans un minerai, c'est-à-dire, d'après son apparence extérieure; tandis que l'or, soit dans les minerais, soit dans les gîtes aurifères, ne perd jamais sa couleur naturelle ni son éclat. C'est pour cette raison que ce dernier, dans beaucoup d'endroits où il se trouve, est reconnaissable à première vue.

5° L'argent, ainsi que les autres métaux dans l'état naturel, est toujours très-étroitement lié et combiné chimiquement avec d'autres [1].

Il en résulte que, pour constater la présence de l'argent ou des autres métaux, et plus encore pour les séparer les uns des autres, dans un état *d'alliage chimique* aussi intime, il faut nécessairement posséder des connaissances spéciales et avoir recours à des opérations très-pénibles. L'or, dans son état naturel, ne se trouve pas, au contraire, combiné avec d'autres métaux, bien qu'il soit quelquefois mélangé, surtout avec l'argent..

§ 2. Causes pour lesquelles le cuivre et l'argent ensuite furent exploités après l'or.

De tous les métaux, l'or excepté, c'est le cuivre qui se rencontre le plus souvent pur dans l'état naturel, ou du moins avec un faible alliage d'argent. En outre, on trouve assez fréquemment du cuivre pur en quantité très-considérable. Enfin, les minerais de cuivre sont souvent peu profonds et quelquefois ils se montrent même à fleur de terre.

§ 3. Causes pour lesquelles l'exploitation du fer fut postérieure à celle de l'or et de l'argent.

Le fer se trouve dans des minerais qui, d'après leur apparence extérieure, se distinguent difficilement des

---

[1] Excepté, toutefois, lorsque l'argent se trouve réuni à l'or dans les mêmes minerais.

autres genres de roches, et qui, en outre, à cause de leur nature même, sont très-difficiles à fondre. L'extraction de la fonte et du fer de ces minerais exige toujours des travaux considérables et beaucoup d'habileté, privilége d'une civilisation déjà assez avancée.

§ 4. Preuves de l'antiquité de l'exploitation de l'or et de l'argent, et de la découverte tardive de l'art d'exploiter le fer.

Au témoignage de l'Écriture sainte, ainsi que des plus anciens auteurs, tels que Manou et Hérodote [1], on savait déjà, à cette époque, extraire l'or et l'argent de leurs minerais, et le procédé en était connu depuis fort longtemps, tandis que plusieurs siècles s'écoulèrent encore pendant lesquels l'art d'exploiter le fer fut ignoré.

Selon toute probabilité, on peut supposer que les nations les moins avancées en civilisation savaient exploiter l'or et l'argent. On peut en trouver la preuve non-seulement dans les anciens écrivains de l'Asie et de l'Europe, mais dans les objets mêmes provenant de l'antiquité.

C'est ainsi que les écrits de Manou, d'Hérodote et de Diodore nous enseignent aussi que les habitants des contrées connues aujourd'hui sous les noms de Sibérie, de Tatarie et de Thibet, et qui étaient, à ces époques reculées, au plus bas degré de la civilisation, connaissaient toutefois la manière d'exploiter l'or, et cela en quantités considérables. De même les livres de l'Ancien Testament

---

[1] Les écrits de Manou, législateur indien du XIᵉ siècle à peu près avant Jésus-Christ, furent traduits en anglais par Will. Jones, en 1794 ; et en français par Loiseleur-Delongchamps, en 1832. Hérodote rédigea son histoire vers l'année 460 avant notre ère.

et les témoignages des écrivains les plus anciens nous montrent les peuplades de l'Afrique centrale, peuplades plongées aujourd'hui encore dans la barbarie, exploitant déjà l'or dans l'antiquité comme elles l'exploitent maintenant[1]. On sait aussi qu'à l'époque de la découverte de l'Amérique, à l'exception des peuples du Pérou et du Mexique, dont la civilisation était relativement beaucoup plus avancée, toutes les autres nations étaient dans un état complétement sauvage. Néanmoins, presque toutes elles savaient recueillir l'or des gîtes aurifères ; les Mexicains et les Péruviens étaient habiles dans l'art d'extraire de leurs mines l'or et même l'argent, et de fabriquer avec ces métaux des ustensiles de ménage et des ornements consistant en bagues et en colliers[2].

Les témoignages écrits et les objets provenant de l'antiquité prouvent également que les nations les plus civilisées d'alors, chez lesquelles l'exploitation du cuivre et de l'argent était organisée déjà depuis long-temps, ignorèrent elles-mêmes, bien des années encore, l'art d'extraire le fer.

Il est à remarquer que, chez tous les peuples de l'ancien comme du nouveau monde, on employait au lieu de fer un bronze composé d'un mélange de cuivre, d'étain et de zinc. On ne saurait voir sans étonnement l'habileté de ces peuples à donner une dureté extraordinaire à ce bronze, avec lequel ils confectionnaient des haches très-commodes, des rasoirs, des armes de guerre et des pioches pour l'exploitation des minerais aurifères et argentifères, en un mot, tous les instruments tranchants si

---

[1] Voyez plus loin les chapitres IX et XX.
[2] Voyez plus loin les chapitres IX et XVI.

nécessaires au début et au rapide développement de la civilisation.

L'utilité de ces instruments de bronze fut la cause que les Grecs et les Romains continuèrent à s'en servir pendant longtemps encore, même après qu'ils eurent connu l'art d'exploiter le fer. On place la découverte de cet art vers 1430 ans avant Jésus-Christ.

Les qualités précieuses du fer le firent, non-seulement à l'époque de sa découverte, mais fort longtemps après, apprécier à l'égal de l'or et quelquefois au-dessus. Chez les Grecs mêmes, durant la guerre de Troie [1], on estimait le fer autant que l'or, sinon davantage. On voit dans Homère que, durant les jeux funèbres, célébrés par Achille à l'occasion de la mort de Patrocle, tombé dans la bataille, un morceau de fer et un morceau d'or étaient un des prix destinés au vainqueur. Strabon assure que chez des peuplades africaines, et nommément chez les Sabéens et leurs voisins, on donnait dix livres d'or contre une livre de fer [2]. Ce même écrivain dit que, 900 ans avant Jésus-Christ, le cuivre était abondant en Italie même, mais le fer encore rare. On voit au musée de Copenhague des ustensiles et des armes qu'on a trouvés en grand nombre dans des tombes scandinaves très-anciennes, récemment découvertes. Il est à remarquer que la plupart de ces objets sont confectionnés avec de l'or, du cuivre ou du bronze; le fer y est très-rare et ne forme, par exemple, que le tranchant des armes. Ceci prouve évidemment la rareté et, par conséquent, la valeur relative du fer, de l'or et du cuivre.

---

[1] C'est-à-dire douze cents ans avant J.-C.

[2] *Voyez* plus loin, chapitre xx.

Par conséquent, il faut reconnaître cette vérité incontestable que les connaissances d'une nation dans l'art d'exploiter l'argent indiquent un certain développement dans sa civilisation; comme aussi la quantité de fer employée par elle indique le degré de sa prospérité.

Ainsi, l'homme commença par exploiter en premier lieu l'or, ensuite le cuivre, plus tard l'argent, et il finit par découvrir l'art d'exploiter le fer. Depuis cette époque, la civilisation s'appropria de plus en plus l'usage de ce dernier métal, très-utile et heureusement fort abondant dans la nature.

CHAPITRE V.

SIGNES CARACTÉRISTIQUES DE LA PRÉSENCE DES GISEMENTS AURIFÉRÉS ET ARGENTIFÈRES, ET EXPÉRIENCE POUR RECONNAITRE LA PRÉSENCE DE L'OR DANS LA TERRE.

§ 1. Signes caractéristiques de la présence de gisements de minerais aurifères et argentifères, ou de leurs filons.

Une science particulière enseigne les signes extérieurs qui décèlent la présence de filons aurifères et argentifères situés dans les entrailles de la terre.

L'exposé de ces signes n'entre pas dans le programme de notre livre; nous dirons seulement que certaines espèces de roches ou de minerais se trouvent constamment, ou du moins de préférence, dans le voisinage et aux endroits mêmes où sont dans la terre des filons ou des minerais aurifères et argentifères.

§ 2. Signes caractéristiques indiquant la présence des gîtes aurifères.

D'autre part, nous avons déjà dit que, sauf les cas où les gîtes aurifères sont à la surface du sol et y laissent entrevoir des grains d'or, ce qui, par conséquent, donne la certitude de leur présence, tous les autres gîtes aurifères étant recouverts d'une couche plus ou moins épaisse de terre, ne peuvent être reconnus extérieurement, et ne se distinguent en rien des terrains voisins dépourvus d'or.

Toutefois, en prenant pour guides l'expérience et le savoir-faire acquis à la recherche des gîtes aurifères, on tâche de choisir des versants de montagnes dans lesquelles on exploite déjà des minerais aurifères, ou du moins le versant de celles où l'on peut supposer la présence de gisements de minerais ou de quartz aurifères. En outre, on recherche les endroits où l'on rencontre le plus souvent les roches ou les minerais accompagnant habituellement l'or. Il faut également étudier la position de ces versants de montagnes, remarquer les endroits où l'eau a dû s'écouler dans les époques primitives, ou bien ceux où des eaux plus récentes durent passer, et, par conséquent, y déposer de l'or.

§ 3. Expérience propre à faire reconnaître la présence de l'or dans la terre.

Il est dit plus haut que les gîtes aurifères se trouvent presque partout sur le globe terrestre, et qu'on ne peut arriver à la certitude de la présence de l'or qu'après un essai des terrains mêmes. Ainsi, je suppose qu'il n'est pas

superflu d'indiquer les procédés les plus simples pour
reconnaître la présence de ce métal, en ayant simplement
à sa disposition un demi-verre de mercure et une carafe
d'eau.

Premier procédé. On introduit de la terre, que l'on
soupçonne contenir de l'or, dans un vase assez grand et
à fond plat, puis on y verse de l'eau jusqu'à ce qu'elle dépasse le sable de la hauteur d'un doigt. Après cela, on
imprime au vase un mouvement de rotation, assez fort
pour troubler l'eau. Sans la laisser reposer, l'on décante l'eau troublée, et l'on y ajoute peu à peu de l'eau
claire. Cette opération se répète et se continue jusqu'à ce qu'il ne reste plus au fond du vase qu'un peu
de terre parmi laquelle, s'il y a de l'or, on en verra déjà
briller des paillettes.

Second procédé. Comme il arrive quelquefois que l'or
est invisible à l'œil nu, on ne peut, en ce cas, acquérir
la certitude de sa présence que par le procédé de l'amalgamation.

Dans des balances bien justes, on pèse du quartz ou
du minerai dans lequel on suppose la présence de l'or;
ensuite on l'expose à l'action du feu aussi longtemps que
la barre de fer aimantée, dirigée sur la poudre calcinée du
minerai, ne se couvre pas de petites particules de fer. On
repèse avec une grande exactitude cette poudre minérale.
Ensuite on verse du mercure dans un vase, on y répand
le minerai réduit en poudre, on mêle le tout soigneuse -
ment ensemble avec cette même barre aimantée, et l'on
y ajoute de l'eau rectifiée. Lorsque la barre aimantée se
couvre de particules de fer, on la retire, et, après les avoir
enlevées, on l'introduit de nouveau dans le mélange,
jusqu'à ce que les particules de fer ne se montrent plus

à sa surface. Ensuite, on filtre cette mixtion de mercure et d'eau à travers une peau de chamois, qui ne laissera passer que l'eau, le mercure et, de plus, l'or qui s'est amalgamé avec ce dernier ; quant aux parties terreuses, elles restent sur la peau. Après la filtration, on verse le mercure obtenu, qui s'est mêlé avec l'or, dans une tasse de porcelaine, sous laquelle on entretient un feu lent. Cette chaleur fait évaporer l'eau d'abord et ensuite le mercure. Quand ce dernier a disparu, on pèse l'or qui reste au fond de la tasse, et on en compare le poids avec celui du minerai en poudre pesé auparavant. De cette manière, un simple calcul indique clairement la proportion dans laquelle l'or se trouve mêlé au minerai dont le poids est connu, et apprend si ce dernier vaut la peine ou non d'être exploité.

C'est à l'aide de ce même procédé qu'on peut constater la présence de l'or dans les sables et en général dans les terres.

CHAPITRE VI.

ORGANISATION, INSTRUMENTS, APPAREILS ET PROCÉDÉS EN USAGE POUR L'EXPLOITATION
DE L'OR ET DE L'ARGENT.

§ 1. Organisation des mines, instruments et appareils employés pour l'exploitation
de l'or et de l'argent.

La construction des usines pour l'or et l'argent, l'organisation des mines, l'exploitation des gîtes aurifères ainsi que l'emploi des machines, des instruments et des appareils les plus utiles et les plus convenables forment l'objet d'une science particulière. Ce sujet ne peut ni ne doit être traité dans cet ouvrage; je me bornerai à donner ici une idée générale des instruments et des procédés employés pour l'exploitation.

Après avoir trouvé un gisement ou une mine, on organise, pour en faire l'exploitation, une usine aussi rapprochée que possible de l'endroit, avec les bâtiments et les machines nécessaires à cet effet.

On emploie divers instruments et appareils pour exploiter les minerais aurifères ou argentifères et pour les enlever à la surface de la terre. C'est ainsi que, pour briser en morceaux les minerais ou filons situés dans le sein des montagnes, on se sert de pioches, de marteaux, de coins et de poudre à canon. Pour extraire l'or et l'argent du minerai, qu'on les recueille par le lavage ou par le pro-

3.

cédé de l'amalgamation, il faut en tous cas nécessairement le réduire en poudre auparavant. Pour opérer cette pulvérisation, on se sert de bocards ou moulins mis en mouvement par l'eau, par des chevaux et quelquefois par la vapeur. Pour descendre les ouvriers et les instruments jusqu'à la profondeur à laquelle s'exploite le minerai, et pour remonter les premiers et la terre à la surface de la mine même, on creuse des *puits*. Pour la commodité de l'exploitation des filons ou des minerais situés dans l'intérieur des montagnes, on construit également des *galeries souterraines*. Ces galeries suivent la marche des filons ou des minerais, qui s'étendent ordinairement de tous côtés, dans des directions très-variées. La profondeur de ces puits et la longueur de ces galeries sont plus ou moins considérables, et dépendent de la profondeur des couches des filons et de leur longueur. Par exemple, dans la mine de cuivre de Piteurand, en Finlande, la longueur du filon a une dimension de 2,181 mètres.

L'exploitation des gîtes aurifères peut être effectuée de deux manières : par des travaux extérieurs ou intérieurs. Si les gîtes aurifères sont situés à la surface du sol, ou recouverts d'une couche de terre peu épaisse; si, en outre, l'endroit n'est pas marécageux et qu'ils soient voisins d'un courant d'eau, l'exploitation s'opère sans difficultés et par des *travaux extérieurs*. C'est-à-dire qu'on enlève la couche stérile de terre et qu'on la transporte soit dans un lieu dont on ait déjà retiré de la terre contenant de l'or, soit sur les limites mêmes des gîtes aurifères. Mais lorsque le gîte aurifère est situé profondément, c'est-à-dire, lorsqu'il est recouvert par d'épaisses couches d'alluvions étrangères, de l'épaisseur de 4 à 11 mètres par exemple, alors il est évident qu'il serait désavantageux d'enlever et de transporter au loin d'aussi grandes masses de terre. Dans ce cas, l'exploitation s'opère par des *travaux intérieurs,* pareils à ceux qui se font dans les mines, c'est-à-dire que l'on construit des galeries souterraines, au moyen desquelles on parvient jusqu'aux véritables couches aurifères. Ensuite, on enlève au dehors la terre aurifère et on la transporte, sans toucher aux couches des terrains sans or que l'on a eues à traverser.

Les appareils et les instruments employés pour l'exploitation de l'or des mines ont été très-perfectionnés vers ces derniers temps, mais seulement en Europe. Quant aux principaux producteurs de l'or et de l'argent, c'est-à-dire au Pérou, au Mexique, à la Nouvelle-Grenade, ils laissent en général beaucoup à désirer pour l'introduction de procédés plus accomplis. Pour ce qui concerne les appareils et les instruments destinés à l'extraction de l'or des gîtes aurifères, on en trouvera les détails plus loin.

§ 2. Procédés pour l'extraction de l'or et de l'argent.

Pour extraire l'or, soit du minerai bocardé, soit de la terre, on emploie le mercure, l'eau et le van ; et pour extraire l'argent, on se sert du mercure et de la fusion.

A. Procédés pour l'extraction de l'or.

1° *Extraction de l'or par le mercure ou par l'amalgamation.* — Le mercure possède la propriété particulière d'absorber de préférence l'or et l'argent, en laissant libres les autres substances ou métaux avec lesquels l'or et l'argent sont souvent réunis ou mélangés.

Cette propriété était connue des nations les plus civilisées de l'antiquité. Mais au lieu d'exploiter l'or et l'argent par le mercure, elles n'employaient ce métal fluide que pour enlever l'or des objets dorés et des tissus d'or.

Quoique le procédé de l'extraction de l'or aussi bien que de l'argent par le mercure soit le même dans son essence, et qu'il soit basé, dans ces deux cas, sur la nature même du mercure, qui est d'absorber ces deux métaux, les appareils qu'on emploie pour l'extraction de l'or diffèrent toutefois dans la pratique de ceux qui servent à extraire l'argent. A cela il faut encore ajouter que le procédé de l'amalgamation pour l'exploitation de l'or n'a pas été employé jusqu'à nos jours sur une grande échelle; on s'est borné à en faire usage pour des essais ou pour de petites quantités. Cependant, vers ces derniers temps, surtout depuis 1853, on a déjà commencé à se servir du mercure en Californie et dans le territoire de la Sonora, dans des proportions assez considérables, pour recueillir l'or des minerais et des terres aurifères les plus riches de ce pays.

Mais comme le mercure s'emploie particulièrement pour l'extraction de l'argent, on trouvera plus loin, où il est surtout traité de l'exploitation de l'argent, des détails relatifs au procédé de l'amalgamation.

2° *Extraction de l'or par le lavage.* — Il a été dit précédemment que, pour recueillir l'or des minerais, il est indispensable de le bocarder auparavant, c'est-à-dire, de débarrasser le minerai de sa gangue et de le pulvériser; ensuite, après avoir soumis cette poudre à l'action du mercure ou du lavage, on en retire l'or. Il est évident que le bocardage des minerais aurifères exige des dépenses plus ou moins fortes, mais toujours considérables.

Ces dépenses n'existent pas pour l'exploitation des sables aurifères, parce que la nature a non-seulement déjà pulvérisé le quartz ou minerai aurifère, mais l'a transporté dans des endroits peu élevés, et qu'il n'y a plus qu'à recueillir l'or contenu dans la terre. Aussi, presque tout l'or qui a été exploité jusqu'à nos jours dans les diverses contrées connues du monde, fut recueilli et se recueille encore dans les gîtes aurifères, et une faible partie seulement nous provient des mines.

Pour qu'on entreprenne l'exploitation des minerais, il est nécessaire qu'ils soient assez riches en or.

Avec les procédés qu'on possède aujourd'hui pour extraire l'or des quartz ou minerais aurifères, on ne considère comme avantageux de les exploiter que lorsque 2,000 grammes de minerai bocardé produisent 1 gramme d'or. Toutefois, dans quelques contrées, l'exploitation de l'or des gîtes aurifères est regardée comme suffisamment lucrative quand on recueille 1 gramme d'or sur 384,000 grammes de terres aurifères[1].

En Russie, on exploite même beaucoup de gîtes aurifères dont la production est de 1 gramme d'or sur 1,536,000 grammes de terre[2].

Les appareils en usage pour extraire l'or par le lavage sont assez simples. On se sert principalement de tables inclinées, de tonneaux, de grandes et larges jattes, et d'auges ou de berceaux.

Sur ces tables on dispose une couche plus ou moins

[1] *Voyez* chapitre xIII.
[2] *Voyez* chapitre xIII.

épaisse et destinée au lavage, soit du minerai bocardé, soit des terres aurifères. Ensuite, on laisse couler dessus de l'eau pure. Par cette opération, le sable et l'argile de cette couche sont emportés plus loin, et l'or, qui s'y trouve en petits morceaux, en paillettes ou en grains, se rassemble plus près des bords.

Ce procédé de l'extraction de l'or par le lavage se fonde sur l'infaillibilité de la loi naturelle, expliquée dans le chapitre III. Il résulte de cette loi que si l'on mélange des substances pesantes avec des substances moins lourdes, comme par exemple de la limaille de fer, du sable et de la terre franche, et qu'on laisse couler ce mélange, auquel on aura ajouté de l'eau, sur une augette ou sur un chéneau incliné, la substance la plus lourde, telle que la limaille de fer, se dépose d'abord, ensuite le sable est emporté plus loin par l'eau, et enfin la terre franche encore plus loin.

Ce procédé par le lavage, malgré sa simplicité, exige cependant quelque habitude et surtout des canaux commodes pour l'écoulement des eaux, et souvent même pour le desséchement des marais.

3° *Extraction de l'or par le van.* — On trouve en Amérique et dans les îles de l'Océanie de riches gîtes aurifères, non-seulement près des rivières, mais aussi dans des vallées privées de cours d'eau, ce qui en rend difficile l'exploitation par le lavage. Dans ces gîtes aurifères, appelés *placers secs* (drey diggings), on exploite l'or par un procédé plus simple et certe encore moins parfait, c'est-à-dire par le *van*. Tout ce qui est nécessaire à cet effet consiste en deux jattes de n'importe quelle grandeur et de quelle forme. Après avoir rempli une de ces jattes avec du sable ou de la terre contenant de l'or, l'ouvrier se la place sur la tête, puis il en répand lentement le contenu dans l'autre jatte, déposée à ses pieds. De cette manière, l'or étant la matière la plus pesante, tombe dans la jatte ou auprès, et les autres matières plus légères s'envolent d'elles-mêmes plus loin. Au reste, l'or recueilli par ce procédé est nettoyé plus tard définitivement par le lavage.

4° *Extraction de l'or par les fosses.* — Aux trois procédés indiqués précédemment on peut encore en ajouter un quatrième, employé en Chine.

Un fonctionnaire russe, envoyé en Kirghizie, en 1790, raconte qu'il y a été témoin d'un procédé usité par les Chinois pour l'exploitation des sables aurifères. Il dit qu'ils ne passent pas le sable au lavage, comme cela se pratique ordinairement, mais qu'ils creusent de longues fosses ou de petits canaux. Voici les détails qui nous ont été transmis sur ce procédé, par M. Krapowitsky, qui est allé dernièrement en Chine comme membre de la mission russe de Pékin[1] :

L'or s'exploite en grande quantité sur trois rivières qui coulent dans la partie septentrionale de la province de Ionn-Tzin, et sur trois autres qui la traversent. Les Chinois creusent ordinairement des fosses en hiver ou en automne, afin qu'elles se remplissent par les eaux pluviales. Avec cette eau s'amassent dans les fosses du sable et de la terre, formant une boue que l'on enlève au printemps, et dont on retire l'or. On y rencontre souvent des morceaux d'or du poids de 1 à 2 *ghine*[2], et les plus

---

[1] *Journal russe des mines,* 1852, n° 1, page 77.

[2] Le *ghine* chinois, comparé au poids russe, vaut 1 livre, 43 zolotniks, et 61 ⅛ dola, ou 139 ⅞ zolotniks. On sait qu'une livre russe égale

petits ne pèsent pas moins de 3 à 4 *lan*[1]. Dans cette même province de Ionn-Tzin, l'or est exploité par des particuliers qui reçoivent à cet effet une autorisation du gouvernement. Mais dans les provinces de Li-Choui-Chhi et de Tan-Tsouan, l'exploitation, considérée comme très-pénible, est faite par des criminels condamnés aux travaux forcés.

B. Procédés pour l'exploitation de l'argent.

Jusqu'à ce jour l'on n'a pas encore découvert de terres argentifères, et tout l'argent recueilli jusqu'à présent provient de l'exploitation des minerais retirés des entrailles de la terre.

On exploite l'argent des minerais par la fusion, c'est-à-dire, par l'action du feu, ou par le mercure, c'est-à-dire, par le procédé à froid de l'amalgamation.

1° *Extraction de l'argent par la fusion.* — Dans des fourneaux organisés d'une manière particulière, qu'on appelle *fourneaux de fusion*, on étale par couches du minerai argentifère bocardé et du charbon de bois ou de la houille, auxquels on met le feu. Sous l'action d'une forte chaleur, cette masse se fond; l'argent se dépose au fond du fourneau, et les autres matières appelées *écume* ou *scories*, restent à la surface. On fait passer l'argent en fusion par un petit canal construit au fond du fourneau, et par un autre sortent les scories qui se sont accumulées. Si le minerai argentifère, ainsi fondu, se trouve mélangé, comme il arrive fréquemment, avec d'autres métaux, par exemple avec de l'or ou du plomb,

---

409 grammes, 512 milligr.; 1 zolotnik égale 4 grammes, 266 milligr.; un dola 44 milligr. Le gramme vaut, en chiffre rond, $\frac{1}{4}$ zolotnik.

[1] Un *lan* chinois égale 8 zolotniks et 69 $\frac{9}{11}$ dola.

l'argent se déposera au fond du fourneau, simultanément avec ces métaux, qu'il n'est pas difficile de séparer les uns des autres. On pourra recueillir de cette manière l'argent, l'or et le plomb, chacun séparément et pur.

Depuis les temps reculés, on ne connaissait pas d'autre procédé pour l'extraction de l'argent que celui de la fusion. Celui de l'amalgamation remonte à trois cents ans.

2° *Procédé chinois pour exploiter l'argent par la fusion.* — En Chine, d'après la description de M. Krapowitsky, membre de la mission russe, que nous avons déjà cité, on extrait l'argent de la manière suivante :

Sur l'endroit où l'on exploite l'argent, on entretient un feu pour ameublir le minerai, qu'on achève de briser avec un marteau ; et, après l'avoir jeté dans une aire à battre le blé, on le réduit en poudre fine. Cette poudre se verse dans un grand cuveau rempli d'eau, que l'on remue pendant longtemps ; alors le mélange qui en résulte se divise en trois parties ou couches.

La couche supérieure s'appelle *mélange fin ;* celle qui se dépose au centre de la masse s'appelle *sable de rose ;* et la troisième, précipitée au fond, *grosse chair de minerai.* Pour procéder à l'extraction des deux premières couches, on prend un vase plat et ovale, et après l'avoir rempli de ces mélanges, on le dépose dans de l'eau stagnante, puis, à l'aide d'un autre vase ovale, on y verse de l'eau et on décante pour en séparer ainsi les matières étrangères. Pour opérer sur la troisième couche, dite *grosse chair de minerai,* on la lave de la même manière dans un vase en bois semblable à une auge.

Lorsque, après cette opération, les particules minérales se trouvent tout à fait séparées et isolées des particules métalliques, on verse dans le cuveau cette matière métallique qui reste après le lavage, et que l'on nomme dans cet état *chair de minerai*. Puis, on prend de la pâte de farine, que l'on mélange avec cette *chair de minerai;* on en forme de petites boules qu'on étend entre deux couches de charbon de bois, dont la supérieure a une épaisseur de 28 centimètres. A l'aube du jour, on fait un feu que l'on entretient jusqu'à quatre heures de l'après-midi. La masse métallique refroidie que l'on obtient après que le feu s'est éteint s'appelle *masse de fosse*. Ensuite, on allume du feu dans le fourneau de fusion, où l'on introduit du plomb, et sur lequel, lorsqu'il est fondu, on jette la *masse de fosse;* puis, on alimente continuellement le feu avec un appareil particulier. Lorsque le plomb absorbe l'argent, il se dépose au fond, et à la surface restent seules les scories, qu'on enlève pendant que les flammes s'échappent du fourneau. Quand la fusion est arrivée au degré voulu, on verse sur le feu une grande quantité d'eau, et alors l'argent et le plomb forment une masse compacte qu'on nomme *saumon de plomb*. A la suite de cette opération, on retire les cendres du fourneau de fusion, et on les dépose dans une fosse plate, préparée dans la terre selon la dimension du *saumon de plomb*, qu'on introduit dans le lit de cendres. On entoure la fosse de charbon de bois qu'on allume, et l'on entretient le feu sans interruption. Dans le principe, le plomb et l'argent ne forment qu'une masse dans la fosse, ensuite, une fumée commence à s'échapper de la surface, et passe à travers les cendres ; puis, longtemps après, à la fumée qui disparaît tout à fait succèdent des étincelles. Lorsque ces dernières cessent de se montrer, cette masse métallique est pure et transparente ; un moment après, sa couleur devient plus foncée, à partir des bords. Tant qu'il y a de la vapeur et des étincelles, l'action du plomb sur l'argent continue. Le plomb, disent les Chinois, a peur des cendres : c'est pour cela qu'on en fait usage pour la séparation de ce métal. Quand le plomb s'écoule dans les cendres, il laisse l'argent seul. De huit heures du matin à midi, on peut facilement purifier ainsi de l'argent. Quelquefois, pour opérer la séparation de l'argent d'avec le plomb, on se sert d'argile noir (ou-ni) et d'un genre particulier de mousse (tsin-taï). Mais, par l'un ou l'autre de ces procédés, on n'obtient pas toujours le même succès sur chaque minerai.

3° *Exploitation de l'argent par le mercure.* — L'usage du mercure remplaçant le feu pour l'exploitation de l'argent fut imaginé peu de temps après la découverte de l'Amérique, c'est-à-dire en 1557[1], par Bartolomé de Medina. Il émigra d'Espagne en Amérique; c'était un pauvre mineur qui travaillait dans les mines argentifères de Pachun, situées au Mexique. Le procédé de Medina consiste à réduire le minerai en poudre selon la méthode ordinaire, puis à l'étendre en une couche assez épaisse sur une aire découverte, pavée de briques ou de pierres de taille, et à verser sur cette poudre, jusqu'à saturation, une mixtion froide, composée de mercure, d'eau et de sel. Afin que cette mixtion s'unisse bien avec le minerai bocardé, et que ce dernier soit plus facilement transformé en une masse pâteuse, on le fait fouler par des mulets ou par des chevaux. Alors l'argent, ou, plus exactement, l'or et l'argent qui se trouvent dans le minerai pulvérisé, sont absorbés par le mercure, qui abandonne

---

[1] Ce moyen fut employé particulièrement pour l'extraction de l'argent, mais on recueille aussi, en partie, de l'or avec de l'argent.

les autres matières, faisant partie du minerai transformé en pâte. La masse recueillie après une pareille opération, c'est-à-dire après l'amalgamation à froid de l'argent[1], est exposée dans des vases convenables à l'action d'un faible feu. Le mercure étant une substance qui se vaporise facilement, se sépare alors de l'or et de l'argent, c'est-à-dire s'échappe sous la forme de vapeurs. Ces vapeurs, à l'aide d'appareils particuliers et assez simples, se précipitent en se refroidissant ; et le mercure qui a déjà servi peut être utilisé de nouveau pour cette même opération, à l'exception cependant d'une partie, qui se perd dans la vaporisation.

Le procédé de Medina, perfectionné par la suite, est encore en usage aujourd'hui. Je m'abstiendrai de parler ici des perfectionnements qui y furent apportés dans ces derniers temps en Allemagne. Mais on ne peut disconvenir qu'à part quelques améliorations, ce procédé est resté le même dans son essence jusqu'à nos jours.

C'est donc à la découverte de Bartolomé de Medina, au procédé ingénieux et simple du pauvre mineur, que le monde est redevable de cette immense quantité d'argent et d'une partie de l'or qui furent exploités jusqu'à présent dans les mines inépuisables de l'Amérique.

---

[1] Le mercure absorbe certainement aussi des particules de fer, mais il n'est pas difficile de les en séparer après.

CHAPITRE VII.

ÉTAT ACTUEL DE LA PRODUCTION DU MERCURE DANS TOUTES LES PARTIES DU
MONDE. — SA QUANTITÉ UNIVERSELLE. — SON PRIX ANCIEN ET ACTUEL.

§ 1. État actuel de la production du mercure dans toutes les parties du monde.

Malgré la richesse évidente de beaucoup de contrées
en gisements de mercure, ce métal a été exploité et s'exploite encore aujourd'hui en quantité tout à fait insuffisante.

A. État de la production du mercure en Asie, en Afrique et en Océanie.

Le mercure, à notre connaissance du moins, ne s'exploite ni en Afrique, ni en Océanie, ni en Asie, y compris
la Russie asiatique ou Sibérie; il s'exploite seulement en
Chine.

Pour ce qui concerne la Chine, quoiqu'on sache positivement que ce pays possède beaucoup de gisements de
mercure, il paraît cependant que la quantité qu'on y
recueille n'est pas considérable. En tous cas, il est certain
que, malgré l'appât du prix constamment élevé du mercure, malgré le besoin urgent de ce métal pour l'exploitation de l'or et de l'argent, la Chine n'en fournit point
aux autres contrées du monde. Ceci tient, d'une part, à la

condition politique de cet empire, et, de l'autre, au manque de bonne foi chez les Chinois dans cette branche de commerce.

Il est vrai qu'on a essayé d'établir des relations avec la Chine pour le commerce du mercure, mais ces essais sont restés sans succès. On sait que, dans le XVIIᵉ siècle, le gouvernement espagnol ayant un pressant besoin d'une grande quantité de mercure pour les mines argentifères qu'il possédait alors au Pérou et au Mexique, tenta d'établir avec la Chine un commerce de ce métal, et que ce gouvernement commença même, en 1609, à en faire venir de cet empire, toutefois en quantité insignifiante. Néanmoins, cette entreprise ne réussit pas, surtout parce que le mercure chinois s'expédiait toujours par des marchands du pays, gens sans conscience et qui le mélangeaient avec du plomb ou d'autres substances lourdes, et parce qu'il revenait trop cher au gouvernement espagnol, c'est-à-dire qu'un kilogramme coûtait à peu près 10 francs. C'est ce qui fut cause que l'Espagne cessa d'aller chercher son mercure dans cet empire. Cependant, le gouvernement espagnol renoua encore une fois des relations avec la Chine en 1781 ; mais la fraude des vendeurs rendit inutile ce nouvel essai.

B. État de la production du mercure en Europe.

Presque toute la quantité de mercure employée dans toutes les contrées connues du monde, fut exploitée uniquement en Europe jusqu'en 1850 ; ce n'est qu'à dater de cette époque qu'on commença à recueillir ce métal en Californie. Il faut ajouter que toute la quantité de mercure exploitée, le fut et l'est encore de nos jours seulement dans deux contrées de l'Europe, savoir : en Espagne et à Idria, qui appartient aujourd'hui à l'Autriche.

1° *En Espagne.* — L'Espagne occupe, pour la production universelle du mercure, le premier rang jusqu'à nos jours.

Il est à remarquer que presque toute la quantité de mercure exploitée depuis longtemps par l'Espagne jusqu'à présent, se recueille dans les mines appelées *Almaden.* Ces mines célèbres sont situées en Andalousie, sur la frontière de l'Estramadure, dans les ramifications de la Sierra-Morena.

Les mines d'Almaden, connues depuis l'antiquité, furent presque continuellement exploitées [1], sans que l'abondance du minerai en paraisse jusqu'à présent épuisée. En outre, la richesse de ces mines est telle, que le cinabre ou minerai qu'on en retire donne la moitié de son poids en mercure pur.

Le minerai des mines d'Almaden est principalement du cinabre, se présentant sous la forme de filons. Ces mines furent constamment monopolisées par le gouvernement espagnol.

Le mercure qu'on y recueille se vend à un taux fixé par l'État, et constitue ainsi un revenu considérable pour la couronne ; c'est-à-dire qu'en 1790, lorsque le gouvernement espagnol abaissa de beaucoup le prix du mercure, il obtint cependant chaque année sur la vente un bénéfice net de trois millions de francs.

Aujourd'hui, en 1855, les mines d'Almaden sont affermées par la maison de commerce Rothschild, de Londres,

---

[1] Sauf le cas expliqué plus loin, qui en a interrompu pour quelque temps la production.

qui paye au gouvernement espagnol une redevance annuelle de six millions de francs.

La quantité de mercure qu'on exploite dans ces mines va toujours croissant. L'exploitation annuelle, en 1850, a atteint le chiffre de **1,227,750** kilogrammes, tandis qu'à présent, en 1855, elle va probablement jusqu'à **1,964,400** kilogrammes.

2° *Dans l'empire d'Autriche.* — Après l'Espagne, l'Autriche fournit à l'industrie universelle la plus grande quantité de mercure.

Presque toute la quantité de mercure recueillie par l'Autriche s'exploite dans les mines du district d'Idria.

Ces célèbres mines sont également connues depuis fort longtemps. On prétend qu'elles furent découvertes dans le xve siècle, c'est-à-dire il y a 350 ans, et que depuis lors on les exploite sans interruption.

Après la conquête de la République de Venise par l'empereur Napoléon, ces mines tombèrent en partage à l'Autriche. Depuis qu'elles appartiennent à cet empire, leur production a augmenté, pendant l'intervalle qui s'est écoulé depuis 1823 à 1848, dans l'énorme proportion de 65 pour 100. On peut encore ajouter que le minerai de ces mines est du cinabre, et qu'on n'y exploite chaque année que **2,455** kilogrammes de mercure vierge.

En général, les minerais y sont tellement riches, qu'ils produisent presque la moitié de leur poids en mercure pur.

L'exploitation même des mines de mercure en Autriche se fait surtout par la Couronne. La quantité qui y est exploitée par des particuliers est fort peu considérable.

Aujourd'hui, en 1855, l'exploitation des mines d'Idria

fournit annuellement jusqu'à 162,093 kilogrammes de mercure.

On exploite, en outre, du mercure dans les possessions de l'Autriche, savoir : en Hongrie, qui fournit annuellement 818 kilogrammes [1], et en Transylvanie, qui en donne 4,583.

L'exploitation des mines de mercure dans l'empire d'Autriche appartenant à la Couronne, c'est aussi cette dernière qui s'occupe de la vente, et ce monopole sur le mercure rapporte au gouvernement de très-grands bénéfices.

La quantité de mercure exploité annuellement, en 1855, dans l'empire d'Autriche, va jusqu'à 245,550 kilogrammes.

3° *Dans les autres contrées de l'Europe.* — On exploite, dans les autres parties de l'Europe, du mercure en très-petite quantité ; il n'y a que la Bavière-Rhénane qui en fournisse annuellement jusqu'à 4,911 kilogrammes.

En 1850, parut une publication sur une découverte de mercure en Toscane.

Le Portugal paraît posséder aussi des gisements de mercure ; cependant on n'y exploite ce métal nulle part, quoiqu'on le trouve fréquemment à l'état natif. On prétend qu'en 1853, un riche gisement de mercure fut découvert dans la ville même d'Oporto ; mais l'administration de la ville ne voulut pas accorder de permission à

---

[1] En Hongrie, il n'y a point de mines de mercure proprement dites, mais en exploitant d'autres mines on y rencontre, par hasard, des minerais de mercure ; on rassemble au fur et à mesure qu'on les trouve, puis on dépouille en une seule fois ce minerai qui s'est accumulé ainsi dans le courant de quatre années, et on en recueille jusqu'à 3,274 kilogrammes de mercure.

4.

une société qui s'était formée dans le but d'en organiser l'exploitation.

On affirme aussi qu'on rencontre des gisements de mercure dans la Turquie d'Europe, mais jusqu'à présent on ne les a pas encore exploités.

C. État de la production du mercure en Amérique.

1° *En Amérique, excepté la Californie.* — On sait positivement que l'Amérique, ou au moins les contrées possédées anciennement par les Espagnols, offrent beaucoup de gisements mercuriels. Il est certain que la position désavantageuse faite par la politique à ces pays, et leurs dissensions intérieures, qui malheureusement continuent encore de nos jours, furent l'unique cause qui empêcha l'exploitation du mercure d'y être organisée sur une grande échelle.

Durant tout le temps que ces possessions américaines appartinrent à l'Espagne, le gouvernement espagnol y importait continuellement de l'Europe du mercure, qu'il vendait aux propriétaires des mines argentifères à des prix élevés, et se procurait ainsi des bénéfices considérables.

Pendant l'exploitation sans cesse croissante de l'argent dans ses possessions américaines, l'Espagne trouva toujours avantageux pour elle d'y placer toute la quantité de mercure qu'elle pouvait retirer de ses mines d'Almaden.

Quoique cette quantité ne fût pas en réalité suffisante pour l'Amérique, toutefois, avec le secours des mines de Huancavélica, découvertes alors au Pérou, les possessions américaines de l'Espagne pouvaient, à peu d'exceptions près, faire marcher leur exploitation. Lorsque les mines de Huancavélica se furent écroulées en 1770, et que la plus grande partie de celles d'Almaden, en Espagne, furent inondées, le gouvernement espagnol conclut, dans cette position aussi pressante, en 1784, une convention par laquelle il s'engageait à acheter, chaque année, à l'Autriche, jusqu'à 537,600 kilogrammes de mercure, à raison de 6 francs par kilogramme [1].

Ce mercure autrichien s'expédiait dans les ports du Pérou et du Mexique, où le gouvernement espagnol réalisait, en le vendant, un bénéfice net de 23 pour 100.

Depuis 1800, les mines espagnoles d'Almaden ont été remises en parfait état et fournissent de nouveau jusqu'à 896,000 kilogrammes de mercure par an. De cette manière, l'Espagne s'est affranchie de la nécessité de recevoir le mercure de l'Autriche. Quoique plus tard, en 1810, l'Espagne ait perdu ses possessions américaines et avec elles les riches mines argentifères du Pérou et du Mexique, l'exploitation du mercure en Espagne, ainsi que nous l'avons dit plus haut, devient néanmoins d'année en année plus considérable.

Quant à l'Amérique, on doit s'étonner de l'insouciance qui y a fait dédaigner jusqu'à présent une branche aussi importante de production.

Le baron A. de Humboldt, qui a exploré personnellement, en 1802, les anciennes possessions espagnoles en Amérique, indique d'une manière exacte, dans l'ouvrage qu'il a publié depuis, les endroits où l'on a trouvé jadis des minerais de mercure, et cite des preuves à l'appui de la richesse de ces minerais [2].

---

[1] *Essais politiques sur le royaume de la Nouvelle-Espagne,* par A. de Humboldt, 2ᵉ édition, Paris, 1827, t. iii, p. 290.

[2] *Ibid.,* t. iv, p. 284.

Dans ce même ouvrage, ce savant assure qu'avant la découverte de l'Amérique, les Mexicains et les Péruviens exploitaient déjà du cinabre dans divers endroits, pour la composition des couleurs avec lesquelles ils se peignaient le corps [1]. Si on n'exploite pas en Amérique, dit M. de Humboldt, toute la quantité de mercure dont on a besoin, cela provient uniquement de l'habitude qu'on a de le recevoir d'Europe [2]. Les recherches persévérantes qu'il a faites pendant le règne du roi d'Espagne Charles IV, prouvent que peu de pays présentent autant de traces de l'existence de gisements mercuriels que le Mexique, le Pérou et la Nouvelle-Grenade [3]. Dans la province de Guanaxuato, au Mexique, on en rencontre presque partout en creusant des puits. On a trouvé même plusieurs fois des minerais de mercure. Mais les travaux commencés étaient interrompus à chaque instant, et l'exploitation se faisait avec tant de négligence, qu'on ne doit pas s'étonner de ce que ces mines furent abandonnées [4]. Malgré tout cela, des particuliers entreprirent, en 1800, mais d'une manière peu active, au Mexique et dans la Nouvelle-Grenade, l'exploitation de deux mines de mercure.

Ces témoignages du baron de Humboldt sont encore confirmés par lui dans son histoire de l'exploitation des susdites mines de Huancavélica. Jusqu'à la conquête même du Pérou par les Espagnols, les Incas exploitaient, sur la montagne de *Palkass,* le cinabre qui leur servait

---

[1] *Essais politiques sur le royaume de la Nouvelle-Espagne,* par A. de Humboldt, 2ᵉ édition, Paris, 1827, t. III, p. 315.

[2] *Ibid.,* t. III, p. 118.

[3] *Ibid.,* t. III, p. 312-350.

[4] *Ibid.,* t. III, p. 312-313, et t. IV, p. 111.

à se peindre le corps [1]. En 1570, après la restauration
de ces mines, le gouvernement espagnol se réserva
exclusivement le droit de les exploiter [2]. La quantité
de mercure qu'on y recueillait annuellement variait
et allait cependant dans une proportion croissante.
La moyenne y était de 179,200 à 268,800 kilogrammes par an [3]. Mais la plus forte exploitation de mercure dans ces mines atteignit le chiffre de 336,436 kilogrammes.

Les dispositions que prit le commissaire envoyé par
le ministre des finances espagnol pour l'administration de
ces mines, furent cause qu'elles s'écroulèrent en 1789, et
qu'elles furent abandonnées depuis cette époque jusqu'à
présent. Pour soutenir les voûtes des galeries souterraines de ces mines, on y établit des piliers formés avec
le minerai des filons mêmes. Mais ce commissaire, dans
l'intention de prouver au gouvernement que son zèle lui
valait un grand revenu, ordonna, malgré tous les aver-
tissements des mineurs et l'imminence du danger, d'enlever les piliers pour en extraire le mercure. C'est à la
suite de ces ordres imprudents qu'eut lieu l'écroulement
définitif. Au reste, le gouvernement espagnol laissa, en
1795, les Indiens de cette localité entièrement libres
d'extraire le minerai de ces gisements mercuriels. Aussi,
comme les minerais de ces gisements se montrent à la
surface de la terre dans beaucoup d'endroits, les Indiens
les plus pauvres des villages voisins cherchèrent dans
leur exploitation une occupation lucrative. Quoique, d'a-

---

[1] *Essais politiques sur le royaume de la Nouvelle-Espagne*, par A. de Humboldt, 2ᵉ édition, Paris, 1827, t. III, p. 320-325.

[2] *Ibid.*, t. III, p. 326-328.

[3] *Ibid.*, *ibid.*

près la loi espagnole, toute la quantité de mercure exploitée dût être vendue à la Couronne à un taux fixé par
elle, néanmoins, malgré cette injonction, l'exploitation
du mercure par les Indiens augmenta d'année en année
de telle manière, qu'elle atteignit le chiffre de 147,330 kilogrammes dans l'année 1800. Aujourd'hui, en 1855,
on y exploite approximativement jusqu'à 294,660 kilogrammes.

Enfin, la découverte de riches mines de mercure faite
en Californie en 1850, donna apparemment quelque
activité aux recherches du mercure au Pérou et au
Mexique.

En 1852, on publia là découverte de mines de mercure
au Pérou, près des mines d'argent de Potosi. Toutefois,
on ne sait pas encore si l'on a organisé une exploitation
régulière de ces nouvelles mines, d'une importance tout
à fait majeure pour le Pérou.

2° *En Californie.* — Après l'annexion, en 1847, du
territoire de la Californie, pays désert jusqu'alors et im-
productif, aux États-Unis de l'Amérique, le caractère entreprenant et l'activité de ses nouveaux habitants se
tournèrent vers l'exploitation régulière du mercure,
source abondante de richesses et de prospérité. En 1850,
à 27 kilomètres de la principale ville de la Californie et
de son excellent port, San-Francisco, on découvrit un
riche gisement de mercure presqu'à fleur de terre : on
l'appela *Nouvelle Almaden*. Les minerais en sont si riches,
qu'ils contiennent la moitié de leur poids de mercure,
c'est-à-dire que de 100 kilogrammes de cinabre retiré de
ces mines, on recueille de 40 à 50 kilogrammes de mercure pur. Aussi, bientôt de vastes établissements s'élevèrent dans cet endroit et forment aujourd'hui une ville.

En 1852, on exploita dans ces mines 130,960 kilogrammes de mercure. Depuis lors, la quantité augmente sans cesse et dans de fortes proportions. On peut évaluer aujourd'hui, en 1855, l'exploitation annuelle du mercure en Californie approximativement à 980,000 kilogrammes.

On prétend que ces mines de la Californie étaient aussi connues des Indiens, qui composaient également avec le cinabre les couleurs dont ils se peignaient le corps [1]. Aujourd'hui, ces mines appartiennent à la maison de commerce Béron, Fobresse et Cie. Cette maison obtint d'abord des autorités locales la permission de les exploiter, et plus tard elle en acheta la propriété pleine et entière [2]. On emploie à l'exploitation de ces mines des Mexicains et le plus souvent des Indiens du Mexique. Les ouvriers mineurs sont payés à raison de 40 francs par jour et cela à la condition de ne travailler que huit heures par jour. Sur la quantité du mercure exploité dans ces mines, on en vend peu en Californie ; tout le reste s'expédie de préférence au Mexique, dans les mines d'argent. On sait que, rien que dans les usines d'argent du Mexique, on consomme constamment 916,720 kilogrammes de mercure par an.

Suivant des renseignements récents, on a découvert en Californie, à une petite distance de la *Nouvelle Almaden*, une autre mine de mercure d'une richesse égale, qu'on a déjà commencé à exploiter.

D'après le témoignage de géologues qui ont exploré quelques endroits de la Californie, et d'après un rapport

---

[1] Lettres de l'ingénieur des mines hongrois, Ughios, qui a séjourné en Californie en 1850.

[2] *Ibid.*

du gouverneur actuel de cette contrée au Président des États-Unis, elle doit être extrêmement riche en gisements de mercure.

En attendant, l'apparition du mercure de la seule mine de la *Nouvelle Almaden* dans le commerce, a déjà contribué à la baisse du prix de ce métal en Amérique, et certainement ce mouvement de baisse ne s'arrêtera pas là. Car au commencement de 1851, on vendait déjà le mercure de la Californie, y compris les frais de transport dans les mines du Mexique, à raison de 4 fr. 60 cent. le kilogramme, et même, en 1854, dans les mines d'argent de Guanaxuato, en Amérique, à raison de 2 fr. 93 cent.

§ 2. Quantité universelle de mercure qui s'exploite aujourd'hui en 1855.

Les recherches faites par le baron A. de Humboldt, qui a visité personnellement les principales mines de l'Europe et de l'Amérique, démontrent qu'à cette époque, c'est-à-dire en 1802, la quantité totale de mercure, exploitée alors dans toutes les parties du monde, a été presque entièrement consommée par l'Amérique. D'un autre côté, on sait que de cette quantité universelle les mines d'Amérique en employaient annuellement à cette époque jusqu'à 1,227,750 kilogrammes [1]. Héron de Villefosse admet qu'en l'année 1800, l'exploitation annuelle du mercure en Europe atteignait le chiffre de 1,767,960 kilogrammes. En se basant sur les données précédentes, on peut dire que la quantité universelle de mercure qui s'exploite annuellement en 1855, se divise de la manière suivante, savoir : on exploite à présent chaque année,

---

[1] *Essais politiques,* par A. de Humboldt, 2e édition, t. III, p. 210-296

en Espagne, 1,964,470 kilogrammes ; dans l'empire d'Autriche, 245,550 ; dans la Bavière-Rhénane, 4,910 ; au Pérou, à Huancavélica, 294,660 ; en Californie, 980,000. Ainsi, le total de l'exploitation annuelle du mercure, dans toutes les contrées du monde connues, s'élève en 1855, approximativement, à 3,489,590 kilogrammes.

Presque toute la quantité de mercure qui s'exploite en Espagne fut achetée et s'achète encore aujourd'hui par les propriétaires des mines d'argent du Pérou et du Mexique.

Le mercure exploité dans les possessions de l'empire d'Autriche s'est vendu et se vend encore aujourd'hui, principalement en Europe, aux industries métallurgiques et autres.

§ 3. Prix anciens et actuels du mercure.

Les renseignements que nous avons recueillis donnent pour le mercure les prix suivants :

PRIX DU MERCURE PAR KILOGRAMME.

	fr.	c.
En 1590, au Mexique.	22	13
En 1750, en Amérique	9	74
De 1767 à 1776, en Amérique.	7	34
En 1777, en Amérique, mercure d'Espagne.	4	72
idem d'Autriche . . .	7	44
A la même époque dans les mines du Mexique, mercure d'Espagne .	6	80
idem d'Autriche .	8	42
Avant 1810, c'est-à-dire avant la séparation du Mexique et du Pérou par l'Espagne, le mercure se vendait au Mexique, sur place.	2	20

	fr.	c.
En 1852, la maison Rothschild vendait le mercure, également dans les mines du Mexique. . . .	5	28
idem à Guanaxuato. . .	7	44
La même maison vendit jusqu'en 1855, le mercure aux habitants de l'Espagne même.	2	25
On assure que pendant le riche rendement des mines d'Almaden, l'exploitation du mercure ne revenait à la maison Rothschild, par kilogramme, qu'à. .		88
Le prix en diminua à la suite de l'exploitation de celui de la Californie, à tel point, qu'il se vendait en Amérique, en 1854, sur place dans les mines du Mexique.	4	60
idem de Guanaxuato.	2	93

CHAPITRE VIII.

DÉFAUTS DANS LES PROCÉDÉS EMPLOYÉS AUJOURD'HUI POUR L'EXPLOITATION DE L'OR ET DE L'ARGENT. — CAUSES DE LA CHERTÉ DU MERCURE. — INFLUENCE DU PRIX DU MERCURE SUR LA VALEUR MÊME DE L'OR ET DE L'ARGENT. — NOUVELLES DÉCOUVERTES DE PROCÉDÉS PLUS AVANTAGEUX POUR L'EXPLOITATION. — CONCLUSION.

§ 1. Défauts dans les procédés employés aujourd'hui pour l'exploitation de l'or et de l'argent.

Il est suffisamment démontré par les chapitres précédents que l'or s'exploite actuellement au moyen du mercure, de l'eau et du van, et l'argent par le mercure et par la fusion.

Il nous reste donc à parler ici succinctement des dé-

feetuosités qui existent dans les procédés mis en usage
pour cette exploitation.

A. Défectuosités dans les procédés d'exploitation de l'or.

1° *Procédé par l'amalgamation.* — Le défaut de ce procédé consiste surtout :

Premièrement, *dans l'insuffisance du mercure à extraire
tout l'or.* Les minerais bocardés, comme aussi en général
les terres qui renferment de l'or, sont formés de grains de
sable plus ou moins fins. L'or se trouve non-seulement
entre les grains de sable et à leur superficie en forme
de petits morceaux et de paillettes, mais il pénètre au
travers sous l'aspect de veines et de membranes très-
minces.

Le mercure n'absorbant que l'or qui se trouve en contact immédiat avec lui, il est évident que celui qui s'est
infiltré dans l'intérieur de ces grains de sable étant sous-
trait à son action, reste encastré dans l'intérieur de ces
grains et se trouve rejeté ensuite avec eux.

Cet or, inaccessible au mercure, résiste à tous les
procédés d'extraction connus, jusqu'à ce que le sable
soit réduit en grains encore plus fins. Alors seulement l'or se détache de la surface de ces particules
nouvellement formées et se retrouve en contact avec le
mercure.

On ne peut atteindre à cette division infinie des grains
de sable que par deux moyens : d'abord, *par le travail de
l'homme,* c'est-à dire, en mettant en usage des appareils,
des bocards plus compliqués, avec lesquels on parvien-
drait à broyer, à écraser le minerai en particules beaucoup plus fines ; ensuite, *par l'efflorescence,* c'est-à-dire en

laissant le minerai bocardé se diviser sous l'influence toute naturelle de la lumière, de l'air et de l'humidité. De cette manière, les grains de sable, ou en général les terres dont on a recueilli l'or, et qui par conséquent sont jetées çà et là à la surface du sol comme désormais inutiles, en restant ainsi exposées à l'air, à la lumière et à l'humidité pendant quatre ou cinq ans ou davantage, finiraient par se décomposer en particules toujours plus fines et livreraient enfin passage à l'or qui s'y trouvait encastré.

Secondement, *dans le prix du mercure qui a été et est encore de nos jours trop élevé* (*Voy*. Chap. vii). En conséquence, l'achat du mercure destiné à l'exploitation de l'or constitue en tout cas une dépense très-onéreuse.

Troisièmement, *dans la quantité considérable de mercure qui se perd sans retour dans l'extraction de l'or et de l'argent.* Pour extraire l'or et l'argent par le mercure, on est obligé de l'employer en très-grande quantité. Quoique l'on recouvre chaque fois une partie de ce mercure, il ne s'en perd pas moins complétement une certaine quantité. Les détails que nous donnons plus loin sur le procédé d'exploitation de l'argent par le mercure, prouvent qu'en Amérique la dépense, seulement pour l'achat du mercure, constitue un quart et même un tiers des frais généraux à la charge des propriétaires de mines. Quant à la quantité même de mercure qui se perd complétement pendant l'extraction de l'argent, *voyez* les détails plus loin, même chapitre.

Quatrièmement, *dans la pauvreté relative des minerais d'or et des terres aurifères comparés aux minerais d'argent.* Quelle que soit la richesse des minerais et surtout des terres aurifères, elle n'est cependant pas à comparer avec celle des minerais d'argent ; c'est-à-dire, qu'un kilogramme de minerai argentifère contient en poids plus d'argent qu'un kilogramme de minerai aurifère ne contient d'or. La proportion est encore moindre dans les terres aurifères. Cette circonstance est surtout cause que l'exploitation de l'or par le mercure n'est pas avantageuse.

Cependant, d'après ce qui précède, on peut voir que l'on recueille certainement beaucoup plus d'or d'un même minerai par l'amalgamation que par le lavage, puisque l'eau extrait à peine un tiers de l'or et que les deux autres tiers restent perdus dans les terres lavées. Mais, la nécessité d'employer pour cette opération une quantité très-considérable de mercure aux prix élevés d'aujourd'hui, fait que jusqu'à présent on ne s'est servi de ce métal que pour extraire de l'or en petite quantité ou à titre d'essais. Ainsi, toute la quantité d'or qui a été exploitée jusqu'à présent dans les contrées connues du monde, le fut par le lavage.

A cela nous nous empressons d'ajouter que la baisse des prix du mercure, qui s'est manifestée dès 1852, et l'exploitation, introduite actuellement dans la Sonora[1], en Californie et en Australie, de riches *schlich*[2] provenant des mines et des gîtes aurifères de ces contrées, commencent à rendre possible dans ces pays, pour l'exploitation de l'or, l'usage du mercure, qui du reste y devient de plus en plus répandu.

---

[1] L'État de Sonora-et-Cinaloa fait aujourd'hui partie du Mexique et est situé au sud de la Californie. Dans la Sonora on a découvert de nos jours des argiles aurifères extrêmement riches.

[2] On entend par *schlich*, l'or extrait dans son état naturel de terrains ou gîtes aurifères, mais qui n'est pas complètement pur, avant que la chimie l'ait séparé des autres métaux avec lesquels il est combiné.

2° *Procédé du lavage.* — L'extraction de l'or par le lavage présente encore plus d'imperfections que le procédé de l'amalgamation.

Premièrement, *à cause de la nature même de l'eau.* Si l'or, en effet, incrusté, pour ainsi dire, dans l'intérieur des matières terreuses des minerais aurifères, reste inaccessible à l'action du mercure, à plus forte raison l'est-il à celle de l'eau, privée de la propriété qu'a le mercure d'absorber l'or.

Secondement, *parce que, durant l'opération du lavage, on ne peut pas même recueillir tout l'or libre qui existe entre les grains du minerai et les matières terreuses* (et il est évident que, par le lavage, on ne peut extraire que cette portion libre de l'or). Une partie s'échappe infailliblement et reste dans les terres aurifères lavées, que l'on rejette comme ne devant plus servir à l'extraction de l'or.

Troisièmement, *parce qu'une partie de l'or est inévitablement emportée par le courant de l'eau.* Il est incontestable que des appareils perfectionnés et un lavage fait avec soin peuvent diminuer beaucoup la quantité d'or qui se perd, emporté par l'eau ou laissé entre les parcelles des terres aurifères.

Mais il reste évident que, quels que soient la perfection des appareils et le soin du lavage, on ne peut recueillir environ qu'un tiers de l'or qui se trouve dans les terres exploitées.

Pour se faire une idée de la quantité considérable d'or libre qui est emportée par l'eau, ou laissée dans les terres qui, après le lavage, sont jetées comme désormais inutiles, je citerai les résultats de recherches très-curieuses, faites d'après les ordres du gouvernement russe, par des ingénieurs des mines, dans beaucoup de gîtes aurifères de la Russie d'Asie[1].

Quantité d'or restant dans les terres lavées. — L'ingénieur Awdiéjeff, dans son rapport sur le résultat de ses essais, dit que la quantité d'or libre qui ne peut pas être extrait, et qui reste dans les terres lavées, dépend entièrement de la division plus ou moins grande de ce métal et d'un lavage plus ou moins soigné des terres aurifères; et qu'en général on peut admettre que, par le lavage, on ne peut recueillir que le tiers de l'or libre qui s'y trouve, et que les deux autres tiers se perdent, c'est-à-dire qu'ils restent dans les terres lavées et abandonnées comme n'étant plus propres à l'extraction de l'or.

Quantité d'or entraînée par l'eau trouble. — Pendant le lavage, une partie des terres aurifères, ainsi que nous l'avons dit plus haut, est emportée par le courant même de l'eau. Cette eau s'appelle *eau trouble.* La quantité d'or qui se perd, entraînée par l'eau du lavage, dépend certainement du plus ou moins de perfectionnement des appareils qu'on emploie et de l'adresse des ouvriers laveurs. Mais en tout cas, ce procédé laisse tant à désirer, qu'une grande partie de l'or se trouve infailliblement entraînée par l'eau trouble.

Les essais faits en conséquence en Sibérie, par des ingénieurs russes, donnèrent des résultats divers, suivant la condition locale. Mais tous s'accordent sur ce point, que la quantité d'or emportée par l'eau est plus ou moins considérable[2]. On voit d'après les rapports de Kawri-

---

[1] Voyez plus loin les observations suivantes.

[2] On peut lire les détails sur ces essais dans les rapports des ingénieurs russes, insérés dans le *Journal des mines russe*, en 1819, 1850, 1853, n° 10, p. 81. Le calcul est en 1851, n° 11, p. 117-111.

guine, que des recherches minutieuses, exécutées dans
le laboratoire de Nertchinsk et aux lieux d'exploitation
des gîtes aurifères de la Sibérie orientale, sur l'eau trouble, c'est-à-dire sur ces dépôts de vase qui se forment
dans le lit des ruisseaux et des canaux où on lave les
terres aurifères, ont fourni 6 grammes un quart d'or très-
fin, sur 1,637 kilogrammes de vase.

D'après des expériences faites dans le même laboratoire de Nertchinsk, par le capitaine Wersiloff, sur des
dépôts de vase puisée dans d'autres endroits, il résulte que 1,637 kilogrammes de vase ont rendu de
7 grammes et demi à 12 grammes et demi d'or [1].

La propriété même de l'or, c'est-à-dire son extrême
divisibilité, contribue beaucoup à de pareilles pertes.
Cette divisibilité est tellement grande, qu'un verre d'eau
puisée dans un ruisseau ou un fossé à une distance de
quelques dizaines de mètres de l'endroit du lavage, contient, quoique invisibles à l'œil, des particules d'or; mais
elles sont si petites et si légères, qu'il faut laisser le verre
immobile pendant quelques heures afin que le métal
puisse s'y déposer.

Il faut encore ajouter que si l'extraction de l'or par le lavage entraîne des défauts que ne peut éviter une exploitation soigneuse et intelligente des sables aurifères, il n'en
est pas moins vrai que les procédés employés en Russie
sont très-perfectionnés et surpassent de beaucoup tous
les appareils et les instruments usités à cet effet dans les
autres contrées d'exploitation. Ce sont surtout les lavages

---

[1] Pour donner une idée de l'énorme quantité d'or qui se perd, il faut dire que
quelques gîtes aurifères de la Sibérie s'exploitent constamment avec un rendement de 10 à 12 grammes et demi d'or sur 1,637 kilogrammes.

de l'Australie, de la Californie et en général de l'Amérique, qui laissent beaucoup à désirer.

3° *Défauts de l'exploitation de l'or par le van.* — Les défauts qui existent dans l'exploitation de l'or par le van sont tellement évidents, qu'il est inutile d'entrer à ce sujet dans de longs détails. Toutefois, on a publié en 1853 la découverte, dans l'Amérique du Sud, d'un van tout à fait simple et convenable. Il ressemble à celui dont on se sert en Europe pour vanner les blés. Cette invention deviendra probablement bientôt d'un usage général dans ces pays.

B. Défauts dans les procédés employés aujourd'hui pour exploiter l'argent.

1° *Défauts dans l'exploitation de l'argent par la fusion.* — L'exploitation de l'argent par la fusion présente aussi de graves inconvénients.

Premièrement. Elle exige une immense quantité de combustible. Comme les mines d'argent sont ordinairement situées sur de hautes montagnes, le transport du combustible revient en tout cas à un prix élevé et s'effectue très-péniblement.

Secondement. Pendant la fusion du minerai il se forme infailliblement des scories et du déchet. Ces scories et ce déchet absorbent toujours une quantité d'argent plus ou moins considérable.

2° *Défauts dans l'exploitation de l'argent par le procédé de l'amalgamation.* — La quantité de mercure nécessaire pour l'extraction de l'argent d'un minerai est considérable, et la perte irréparable que l'on éprouve pendant l'amalgamation est très-grande. La quantité de mercure

5.

employé dépend certainement beaucoup du degré de perfection des procédés dont on se sert. On prétend généralement qu'il faut plus de mercure pour les procédés usités en Amérique que pour ceux dont on se sert en Europe. Dans les usines argentifères du Mexique, le mercure forme à lui seul, ainsi que l'affirme M. de Humboldt, 24 pour 100 du total des frais qui sont à la charge des propriétaires de mines. Au Pérou, cette même dépense s'élève même jusqu'à 30 et 38 pour 100.

Avec les procédés d'extraction perfectionnés que possède la Saxe, par exemple, la perte du mercure y est à peu près huit fois moindre qu'au Mexique et au Pérou ; de sorte qu'en Saxe on ne perd que deux douzièmes de kilogramme de mercure sur un kilogramme d'argent pur extrait du minerai. Tandis qu'au Pérou et au Mexique on perd de 1 kilogramme quatre dixièmes jusqu'à 1 kilogramme sept dixièmes de mercure sur 1 kilogramme d'argent [1].

Ces inconvénients évidents du procédé de l'amalgamation furent cause que le mercure ne fut presque exclusivement employé que pour l'exploitation des minerais argentifères les plus riches; les minerais moins riches furent abandonnés. Et même parmi les minerais considérés comme riches, il s'en rencontra quelques-uns qu'on dut exploiter par la fusion à cause de la rareté du mercure.

---

[1] *Essais politiques,* par A. de Humboldt, Paris 2ᵉ édition, t. III, p. 266-357. Au Mexique, on calcule les frais d'exploitation de l'argent par le mercure de la manière suivante : pour 100 quintaux de minerai, renfermant chacun 4 onces espagnoles d'argent, les frais d'exploitation s'élèvent à 84 piastres espagnoles et 4 réaux. Il faut déduire de cette somme 25 piastres, représentant la valeur du mercure perdu irrévocablement. Ces 100 quintaux fournissent en argent 50 marcs castillans, d'une valeur de 326 piastres.

Ajoutons que le nombre des minerais argentifères qui continuent jusqu'à présent à être exploités par la fusion est encore tellement grand, que même au Pérou et au Mexique, malgré la richesse de leurs mines argentifères, on en exploite aujourd'hui seulement les sept huitièmes par le mercure et un huitième par le procédé de la fonte. En Europe même, où l'on a introduit des perfectionnements notables dans les usines d'argent, et où l'on se sert d'appareils qui diminuent de beaucoup la perte du mercure, on n'exploite le minerai par l'amalgamation que dans quelques contrées, tandis que partout ailleurs cette opération a lieu par le procédé de la fusion.

En Russie, l'exploitation des minerais argentifères s'effectue par la fusion combinée avec le plomb. Seulement dans quelques usines on y extrait, à titre d'essai, une petite quantité d'argent par le mercure; cette extraction a aussi lieu par le sel, suivant un procédé nouvellement découvert par Augustin (*voy.* plus loin à la fin du chapitre).

§ 2. Causes de la cherté du mercure.

Le mercure s'est vendu et continue encore à se vendre à des prix très-élevés pour les motifs suivants :

1° Parce que, malgré la richesse connue de beaucoup de contrées de l'Amérique en gisements de mercure, on n'a exploité jusqu'à ce jour ce métal que dans peu d'endroits.

2° Parce que, en Espagne et en Autriche, deux pays qui fournirent jusqu'en 1851 presque toute la quantité de mercure employé dans les mines, l'exploitation de ce métal était et est encore aujourd'hui, comme nous l'avons dit plus haut, monopolisée par ces deux gouvernements.

Cependant, quoique le mercure des mines d'Almaden fût toujours vendu par le gouvernement espagnol à un prix très-élevé aux propriétaires des mines argentifères du Pérou et du Mexique, les possessions américaines de l'Espagne jouirent d'une réduction pour soutenir la production argentifère de l'Amérique, aussi longtemps que l'Espagne resta maîtresse de ces contrées. Mais lorsque, en 1810, ces dernières se séparèrent de la métropole et que le gouvernement espagnol n'eut plus besoin d'y protéger la production de l'argent, il haussa alors le prix du mercure. Cette hausse devint encore plus forte lorsque plus tard le gouvernement afferma ses mines d'Almaden à la maison Rothschild.

§ 3. Influence de la valeur du mercure sur celle de l'or même et surtout
de l'argent.

Nous avons déjà dit que, jusqu'en 1851, l'Espagne et l'Autriche seules approvisionnaient de mercure les autres pays ; que, conjointement avec la Californie, ces deux États furent jusqu'à présent les producteurs naturels de ce métal ; que la consommation du mercure pour l'exploitation de l'argent est tellement grande, qu'il en faut une fois et demie plus que le poids de l'argent extrait ; que le prix en est si élevé, qu'en Amérique, dans les contrées qui fournissent la plus grande partie de l'argent universellement exploité, l'achat du mercure forme à lui seul un quart et même un tiers du total des dépenses générales de l'exploitation ; que ces frais font substituer au procédé de l'amalgamation celui de la fusion dans beaucoup de mines argentifères ; qu'outre ses propriétés favorables dans l'exploitation de l'argent, le mercure offre de plus grands avantages encore pour extraire l'or tant des minerais que des terres aurifères; que, malgré ces avantages, la cherté du mercure a empêché d'en introduire l'usage dans l'exploitation de l'or surtout; qu'enfin la baisse sur le prix du mercure commence aujourd'hui à laisser entrevoir la possibilité de s'en servir provisoirement pour l'extraction de l'or dans quelques localités seulement et en petite proportion [1].

Il est clair qu'avec l'accroissement actuel de la quantité de mercure exploitée, ainsi qu'avec la baisse sur le prix de ce métal, non-seulement l'exploitation de l'or et de l'argent, et surtout celle de l'argent, revient à meilleur marché, mais qu'on a en même temps l'espoir d'exploiter des mines argentifères, que le prix élevé du mercure forçait d'abandonner.

On peut facilement s'en convaincre, non-seulement par l'évidence même de ces vérités, mais aussi par la comparaison des tableaux qui se trouvent dans les chapitres VII et XXII de ce livre, savoir: d'une part, des tableaux sur la quantité d'argent, ou plus exactement d'or et d'argent, universellement exploitée [2]; et d'autre part, des prix du mercure tels qu'ils existaient à cette époque.

Laissant de côté d'autres témoignages superflus, on peut dire, comme conclusion générale, que ces tableaux

---

[1] On voit, d'après les renseignements sur les prix du mercure indiqués dans le chapitre VII, que les prix en Amérique qui étaient, en 1852, de 5 fr. 28 cent. et même 7 fr. 11 cent. par kilogramme, sont tombés déjà, en 1854, de 4 fr. 60 cent. à 2 fr. 93 cent.

[2] Quoique jusqu'à cette époque, on se soit servi du mercure presque exclusivement pour l'exploitation de l'argent, il y a cependant beaucoup de mines argentifères qui contiennent de l'or, dont la quantité exploitée augmente au fur et à mesure que l'exploitation de l'argent s'agrandit.

prouvent positivement que la quantité d'or et d'argent exploitée a augmenté proportionnellement à la diminution des prix sur le mercure.

§ 4. Nouvelles découvertes de procédés plus avantageux pour l'exploitation de l'or et de l'argent.

Des défauts aussi graves que ceux que nous venons de signaler plus haut dans les procédés connus pour l'extraction de l'or et de l'argent, donnèrent lieu, vers ces derniers temps, à des recherches très-actives de moyens plus simples et d'une exécution moins dispendieuse.

Sans m'étendre longuement sur le mérite des découvertes récentes qui furent faites à ce sujet, je dirai que beaucoup d'entre elles sont très-précieuses pour la science. Les unes promettent en apparence des applications utiles ; il ne manque plus aux autres que de prouver, par des opérations faites sur une plus grande échelle, les avantages qu'elles présentent. Enfin, quelques-unes s'introduisent déjà dans les travaux des usines.

Toutefois, je pense qu'il n'est pas superflu de nommer ici succinctement les quatre découvertes importantes qui furent faites dans ces derniers temps, savoir :

1° *Découverte du chimiste Violet.* — Quoiqu'on ait déjà introduit dans beaucoup d'usines d'argent de l'Allemagne des perfectionnements remarquables pour rassembler le mercure qui sert à extraire l'argent du minerai, une portion considérable du mercure employé à cet usage ne pouvait pas se recueillir et se perdait sans retour. La découverte faite en 1851, par le chimiste français Violet, promet une perte beaucoup moins sensible, et par conséquent, une baisse dans la valeur même de l'argent exploité. Pour la séparation du mercure qui s'amalgame avec l'argent pendant son extraction du minerai, Violet avait imaginé un simple appareil avec le secours duquel le mercure, par la rectification au moyen de l'eau transformée en vapeur, se recueille facilement, à l'exception d'une très-petite portion.

2° *Découverte d'Augustin.* — Voici en quoi consiste la découverte faite récemment par Augustin en Allemagne : au lieu de soumettre le minerai argentifère à la fusion, ou de le bocarder pour en extraire l'argent par le procédé de l'amalgamation, on le grille préalablement dans son état naturel, puis on en retire l'argent d'une manière assez simple : c'est-à-dire, avec de l'eau et du sel ordinaires. Ce procédé convient parfaitement pour beaucoup de minerais. Par exemple, en Russie, où l'argent s'exploite par la fusion avec le secours du plomb, on a déjà commencé à introduire dans quelques usines le procédé d'Augustin. *Voyez* chap. XI et XII.

3° *Découverte de Becquerel.* — Tout dernièrement, en août 1854, le célèbre physicien Becquerel déclara, à la séance de l'Académie française, qu'il avait découvert le moyen d'extraire l'or et l'argent par l'électricité, sans le secours du mercure ni du lavage. Si cette invention est confirmée par les faits, on peut en attendre apparemment des résultats très-importants, relativement aux frais d'exploitation, et, par conséquent, une baisse sur la valeur de l'or et de l'argent.

4° *Invention de Berdan.* — Il faut encore mentionner ici l'invention d'une machine dont la description est insérée dans le journal de Londres *The Athenæum*, n° 1346. Il y est dit qu'on a apporté à Londres de New-York, en Amérique, pour l'extraction de l'or des minerais, une machine inventée par Berdan. Cette machine est très-satisfaisante et accomplit, au moyen d'un nouveau procédé, diverses opérations de l'extraction, telles que le lavage des terres, le bocardage des minerais aurifères et leur assortiment. L'action du mercure sur le minerai s'y effectue également avec vigueur. On ajoute, en outre, de l'eau au mercure; l'appareil se chauffe par le bas. Suivant le journal de Londres, voici les avantages très-remarquables que présente cette machine : Aujourd'hui, avec le procédé habituel usité en Amérique pour exploiter les minerais aurifères, on n'extrait qu'un quart, et souvent moins, de la quantité d'or qu'ils renferment effectivement. Même avec les machines les plus perfectionnées qu'on possède aujourd'hui, on ne parvient à extraire qu'un tiers de l'or des minerais; tandis qu'en exploitant des terres aurifères qui ont déjà subi l'opération de l'extraction avec les machines usitées jusqu'à ce jour, on peut extraire au moyen de la machine de Berdan deux fois autant d'or qu'avec celles qui sont employées à l'extraction des minerais.

§ 5. Conclusion sur l'influence de la production de l'or et de l'argent.

D'après les indications qui précèdent, on peut conclure :

1° Que malgré les défauts des procédés pour l'extraction de l'or et de l'argent et les frais élevés qu'ils nécessitent, la quantité de ces métaux augmente constamment aujourd'hui et en grande proportion.

2° Que le principal procédé et le plus efficace pour l'extraction de l'or et de l'argent reste jusqu'à présent celui de l'amalgamation.

3° Que néanmoins la quantité insuffisante de mercure et sa cherté furent toujours un obstacle à l'extension de l'exploitation de l'or et de l'argent.

4° Que l'exploitation déjà commencée de riches minerais de mercure en Californie, et le projet naissant de l'organiser au Mexique et dans d'autres contrées de l'Amérique, ont déjà fait baisser le prix du mercure, et qu'en outre la quantité de ce métal augmentera selon toute apparence considérablement en peu de temps.

5° Que les prix du mercure ont non-seulement une influence directe sur la valeur générale de l'or et de l'argent, mais aussi sur l'accroissement de la quantité qu'on pourrait en exploiter.

6° Que les succès obtenus en chimie et en métallurgie laissent entrevoir, selon toute probabilité, qu'au mercure seul n'est pas réservé l'honneur de contribuer à un plus grand développement de l'exploitation de l'or et de l'argent, et que ce procédé si dispendieux sera bientôt remplacé par un autre plus avantageux.

DEUXIÈME PARTIE.

DEUXIÈME PARTIE.

Quantité d'or et d'argent extraite dans toutes les contrées du monde connues, depuis les temps reculés jusqu'en 1855.

CHAPITRE IX.

APERÇU DE LA PRODUCTION DE L'OR ET DE L'ARGENT DANS LES CONTRÉES
LES PLUS CONNUES DU MONDE JUSQU'A J.-C.

§ 1. Difficulté de se procurer des renseignements exacts sur la production de l'or
et de l'argent jusqu'à J.-C.

La difficulté de se procurer des données positives tant sur les contrées d'exploitation que sur la quantité d'or et d'argent qui fut exploitée jusqu'à J.-C. est évidente : cependant, sans se laisser arrêter par cet obstacle, quelques-uns des économistes les plus distingués, tels que Dureau de la Malle, Letronne et Boeck, firent des recherches curieuses sous ce rapport ; mais ces investigations, relatives à une époque aussi reculée, ne peuvent trouver place ici, parce que c'est seulement après J.-C., et même quelques siècles plus tard, que commencent à se produire des données plus certaines sur l'existence de ces deux métaux. Puis, outre l'antiquité de l'époque et la difficulté de se procurer des renseignements exacts, la quantité d'or et d'argent qui fut exploitée jusqu'à J.-C., malgré l'accumulation très-considérable de ces métaux dans les mains de quelques particuliers et de quelques gouvernements de ce temps, ne fut pas importante, relativement à la quantité qui s'en exploita vers ces derniers temps.

Tout en profitant des savantes recherches des économistes, je suppose néanmoins qu'il n'est pas superflu de donner une description abrégée de la production de l'or et de l'argent dans les contrées les plus connues du monde jusqu'à J.-C.

Nous commencerons par l'Asie, que l'histoire nous indique comme le berceau du genre humain et de sa civilisation.

§ 2. Aperçu de la production et de la quantité de l'or et de l'argent en Asie jusqu'à J.-C.

A. Aperçu de la production.

Les plus anciens écrivains, Manou et Hérodote, prétendent qu'on exploitait l'or et l'argent bien avant leur temps, chez beaucoup de nations de l'Asie.

Les contrées de l'Asie qui produisaient le plus d'or dans l'antiquité, sont : la Lydie, la Phrygie et la Colchide. Il est probable que les traditions connues de la Toison d'or et de l'or du Pactole proviennent de l'exploitation de l'or des sables aurifères et des alluvions de rivière. On recueillait l'or de ces dernières dans quelques endroits de l'Asie et à une époque reculée, au moyen de peaux

de mouton garnies de leur laine. Maintenant encore,
la tradition nous parle des immenses richesses en or du
roi de Lydie, Crésus, qui vécut environ 559 ans avant
J.-C. L'histoire nous apprend que Pyphès, souverain de
Célènes, située en Lydie, aux sources du Méandre, exploitait de l'or et de l'argent des mines et des sables aurifères. On suppose que cette exploitation donnait annuellement 2,000 talents d'argent et 3,993,000 dariques
d'or, ce qui constitue à peu près une valeur de 84 millions de francs[1].

Hérodote dit dans son histoire que les nations qui apparurent de son temps dans les contrées situées sur le
versant des monts Himalaya et dans les steppes de la
Bactriane, exploitaient de l'or. On sait aussi que les rois
de Perse, jusqu'à la conquête de ce pays par Alexandre
de Macédoine, possédaient beaucoup de contrées en Asie
où l'on exploitait de l'or et d'où ils le recevaient comme
contribution. Sous Darius, roi de Perse, vaincu par
Alexandre de Macédoine, on exploitait de l'or chez les
peuples suivants : les Assyriens, les Mèdes, les Pa-
rycaniens, les Caspiens, les Darites, les Bactriens, les
Susiens, les Cissiens et dans l'Inde. Ces peuples occupaient la partie de l'Asie qui est située à l'est du Tigre,
le long de la mer Caspienne, et qui renferme la Perse
actuelle, une partie de la Sibérie, de la Tatarie, du Thibet, de la Chine et de l'Inde.

Si, en raison de l'éloignement des époques et de la civilisation peu avancée des nations, nous manquons de
données précises sur la quantité d'or et d'argent qu'on
exploitait annuellement alors, beaucoup de témoignages

---

[1] *Économie politique des Athéniens,* par A. Bœck. Paris, 1808, page 14.

historiques assurent cependant que, malgré l'état imparfait où se trouvait l'art d'exploiter ces métaux, la quantité
qui s'en accumula chez quelques gouvernements fut absolument pour les besoins du commerce et pour les dépenses de la Couronne.

**B. Quantité d'or et d'argent qui existait, en nature, en Asie
au temps de J.-C.**

Quoiqu'on sache positivement que bien avant J.-C.
l'exploitation de l'or et de l'argent en Asie était relativement assez considérable, et que beaucoup de gouvernements de ce continent, et même de particuliers, en amas-
sèrent de grandes quantités, cependant, en raison de
l'éloignement de ces époques et de la condition peu satisfaisante de la civilisation d'alors, il est certes bien difficile
de déterminer, même approximativement, la quantité d'or
et d'argent qui existait en nature en Asie vers le temps de
J.-C. Néanmoins, il est évident que cet or et cet argent
entrèrent dans la masse universelle de ces métaux en
circulation ; par conséquent, on les rencontre encore
actuellement sous diverses formes dans cette masse générale. Ainsi , d'après les recherches que nous avons
faites et qui sont exposées dans ce livre sur la quantité
universelle d'or et d'argent recueillie, on doit ajouter dans
le compte général l'or et l'argent mentionnés plus haut,
qui existaient en nature au temps de J.-C.

D'après ces considérations, désirant introduire dans le
total de la comptabilité universelle cette quantité d'or et
d'argent ; d'un autre côté, nous bornant en même temps
au minimum de cette quantité, comme aussi à la donnée
la plus authentique, nous croyons qu'on peut approxima-

tivement définir cette quantité de la manière suivante ; savoir : d'autre part, dans ce même chapitre, paragraphe **2**, il est déjà dit qu'Alexandre de Macédoine préleva sur les nations vaincues par lui, en or et en argent en nature, pour une valeur de 1,950,608,000 francs. Si l'on admet par conséquent que, quelles que fussent les mesures puissantes de ce conquérant, il ne put pas enlever complétement tout l'or et l'argent que ces nations possédaient ; qu'en outre il ne subjugua pas tous les peuples de l'Asie, mais seulement une partie ; et qu'enfin beaucoup des plus riches d'entre ces contrées de l'Asie ne furent pas soumises à sa domination ; on peut supposer que les sommes rassemblées par le roi de Macédoine ne purent, en aucune manière, former plus d'un dixième de cette masse d'or et d'argent, qui existait en nature en Asie au temps de J.-C. Ainsi, cette somme s'élevait alors jusqu'à 20 milliards de francs, un tiers en or, deux tiers en argent. Elle se composait approximativement de 6,666 $\frac{1}{3}$ millions de francs en or, et de 13,333 $\frac{2}{3}$ millions de francs en argent.

§ 3. Aperçu sur la production de l'or et de l'argent en Afrique jusqu'à J.-C.

A. Aperçu de la production.

Personne n'ignore que, dans l'antiquité, les marchands de Tyr et de Sidon échangeaient de l'or chez les nations africaines, qui le tiraient alors, comme aujourd'hui, des gîtes aurifères.

Les anciens écrits mentionnent la ville d'Ophir, d'où l'on tirait beaucoup d'or. On voit, dans l'Ancien Testament, que le roi Salomon reçut d'Ophir, par l'entremise du roi de Tyr, 420 talents en or, ou, en valeur de nos jours, 26 millions de francs [1]. On ne sait pas exactement où était située Ophir; plusieurs savants supposent qu'elle se trouvait en Afrique sous l'équateur. Probablement que les habitants de la commerçante ville de Tyr purent, en trafiquant avec ces contrées, échanger beaucoup d'or chez les nations rapprochées et centrales de l'Afrique, par l'intermédiaire des habitants d'Ophir.

Nous voyons plus loin que, dans ces temps anciens, les habitants de Tyr, et plus tard ceux de Carthage, introduisirent l'art d'extraire l'or et l'argent des mines dans l'Espagne, le Portugal et la Grèce actuels.

Quoique les anciens Égyptiens occupassent les contrées situées à l'embouchure du Nil, contrées planes et sans montagnes, il paraît qu'ils n'entreprenaient pas l'exploitation de l'or et de l'argent des mines; néanmoins on peut supposer, selon toute probabilité, qu'à cette époque même les Égyptiens retiraient ces métaux de gîtes aurifères. On peut en voir la preuve dans des découvertes récentes : en 1853, le colonel russe Kowalewski commença, avec l'autorisation du vice-roi d'Égypte, des recherches sur les gîtes aurifères; il y trouva des traces d'une ancienne exploitation de gîtes aurifères abandonnés, exploitation qui remontait en apparence aux temps des Pharaons.

B. Quantité d'or et d'argent existant en nature, en Afrique, au temps de J.-C.

On peut dire également de l'Afrique ce que nous avons dit plus haut de l'Asie, à savoir que, quoiqu'il soit

---

[1] Troisième livre des Rois, paragraphes i, ai, bi, ci, di, ci.

positivement avéré qu'on exploitait de l'or en Afrique
bien avant J.-C., en quantité relativement assez considérable, et que, dans son commerce, Rome payait constamment à cette contrée ses achats de blé en or et en argent,
il n'en est cependant pas moins vrai que l'éloignement d'é-
poques aussi reculées, et l'état peu avancé de la civilisation d'alors, présentent de véritables difficultés pour une
estimation, même approximative, de la quantité d'or et
d'argent qui existait en nature dans ce pays vers le temps
de J.-C. Il est également évident que cet or et cet argent
entrèrent dans la masse commune de leur quantité universelle, et, par conséquent, s'y trouvent sous diverses
formes encore à présent; que de cette manière, suivant
les recherches que nous avons consignées dans ce livre
sur la quantité universelle exploitée de ces deux métaux,
on doit ajouter, dans le compte général, celle qui existait
en nature en Afrique du temps de J.-C.

D'après cette considération, désirant comprendre cette
quantité dans le total général, d'un autre côté, nous bornant en même temps au *minimum* comme aussi à la donnée la plus authentique, nous croyons qu'on peut, approximativement, évaluer de la manière suivante cette
quantité, savoir : en adoptant la position actuelle de l'A-
frique[1], tant sous le rapport de l'exploitation de ses propres mines d'or que sous celui du commerce de ce continent avec les autres parties du monde, on peut admettre
que la position de l'Afrique, au temps de J.-C., relativement à la quantité d'or et d'argent qu'elle possédait alors,
ne pouvait pas être inférieure à celle de l'année 1800, et
que, par conséquent, cette quantité ne pouvait pas être,

---

[1] *Voyez* chapitre xx.

à peu près de plus de 840 millions de francs, dont les deux tiers pour l'or et un tiers pour l'argent, 560 millions de francs en or et 280 millions en argent.

§ 4. Aperçu sur la production de l'or et de l'argent en Europe jusqu'à J.-C.

L'Europe, 1500 ans avant J.-C., lorsque les sciences et les arts étaient déjà introduits depuis longtemps aux Indes et en Égypte; lorsque les villes commerçantes et industrielles de Tyr et de Sidon florissaient; et même plus tard lorsque Salomon, roi des Juifs, élevait un superbe temple et bâtissait son palais, l'Europe était alors une contrée déserte, sans civilisation et sans lumières.

A. Aperçu de la production dans la Grèce antique.

Plus de mille ans avant J.-C., des émigrés égyptiens fondèrent en Grèce la colonie appelée Athènes, nom qui devint si célèbre par la suite. Quoique ces émigrés transportassent avec eux la civilisation et quelques lumières, bien des années se passèrent cependant avant que cette civilisation pût se consolider chez les Athéniens, c'est-à-dire que ce ne fut que cinq cents ans avant J.-C. que la civilisation d'Athènes se répandit dans le reste de la Grèce. Toutefois, cette civilisation et ces lumières se restreignirent dans le cercle étroit de la Grèce proprement dite ou de l'Afrique, laissant les autres nations de l'Europe dans leur état primitif de barbarie. En outre, les Égyptiens ignorant l'industrie métallurgique, ne purent transmettre cet art aux Athéniens et aux Grecs en général.

C'est aussi pour cette cause que les Carthaginois et les Phéniciens, ainsi qu'il est dit plus haut, vinrent en Europe exploiter des mines aurifères et argentifères dans l'Espagne et le Portugal actuels, en Macédoine, et dans quelques îles de la Grèce [1]. Mais à cette époque, c'est-à-dire 500 ou 600 ans avant J.-C., cette exploitation n'était pas considérable. Suivant les témoignages de Théopompe, même du temps de Crésus, c'est-à-dire 550 ans avant J.-C., l'or n'existait pas du tout dans le commerce en Grèce. Lorsque le besoin s'en faisait sentir, il fallait se le procurer en Asie principalement [2]. L'or était également encore une rareté en Grèce dans la 70° olympiade [3]. Même en Grèce ou dans l'Attique, on n'exploitait à cette époque que des mines aurifères et argentifères peu importantes. Parmi ces dernières, on cite les mines argentifères de Laurium, situées en Attique, et qui étaient les plus célèbres. Dans ce même temps, on exploitait de l'or en Thessalie; de l'or et de l'argent dans l'île de Siphnos; de l'argent en Épire et en Chypre. Mais les mines des monts Pangées, situés sur la frontière de la Macédoine et de la Thrace, étaient considérées comme les plus riches [4]. On tirait dans cette contrée, non-seulement de l'or des sables de l'Hèbre, et surtout des monts Pangées, mais aussi de l'or et de l'argent des mines sur une étendue allant à l'ouest de la ville de Strymon et de la Péonie, et à l'est de Scapta-Hyla [5]. Les mines d'or les plus considérables se trouvaient à l'est de Scapta-Hyla. On assure que les Phéniciens furent les premiers qui exploitèrent les mines de ces contrées. On leur attribue aussi l'exploitation des mines voisines de

---

[1] Hérodote, Paris, 1845, livre VI, p. 21.
[2] Boeck, *Économie politique des Athéniens*, Paris, 1828, t. I, p. 10.
[3] *Ibid*, p. 11.
[4] Hérodote, livre VII, p. 112.
[5] Boeck, t. I, p. 11 et 12.

l'île de Thasos[1]. Après les Phéniciens, les Thassiens continuèrent celle de ces mines, comme aussi des mines de Scapta-Hyla, avant que les Athéniens ne s'emparassent de l'île de Thasos[2]. On peut encore ajouter que l'ancien historien Hérodote[3], qui visita lui-même ces mines, rapporte que le gouvernement de l'île de Thasos était très-riche, et qu'il s'enrichissait autant par l'exploitation des mines situées sur le continent le plus rapproché, c'est-à-dire en Macédoine, que par celle des siennes propres. Les mines aurifères de la Macédoine, près de la ville de Scapta-Hyla, qui appartenaient aux habitants de Thasos, ne fournissaient pas moins de 80 talents, année commune, ce qui forme une valeur de 440,000 francs de la monnaie actuelle. Les mines de l'île de Thasos étaient moins productives; cependant, la quantité d'or qu'on en recueillait était assez considérable pour que le gouvernement n'eût presque jamais besoin de recourir à la perception d'impôts, les revenus de ses possessions sur la terre ferme et des mines de l'île même, lorsque l'exploitation en fut augmentée, s'élevant annuellement de 200 à 300 talents[4], ce qui constitue une valeur de 1,100,000 à 1,650,000 francs.

Hérodote dit également que les mines[5] argentifères exploitées à l'ouest de la Macédoine, sous le règne du roi Alexandre Ier, fournissaient 1 talent d'argent par jour, ce qui équivaut, par an, à 1,650,000 francs de notre monnaie. Les principales mines de la Macédoine se trouvaient,

---

[1] Hérodote, livre, VI, p. 21.

[2] *Ibid.*

[3] *Ibid.*

[4] *Ibid.*

[5] *Ibid.* p. 17.

suivant le témoignage de Strabon et de Diodore[1], près de Datos et Crénides, qui devinrent, par la suite, la ville de Philippes. Ces mines appartenaient antérieurement à l'île de Thasos, c'est-à-dire vers la première année de la 105e olympiade. Plus tard, l'exploitation en fut tellement augmentée par Philippe de Macédoine, qu'elles donnaient jusqu'à la valeur annuelle de 1,000 talents ou 5 millions et demi de francs.

Outre les mines aurifères et argentifères que nous venons de mentionner, la Grèce posséda encore, pendant quelque temps, des mines peu importantes en Afrique. Strabon dit[2] que, du temps de Xénophon, les mines d'Astyra, près d'Abydos, appartenaient à la Grèce; mais, malgré cet assez grand nombre de mines qui étaient alors exploitées dans cette contrée, la quantité d'or et d'argent que les Grecs en retiraient était, relativement, peu considérable.

Quoique par la suite, même jusqu'au temps d'Alexandre de Macédoine, c'est-à-dire 336 ans avant J.-C., la quantité d'or et d'argent en nature qui se trouvait en Grèce, s'accrût de beaucoup, il est cependant reconnu que cet accroissement ne provenait pas de ses propres mines, mais de l'or et de l'argent qu'elle recevait par le commerce et par ses guerres avec l'Asie et une partie de l'Afrique.

B. Production de l'Italie jusqu'à J.-C.

Bien après l'établissement d'Athènes et la naissance de la civilisation grecque, c'est-à-dire 700 ans avant Jésus-Christ, on voit apparaître Rome.

[1] Strabon. — Diodore, livre XVI, p. 38.
[2] Ibid, XIII, 407.

A cette époque reculée, l'Italie était une contrée pauvre et peuplée par des nations plus ou moins barbares, à l'exception seulement d'une petite colonie fondée près de Rome par les Étrusques émigrés de la Grèce, et qui importèrent avec eux les germes de la civilisation grecque. Par la suite les Étrusques furent assujettis par les Romains, et transmirent leur civilisation à leurs dominateurs.

Mais l'étendue des possessions de l'ancienne Rome n'était pas encore considérable en Italie même, et les autres nations de l'Italie restèrent longtemps encore étrangères à la civilisation.

En outre, non-seulement la province de Rome, mais toute l'Italie était et est encore de nos jours une contrée peu productive en or et en argent. L'or et l'argent que possédaient les Romains, aussi bien que les autres nations de l'Italie, provenaient des marchands de Tyr et de Carthagène, et en partie de la Grèce et de l'Asie. Toutefois, quelques peuples de l'Italie tirèrent de l'or des sables des rivières. — Ainsi, d'après le récit des écrivains anciens, on trouvait des alluvions aurifères dans le Pô. Une peuplade appelée les Salasses, qui vivait dans les monts Apennins, exploitait également des mines d'or. — Suivant les témoignages de Strabon, de Pline et de Diodore, l'or qu'on recueillait alors en Italie se composait de sept huitièmes d'or pur et d'un huitième de minéraux étrangers[1].

Mais toute cette exploitation, dont le siége était assez restreint, était presque nulle, et l'or était en Italie une grande rareté à cette époque. L'argent s'y trouvait relativement en plus grande quantité.

____

[1] Strabon, liv. III, 45. Pline, livre, XXXIII. Diodore, livre V, chap. 27, 36.

Entre autres preuves de la pauvreté des Romains,
l'histoire rapporte que lorsque les Gaulois qui assié-
geaient Rome, 385 ans avant Jésus-Christ, exigèrent des
contributions pour lever le siége, les consuls rassemblè-
rent tout l'or et l'argent qui se trouvaient dans les caisses
de la république et chez les particuliers. — Malgré cette
mesure, ils purent à peine réunir 1,000 livres romaines.
— Lorsque la puissance romaine s'accrut en Italie, la
quantité d'or et d'argent, qui commença à entrer dans
les caisses de l'État, augmenta certainement de beaucoup. — Une quantité considérable d'or et d'argent
provenant des guerres et des contributions levées sur
les nations voisines fut introduite dans Rome même à
plusieurs reprises.

C. Production de la Gaule jusqu'à J.-C.

Il paraît qu'on exploitait dans l'ancienne Gaule, aujourd'hui la France, de l'or et même de l'argent depuis
fort longtemps. On sait positivement que les Romains,
après la conquête des Gaules, recevaient constamment
ces deux métaux qu'on y exploitait.—On sait également
que l'or qu'on exploitait alors dans les Gaules contenait
jusqu'à 30 pour 100 d'argent.

D. Production de l'Ibérie et de la Lusitanie jusqu'à J.-C.

En Ibérie et en Lusitanie, aujourd'hui l'Espagne et le
Portugal, on recueillait, depuis les temps reculés, l'or
des sables de rivière et des montagnes.

Mille ans et plus avant Jésus-Christ, des marchands
de Tyr et Sidon arrivèrent dans ces contrées pour y

échanger leurs marchandises contre de l'or et de l'argent. On peut même vraisemblablement supposer que les marchands industrieux de Tyr enseignèrent aux habitants de ces contrées la manière d'extraire l'or et l'argent des mines. — On sait en outre que les Carthaginois, au temps de leur domination en Espagne, y firent exploiter des mines aurifères et argentifères, exploitation que firent continuer les Romains avec celle de gîtes aurifères, lorsqu'ils eurent soumis les Carthaginois et se furent emparés de l'Espagne, environ 146 ans avant Jésus-Christ.

Suivant le témoignage de l'historien Polybe, le gouvernement de Rome employait, après la conquête de l'Espagne, jusqu'à 40,000 ouvriers dans des mines argentifères situées près de la Nouvelle-Carthage. — La quantité annuelle d'argent qu'on y exploitait s'élevait à 3,272 kilogrammes. Les autres contrées de l'Espagne, telles que les Asturies, la Gallicie, comme aussi la Lusitanie, fournirent au gouvernement romain, quoique pendant un court espace de temps, jusqu'à 2,045 kilogrammes d'or chaque année.

E. Production dans les autres contrées de l'Europe.

Quant à ce qui regarde les autres contrées de l'Europe, à l'exception des Romains et des Grecs, elles languissaient dans la barbarie non-seulement à ces époques reculées, mais même plusieurs siècles après Jésus-Christ.

F. Quantité d'or et d'argent existant en nature en Europe au temps de J.-C.

Cette quantité est indiquée en détail dans le chapitre x, § 1. En se basant sur les déductions qui s'y trouvent mentionnées, et en continuant d'adopter le *minimum* comme aussi les données les plus authentiques, on peut supposer que, du temps de Jésus-Christ, il existait en nature, en Europe, pour une valeur de 266 millions de francs en or, et de 534 millions en argent. Valeur totale des deux métaux, 800 millions de francs.

CHAPITRE X.

APERÇU HISTORIQUE DE LA PRODUCTION ET DE LA QUANTITÉ D'OR ET D'ARGENT EXPLOITÉE EN EUROPE DEPUIS J.-C. JUSQU'EN 1855.

1. Subdivision en périodes de la production de l'or et de l'argent en Europe.

La production de l'or et de l'argent, ainsi que toute autre, a des périodes qui se distinguent par des changements remarquables dans son développement même. Nous répartirons donc la production de ces deux métaux en six périodes, savoir :

La première période s'étend depuis Jésus-Christ jusqu'à la découverte de l'Amérique, c'est-à-dire jusqu'en 1492.

La seconde période depuis 1492 jusqu'en 1810.

La troisième. 1810   »   1825.

La quatrième. 1825   »   1848.

La cinquième 1848   »   1851.

La sixième 1851   »   1855.

Depuis bien des siècles déjà l'Europe se trouve élevée, grâce aux lumières qui y sont répandues, à un degré de prospérité beaucoup plus élevé , comparativement aux autres contrées du monde. Ses habitants produisent incomparablement plus en toutes espèces d'objets nécessaires à l'existence de l'homme. Aussi, quoique l'Europe offre peu d'or et d'argent à l'exploitation, elle n'en est pas moins à la tête de la consommation , et n'en dispose pas moins des masses qui s'exploitent dans le monde entier.

La Russie , par sa position politique, appartient aux plus puissants États de l'Europe , et , d'après son immense étendue, elle pourrait former à elle seule une notable partie du monde; mais, comme elle exploite l'or et l'argent presque exclusivement dans ses possessions asiatiques , et par les raisons données dans le chapitre sur la quantité d'or et d'argent exploitée en Europe , j'ai consacré séparément à la Russie les chapitres XI, XII, XIII et XIV.

Première période s'étendant depuis J.-C. jusqu'en 1492.

L'Europe, au temps de Jésus-Christ, et même huit ou neuf siècles après, présente la ruine de l'empire romain, la décadence des mœurs et des lumières chez ce peuple et chez les Grecs, l'invasion des nations barbares, et enfin l'apparition de nouveaux États, qui constituent sa position politique actuelle.

A l'époque de Jésus-Christ, la civilisation et l'instruction s'étaient renfermées dans les limites de Rome et de la Grèce. Toutes les autres nations de l'Europe, plongées alors dans la barbarie, ne produisaient rien et n'avaient besoin que des objets les plus indispensables à la vie; elles ne possédaient ni industrie ni commerce. « La barbarie de ces nations, dit Tacite, historien romain, qui vivait environ 100 ans après Jésus-Christ, était effroyable, et leur pauvreté affreuse. Elles se nourrissaient d'herbages, se couvraient de peaux de bêtes, et la terre seule leur servait de couche. »

Dans cet état de barbarie, l'art d'extraire les métaux ne pouvait pas être connu.

La position de Rome même et de la Grèce ne pouvait pas non plus favoriser la production des mines. La Grèce était déjà devenue depuis longtemps une province romaine. Les Romains, maîtres du monde, ne formèrent jamais une nation industrielle, commerçante et productive; c'était un peuple éminemment guerrier. Il est vrai que ce peuple, dans les premiers siècles qui suivirent son établissement, possédait incontestablement des qualités morales et politiques. Mais à cette époque, c'est-à-dire dans les premiers siècles après Jésus-Christ, les belles qualités civiques qui distinguaient leurs ancêtres, n'existaient déjà plus chez eux. Rome même, en soutenant l'édifice de l'empire qui s'écroulait, était encombrée de parasites. La tranquillité des habitants, la distribution journalière du blé et des autres objets nécessaires à l'existence, formaient le soin inévitable et constant de son gouvernement. Cet entretien des citoyens désœuvrés de Rome mourante engloutissait tous les revenus de l'empire.

Les trésors mêmes de l'État dont l'accumulation avait coûté tant de sang et tant de guerres d'extermination pendant l'espace de 600 ans, furent pillés, quarante ans après Jésus-Christ, par les chefs et les soldats de l'armée insurgée. La valeur de ces trésors montait en or et en argent, et surtout en or, à 2 milliards de francs. Mais ces masses d'or et d'argent pillées débordant comme un torrent, s'écoulèrent rapidement en Asie et en Afrique, et ne laissèrent à Rome qu'une plus grande immoralité encore, et les conséquences funestes de l'apparition de ces richesses.

Rome, dans le dernier siècle avant Jésus-Christ, en conquérant la Grèce et presque toutes les nations du monde connu, devint un empire excessivement vaste. On sait que, jusqu'à la conquête romaine, l'on exploitait certainement de l'or et de l'argent dans quelques contrées. Mais à la suite de l'administration cruelle, intéressée et peu rationnelle des Romains dans les pays conquis de l'Europe, l'exploitation de l'or et de l'argent, qui y était déjà sans cela peu considérable, tomba si bas que dans certains pays elle diminua de beaucoup et dans d'autres cessa tout à fait.

On continua à exploiter de l'or et de l'argent dans les Gaules et dans l'Ibérie après la conquête romaine, et l'on expédiait immédiatement ces métaux à Rome[1]. Mais ces trésors étaient loin de satisfaire aux exigences pressantes de cette ville en décadence. En un mot, la production de l'or et de l'argent fut anéantie avec le temps dans l'Europe telle qu'elle était alors.

Les recherches faites à ce sujet prouvent que l'exploitation de l'Europe, dans tout l'espace de temps qui s'est écoulé depuis Jésus-Christ jusqu'à l'invasion des Barbares et la chute de l'empire romain, ne dépasse pas

---

[1] Je suppose que, de la quantité d'or et d'argent exploitée en Ibérie, jusqu'à la domination des Romains dans ce pays, on recueillait environ un tiers en or et deux tiers en argent.

annuellement, pour l'or, 180 kilogrammes, et 5,467 kilogrammes pour l'argent; soit, pour les deux métaux,
une valeur de 1,800,000 francs. (*Voyez* le tableau sur la
quantité d'or et d'argent exploitée à cette époque,
page 101.)

Outre la quantité si peu considérable d'or et d'argent
qu'on exploitait alors en Europe à l'époque de Jésus-
Christ, on sait que les Romains recevaient encore d'assez
fortes sommes, tant à titre d'impôts sur les nations qu'ils
avaient vaincues, que par les exactions et l'avidité de
leurs chefs d'armées et des gouverneurs de leurs possessions asiatiques et africaines. Mais toutes ces masses
d'or et d'argent qui affluaient de toutes parts, s'écoulaient
rapidement et constamment en Asie, en échange d'innombrables objets de luxe dont le goût se développait
fortement à Rome, et en Afrique pour l'achat de blés
destinés à nourrir les citoyens désœuvrés de la ville.

C'est ainsi que non-seulement la quantité d'or et d'argent exploitée en Europe même, mais aussi celle de
ces métaux qui y circulaient en nature, furent complétement insignifiantes au commencement de cette période.

L'invasion des Barbares et la chute de l'empire romain
firent disparaître les derniers restes de la civilisation en
Europe, et en même temps cessa entièrement l'exploitation de l'or et de l'argent, déjà presque nulle auparavant.
Cet anéantissement s'accomplit dans de telles proportions
que la tradition même des endroits de l'exploitation de
ces métaux finit par s'éteindre.

Pour le bonheur du genre humain, la Providence ne
permit pas que les lumières se perdissent sans retour.
Deux ou trois siècles après l'invasion des Barbares, la ci-

vilisation et les sciences commencèrent à s'introduire dans les États qui s'étaient nouvellement formés en Europe. Mais la métallurgie ne pouvait pas encore faire de progrès, d'autant plus qu'à cette époque l'industrie ; le commerce et la propriété même n'étaient pas suffisamment protégés.

Toutefois, onze ou douze siècles après Jésus-Christ, l'exploitation de l'or et de l'argent commença à s'établir peu à peu en Europe.

Les principales contrées où l'on exploitait l'or et l'argent avant la découverte de l'Amérique, en 1492, étaient l'Espagne et les possessions actuelles de l'empire d'Autriche.

Il est très-remarquable qu'à l'époque de l'organisation de nouveaux États en Europe, l'exploitation de l'or et de l'argent se fit, selon toute apparence, dans les anciennes mines aurifères et argentifères exploitées pendant la domination romaine.

C'est ainsi que fut reprise l'exploitation des anciennes mines de l'Espagne [1], ainsi que celle des mines de Transylvanie, de Bohême, de Salzbourg et du Harz. On sait qu'on commença à exploiter de l'or des mines de Moravie, près des villes de Schemnitz et de Kremnitz, 750 ans après J.-C. On sait également que plus tard, c'est-à-dire dans le XIIe siècle, l'exploitation de l'or des mines commença dans le Tyrol.

Relativement à l'antiquité de l'exploitation des mines argentifères en Europe, on ne peut que répéter ce qui est dit plus haut sur les mines aurifères, savoir : que les prin-

---

[1] Les traces d'exploitation de l'or et de l'argent en Espagne, dans les temps anciens, surtout dans les provinces de Grenade et dans les montagnes situées sur la frontière du Portugal, sont encore apparentes de nos jours.

cipales mines argentifères de l'Europe s'exploitaient déjà
dans l'antiquité, du temps des Romains, jusqu'à l'invasion
des Barbares, quoiqu'en bien moindre proportion ; qu'ensuite cette exploitation fut interrompue et reprise seulement au moyen âge. On suppose aussi qu'en Bohême
on exploitait des mines argentifères déjà huit siècles
après J.-C., et il est certain que des mines argentifères
étaient en état d'exploitation au Steiermark depuis le
xie siècle, et au Tyrol depuis le xvie siècle après J.-C.

La valeur élevée de l'argent qui existait alors en Europe
pouvait soutenir l'exploitation de ces mines argentifères,
malgré leur pauvreté réelle ; de sorte que, en 1550, on
exploitait annuellement, dans les seules mines de Bohême, 1,113 kilogrammes d'argent.

Quant à la quantité d'or et d'argent qui était en circulation à cette époque, le célèbre économiste anglais Jacob
suppose que, 806 ans après J.-C., la totalité de l'argent
qui circulait alors dans toutes les contrées du monde
connu, se montait à 841,750,000 francs, et que ce chiffre
ne s'altéra guère jusqu'à la découverte même de l'Amérique.

Ce même écrivain conclut que la quantité d'or et d'argent qu'on exploitait alors en Europe, était à peine suffisante pour suppléer à la diminution à laquelle étaient
exposées les espèces monnayées en circulation par le frai
et par d'autres pertes inévitables[1].

Quoi qu'il en soit, avec l'établissement en Europe de la
production de l'or et de l'argent, l'exploitation, dans le
courant des siècles suivants, c'est-à-dire dans les xiie, xiiie,

---

[1] Jacob base cette déduction sur le principe que l'or et l'argent monnayés
en circulation, perdent annuellement $\frac{1}{360}$ de leur poids par le frai et par d'autres
causes.

7.

xiv° et xv° siècles, augmentait de plus en plus, bien qu'en petite proportion. Quelques-uns supposent que, du viii° au xv° siècle inclusivement, on exploitait en Europe, en or et en argent, pour une valeur de **2** millions de francs en moyenne par année. Mais cette exploitation n'était pas uniforme à toutes les époques, c'est-à-dire qu'elle était très-peu considérable au viii° siècle, et qu'elle augmenta graduellement jusqu'au xv°.

Pour cette raison, l'exploitation de l'Europe avant la découverte de l'Amérique peut être estimée, suivant des résultats approximatifs, de la manière suivante, savoir : on exploitait annuellement 180 kilogrammes d'or et 5,467 kilogrammes d'argent; valeur des deux métaux : 1,800,000 francs.

En nous basant sur les données précédentes, et en nous conformant aux déductions des économistes les plus distingués, nous avons composé le tableau suivant; ce tableau indique la quantité et la valeur de l'or et de l'argent qui furent exploités en Europe en moyenne annuelle, et par totaux généraux pour tout le temps de cette première période, et aussi la quantité existant en nature en Europe à l'époque de la naissance de J.-C.

Tableau de la quantité et de la valeur de l'or et de l'argent qui existaient en nature en Europe vers la naissance de J.-C., et qui y furent exploités pendant la première période, depuis J.-C. jusqu'en 1492.

	OR.	ARGENT.	VALEUR TOTALE de l'or et de l'argent.
	kilogr.	kilogr.	francs.
Il existait en Europe au temps de J.-C.	79.730	2.401,532	800,000,000
Exploitation annuelle au 1er siècle.	180	5,467	1,816,492
2e —	180	5,467	1,816,492
3e —	180	5,467	1,816,492
4e —	180	5,467	1,816.492
5e —	180	5,467	1,816,492
6e —	»	»	»
7e —	»	»	»
8e —	»	»	»
9e —	»	»	»
10e —	32	982	327,624
11e —	65	1.910	655.248
12e —	98	2.946	982.872
13e —	130	3,928	1.310.496
14e —	163	4,911	1,638.120

Du tableau qui précède il résulte que le chiffre moyen de l'exploitation, pendant chacun de ces quinze siècles (soit 1,492 ans), fut de :

Or. . . . . . 106 kil. valant 354,980 fr.
Argent. . . . . 2,905. — — 701,608 —

Total. . . . 1,056,588

Le total de l'exploitation dans le courant de la première période, depuis J.-C. jusqu'à la découverte de l'Amérique, c'est-à-dire pendant 1,492 ans, fut de :

Or. . . 155.711 kil. valant 519,469,344 fr.
Argent. . 4.710,107 — — 1.047,329.920 —

Total . . . 1,566,799.264

Total général de l'or et de l'argent existant au temps de J.-C., et exploité jusqu'en 1492 :

Or. . .	235,441 kil.	valant	785,469,344 fr.	
Argent. .	7,411,639 —	—	1,581,329,920 —	
		Total. . . .	2,366,799,264	

**Seconde période s'étendant depuis 1492 jusqu'en 1810,
comprenant 318 ans.**

La découverte de l'Amérique, suivie de l'exploitation des riches mines du Pérou et du Mexique, événement qui produisit une baisse sur la valeur de l'or et de l'argent, dut nécessairement restreindre l'exploitation des mines aurifères et argentifères de l'Europe, d'autant plus que ces dernières étaient généralement moins productives que celles de l'Amérique.

Les mines d'Europe continuèrent encore à être exploitées pendant les premières années qui suivirent la découverte de l'Amérique ; mais, bientôt après, l'exploitation de l'or et de l'argent fut établie dans le nouveau continent ; et elle s'accrut en peu de temps, surtout après l'invention, due à Médina, d'un procédé moins dispendieux pour extraire l'argent par le moyen de l'amalgamation, ainsi que l'or, en même temps que ce premier métal. Depuis cette découverte, la valeur de l'argent diminua des deux tiers sur tous les marchés de l'univers.

Cette baisse immense et subite sur la valeur de l'argent eut une influence tellement forte sur l'exploitation de l'argent en Europe, que presque toutes les mines aurifères et argentifères de ce continent furent abandonnées, si bien que, de toutes les mines argentifères des contrées formant les possessions actuelles de l'Autriche, l'exploitation se borna, pendant longtemps, aux mines les plus riches, c'est-à-dire à celles de la Hongrie. Quant à l'Espagne, séduite par la richesse évidente des contrées découvertes et conquises par elle en Amérique, elle abandonna tout à fait ses mines indigènes. En transportant ses plus habiles mineurs en Amérique, elle y installa l'exploitation de l'or et de l'argent, qui prit en peu de temps les plus grandes proportions.

La dépendance dans laquelle se trouvaient constamment du commerce et du tarif des douanes les possessions américaines de l'Espagne et du Portugal pendant l'organisation de leur administration, devint la cause que presque tout l'or et l'argent exploités en Amérique furent transportés directement en Espagne et en Portugal dans le courant de toute cette seconde période : puis de ces deux pays ces métaux se répandirent dans les autres États de l'Europe.

Néanmoins, grâce aux progrès de la métallurgie, à l'issue de cette seconde période, l'Allemagne sut améliorer tellement les moyens de production et les rendre moins dispendieux, qu'à dater de ce temps son exploitation commença à s'accroître constamment, bien que dans des proportions peu considérables.

Le tableau extrait des comptes officiels de l'empire d'Autriche, présente le développement successif de la production de l'or. Il ressort de ce tableau que l'exploitation de l'or, dans les possessions de cet empire, depuis 1772 jusqu'en 1828, s'accrut presque continuellement dans le courant de ces cinquante années, quoique dans une proportion peu étendue, et que cet accroissement fut surtout considérable pendant les dernières années.

Le tableau extrait également des comptes officiels de l'empire d'Autriche, démontre l'augmentation permanente de l'exploitation de l'argent dans cet empire. Il en ressort que l'exploitation de l'argent en Autriche, depuis 1772 jusqu'en 1847, s'accrut presque continuellement, quoique également dans de faibles proportions. Presque tout l'argent qui s'exploite aujourd'hui dans les possessions de l'Autriche vient des usines de la couronne, c'est-à-dire que cette dernière exploite 93 pour 100 du total, et qu'il ne reste que l'exploitation de 7 pour 100 aux particuliers.

Les principales contrées de l'Europe dans lesquelles on exploitait l'or et l'argent dans le courant de cette seconde période, sont les suivantes : les possessions de l'Autriche, savoir : la Hongrie, le Tyrol, la Bohême, la Moravie et la Transylvanie ; ainsi que la Silésie et la Saxe ; le Piémont, la Suède, la Norwége, la France et l'Angleterre.

Presque toute la quantité d'or qu'on exploitait en Europe à la fin de cette deuxième période, c'est-à-dire en 1810, s'exploitait dans les possessions déjà mentionnées de l'Autriche, en Hongrie et en Transylvanie.

Quant à l'argent, c'est la Saxe surtout qui occupait le premier rang vers l'issue de cette seconde période. Si bien qu'en 1810 elle exploitait annuellement jusqu'à 14,000 kilogrammes d'argent, d'une valeur de 3,200,000 francs ; tandis que la quantité d'argent exploitée annuellement par l'Europe à cette époque n'atteignait en total que la valeur de 14 millions de francs [1].

Le baron de Humboldt, dans son ouvrage sur les pos-

---

[1] *Essai politique sur la Nouvelle-Espagne*, par M. de Humboldt, 2ᵉ édition, Paris.

sessions américaines de l'Espagne[1], et M. Michel Chevalier[2], dans son cours d'économie politique, présentent sur la quantité d'or et d'argent exploitée en Europe jusqu'en 1803 des déductions qui sont admises avec une confiance méritée comme base des recherches exécutées à ce sujet et sur lesquelles nous nous appuyons dans cet ouvrage. Ajoutons que, comme la production de l'or et de l'argent s'est peu modifiée en Europe de 1803 à 1810, en poursuivant dans la même proportion jusqu'en 1810 les déductions de ces deux économistes, on arrivera à former le tableau suivant sur la quantité approximative d'or et d'argent qu'on exploitait annuellement en Europe à la fin de cette seconde période. On trouvera pour chaque année 1050 kilogrammes d'or et 64,000 kilogrammes d'argent, donnant pour l'or une valeur de 3,494,808 francs, et pour l'argent de 14,231,488 francs ; total pour les deux métaux réunis, 17,726,000 francs.

En se basant sur les résultats mentionnés plus haut, on arrive à composer le tableau suivant. On y indique la quantité et la valeur de l'or et de l'argent exploités en Europe par année moyenne et par totaux généraux pour toute cette seconde période, de 1492 à 1810, c'est-à-dire pendant 318 ans.

Année moyenne . . Or . . .	573 kil. valant	1,911,420 fr.	
Argent .	33,640 —	—	7,480,200
	Total	9,391,620	

---

[1] *Essai politique sur la Nouvelle-Espagne*, par M. de Humboldt, t. III, p. 400.

[2] *Cours d'économie politique*, par M. Michel Chevalier, t. III, p. 188.

Total de l'exploitation. Or . .   181,641 kil. valant   605,920,140 fr.

                Argent 10.663,880 —   —   2,371,223,400

                           Total. 2,977,143,540

Troisième période, de 1810 à 1825, comprenant 15 années.

Les guerres de la France, qui durèrent depuis le commencement de cette période jusqu'en 1816, diminuèrent de beaucoup la production générale en Europe, et devinrent en même temps un obstacle à la production métallurgique ; de sorte que la quantité d'or tirée des principales contrées d'exploitation, telles que de la Hongrie, de la Transylvanie, de Salzbourg et du Harz, resta presque égale à celle des années 1807, 1808 et 1809 [1]. Mais, après le rétablissement de la paix, les États européens, en donnant l'essor à l'industrie, aux manufactures et au commerce, ne manquèrent pas d'accroître la production métallurgique, surtout vers la fin de cette période. Il faut donc prendre en considération les entraves apportées à l'exploitation de ces métaux par les guerres de l'Europe avec la France, et l'époque du développement postérieur de la production de l'or et de l'argent, qui n'eut lieu qu'à la fin de cette période.

En conséquence, on peut conclure approximativement qu'on exploitait annuellement en Europe, vers la fin de cette troisième période, jusqu'à 1,200 kilogrammes d'or et 80,000 kilogrammes d'argent, valeur, pour l'or,

---

[1] *Essai politique.* M. de Humboldt, 2ᵉ édition, *Paris*, t. III, p. 454. On exploitait encore année moyenne en 1807, 1808 et 1809, jusqu'à 5,000 marcs en Hongrie et en Transylvanie ; 100 marcs à Salzbourg, au Harz 60, et en Suède 5 marcs.

3,986,676 francs, et, pour l'argent, 17,788,680 francs; total pour les deux métaux : 21,775,356 francs.

En se basant sur ces résultats, on arrive à former le tableau suivant, qui donne la quantité et la valeur de l'or et de l'argent exploités en Europe dans le courant de la troisième période, de 1810 à 1825, c'est-à-dire pendant 15 années, présentées comme moyenne et comme total général de l'exploitation.

Année moyenne. . . . Or . . . 4.125 kil. valant 3.713.616 fr.
Argent . 72.000 — — 16.010.540

Total. 19.724.156

Total de l'exploitation. Or . . . 16.875 kil. valant 55.704.240 fr.
Argent . 1.080.000 — — 240.130.800

Total. 295.835.040

Quatrième période, de **1825** à **1848**, comprenant **23 années.**

Quoique cette période se signalât tant par la découverte de nombreux gîtes aurifères en Russie, que par un renouvellement d'activité dans l'exploitation des mines d'Amérique, lesquelles accrurent la quantité d'or et d'argent sur les marchés de l'univers, et principalement sur ceux de l'Europe; ce continent, utilisant les bienfaits d'une paix prolongée, ne discontinua pas d'accroître chez lui, principalement, l'exploitation de l'or et de l'argent. Pendant cette période, l'exploitation de l'or dans les possessions autrichiennes, qui fournissaient presque exclusivement toute la quantité d'or exploitée en Europe, alla donc en moyenne jusqu'à 1,711 kilogrammes par année. C'est ainsi que la Bohême, qui exploitait en argent, en 1823, 4,043 kilogrammes par année, arriva, vers 1848, à une exploitation annuelle de 10,640 kilogrammes. En Saxe, l'exploitation de l'argent, qui s'élevait en 1800 jusqu'à 3,500,000 francs en moyenne par année, s'accrut aussi, vers 1848, jusqu'à 5 millions de francs en moyenne annuelle.

Quoique les gisements aurifères, connus aujourd'hui en Suède et en Norwége, soient très-pauvres [1]; quoiqu'ils ne soient pas en état de couvrir les frais de production, et qu'on n'y exploite pas du tout d'or, sinon à Fahlun, où on le recueille en petite quantité pendant l'épuration d'autres métaux, l'exploitation de l'argent ne continue pas moins à se soutenir dans les deux pays [2].

On peut encore ajouter que, bien que l'empire turc possède en apparence beaucoup de gisements aurifères et argentifères, ils n'ont pas encore été mis en exploitation jusqu'à présent; ce n'est que d'aujourd'hui qu'on exploite annuellement près d'Erzeroum, dans l'Asie-Mineure, jusqu'à 11,245 kilogrammes d'argent; mais cette production ne peut pas entrer en ligne de compte, parce qu'elle figure dans les tableaux sur l'argent exploité en Asie même (*voyez* chapitre XIX).

Les principales contrées pour l'exploitation de l'or et de l'argent, pendant cette période, restèrent les mêmes, savoir : pour l'or, l'Autriche et le Piémont; pour l'argent, l'Autriche, l'Espagne et la Saxe.

Dans la gazette anglaise le *Times* se trouvent des ren-

---

[1] Comptes rendus sur les gisements métallifères en Suède et en Norwége, insérés dans le *Journal des mines russe* en 1852, n° 9, p. 458.

[2] De 1838 jusqu'à 1843, on a recueilli en Suède 0,637 kil. d'or et 880,39 kil. d'argent, année moyenne.

seignements sur la quantité d'or et d'argent exploitée en
Europe en **1846** ; ces renseignements sont cités et complétés par des déductions relatives à l'Autriche et à la
France, dans l'ouvrage de M. L. de Tegoborski, publié
récemment [1].

Les données empruntées à ces sources figurent, dans
le tableau ci-dessous, comme représentant approximativement la production de l'or et de l'argent en Europe avant
la découverte des gîtes aurifères de la Californie.

Voici la quantité et la valeur de l'or et de l'argent
exploités annuellement en Europe en **1848**, présentées
comme moyenne et comme total de l'exploitation.

Pays d'exploitation (année moyenne).

Autriche.	Or 6.871.200 fr.	Argent 6.834.800 fr.
Espagne.	— 65.000	— 5.915.000
Saxe.	—	— 5,153.200
Nord de l'Allemagne. .	— 9.300	— 3,588.500
Angleterre.	—	— 2.859.700
Piémont.	— 464.000	— 463.900
France.	—	— 416.300
Suède et Norwége.. .	—	— 841.600

Total de l'exploitation.

Or . . . 2.120 kil. valant 7,409.500 fr.
Argent . 117.254 — — 26.073.000

Total. . . . 33.482.500

Par conséquent, on exploitait annuellement en Europe,
à la fin de cette quatrième période, en or, **2,180** kilogrammes, et, en argent, **117,254** kilogrammes ; valeur,
pour l'or, **7,409,500** fr., et, pour l'argent, **26,073,000** fr.;
total, pour les deux métaux, **33,482,500** francs.

[1] *Des gîtes aurifères en Californie et en Australie*, par M. L. de Tegoborski,
p. 19.

En se basant sur les déductions précédentes, on arrive à former le tableau suivant, qui donne la quantité et la valeur de l'or et de l'argent exploités en Europe par année moyenne, et en total général pour toute la durée de cette quatrième période, de 1825 à 1848, c'est-à-dire pendant 23 années.

Année moyenne. . . .	Or . . .	1.690 kil. valant	5,625,036 fr.
	Argent .	98,650 —	—	21,934,640
		Total.	27,559,676

Total de l'exploitation.	Or . . .	38,870 kil. valant	129,375,828 fr.
	Argent . 2,268,950 —	—	504,496,720
		Total.	633,872,548

Cinquième période, de 1848 à 1851, comprenant 3 années.

L'apparition extraordinaire des riches gîtes aurifères de la Californie, qui eut lieu dans le commencement de cette période, n'arrêta pas l'exploitation de l'or et de l'argent en Europe ; au contraire, grâces encore aux grands progrès réalisés par la métallurgie et à l'amélioration des voies de communication, la production de ces métaux continua à s'accroître en Europe.

Dans le courant de cette cinquième période, l'or et l'argent furent exploités par les mêmes États européens, savoir : l'or, en Autriche et en Piémont ; et l'argent, en Espagne, en Autriche, en Saxe et en Angleterre.

La quantité et la valeur de l'or et de l'argent exploités en Europe annuellement, avant la découverte des gîtes aurifères de l'Australie, c'est-à-dire en 1851, étaient les suivantes : pour l'or, **2,210** kilogrammes, et, pour l'argent, **144,305** kilogr. ; valeur pour l'or, **7,409,100** francs, et, pour l'argent, **32,087,600** francs ; valeur totale des deux métaux : **39,496,700** francs.

Le tableau suivant, basé sur les déductions précédentes, donne la quantité et la valeur de l'or et de l'argent exploités en Europe par année moyenne et en total général pour toute la durée de cette cinquième période, de **1848** à **1851**, c'est-à-dire pendant 3 années.

Année moyenne. . . . Or. . .   2,210 kil. valant   7,409,100 fr.
                       Argent. 131.304 —   —   29,196,440

                                        Total. . 36,605,540

Total de l'exploitation. Or. . .   6,630 kil. valant **22,227,300** fr.
                          Argent. 393.912 —   —   87,589,320

                                        Total. . 109,816,620

Sixième période, de 1851 à 1855, comprenant 4 années.

La découverte en Australie de gîtes aurifères encore plus riches que ceux de la Californie, et la quantité immense d'or et d'argent fournie par cette dernière et par les autres contrées de l'Amérique, n'arrêtèrent pas l'exploitation des mines dans les États de l'Europe. En continuant au contraire à faire de nouveaux efforts, et en administrant sagement les travaux et la production, les gouvernements surent, pendant cette période, maintenir l'exploitation de ces métaux presque dans les mêmes proportions.

Dans le courant de cette sixième période, on recueillit l'or en Europe, tant des sables de rivière que des minerais aurifères, et surtout des minerais argentifères et autres.

La gazette anglaise le *Times* publie sur la quantité d'or et d'argent exploitée en Europe, en 1850, des renseignements qui sont complétés par des déductions de M. de Tegoborski relatives à l'Autriche. On les trouvera indiquées dans son nouvel ouvrage mentionné plus haut [1]. D'après ces déductions, nous avons fait un tableau de la production qui figure plus loin.

A. Production actuelle de l'or en Europe.

1° *En Autriche*. L'or recueilli de nos jours dans les possessions de cet empire ne provient pas de gîtes aurifères, c'est-à-dire de terres contenant de l'or, mais uniquement de sables de rivière. Il est vrai qu'une partie est extraite de minerais, et particulièrement des mines de Schemnitz et de Kremnitz. Mais tous les minerais qui rendent de l'or en Autriche peuvent difficilement s'appeler *minerais aurifères*, parce qu'on n'y trouve ce métal que mélangé avec l'argent, le cuivre et le soufre. En outre, l'or s'y recueille en si petite quantité relativement à ces autres substances, que ces minerais devraient plutôt être appelés minerais de cuivre ou d'argent contenant de l'or.

Les sables qui donnent de l'or sont ceux des bords du Rhin, sur une étendue qui suit son cours depuis Bâle jusqu'à Mayence. Ils sont généralement pauvres, c'est-à-

---

[1] *Des gîtes aurifères en Californie et en Australie*, p. 26.

dire qu'un ouvrier ne recueille dans une journée de travail que 1 fr. 50 c. à 2 francs d'or; par conséquent, on peut admettre une moyenne de 1 fr. 75 c. par jour, ou en poids, à peu près un demi-gramme d'or pur. Dans des journées heureuses on exploite pour 2 fr. 50 c. d'or, mais rarement davantage, ce qui représente en poids trois quarts de gramme d'or pur. Dans toutes les possessions de l'empire d'Autriche, le lavage des sables donne annuellement pour l'or un total de 16.370 grammes d'une valeur de 54,600 francs.

Quant aux mines d'or, elles sont exploitées particulièrement par les usines du gouvernement, et, quoique les particuliers aient le droit d'exploiter des mines aurifères, ils sont tenus de remettre à la couronne l'or exploité à un taux fixé. Il en est de même de celui qu'ils peuvent recueillir dans l'exploitation de mines d'autres métaux. Aujourd'hui, en 1855, on exploite annuellement, dans toutes les possessions de l'empire d'Autriche, 2,013 kilogrammes d'or; ce qui représente une valeur de 6,750,000 francs.

2° *Allemagne et autres États de l'Europe.* On exploite également une petite quantité d'or dans le nord de l'Allemagne, savoir : dans les montagnes du Harz, près de Goslar dans les mines de Rammelsberg. L'or y est extrait d'un minerai de pyrite grise, où il se trouve uni à d'autres métaux. La quantité d'or qu'on recueille ainsi annuellement ne dépasse pas 611 grammes, représentant une valeur de 2,000 francs. Aujourd'hui, en 1855, on exploite annuellement en or pour 9,000 francs[1] dans tout le nord de l'Allemagne. Dans le Piémont, pour 400.000 francs ;

---

[1] En Saxe on n'a extrait en 1853 que 9 kilogrammes d'or.

en Espagne, on en retire des gîtes aurifères découverts dans la province de Grenade, pour 64,000 francs. En Suède, on en exploite une quantité très-minime.

En Moldavie et en Valachie, les bohémiens s'occupent du lavage des sables de rivière provenant des montagnes, et qui contiennent un peu d'or. Mais la quantité qu'ils exploitent est également très-insignifiante.

Aujourd'hui on n'exploite pas d'or en Portugal, en Italie, en Saxe, en France, en Angleterre [1] et en Norwége.

B. Production actuelle de l'argent en Europe.

1° *En Espagne.* De tous les gouvernements de l'Europe, c'est l'Espagne qui exploite la plus grande quantité d'argent, aujourd'hui comme avant la découverte de l'Amérique. Mais après la conquête des vastes régions de ce nouveau continent et la découverte des riches mines de ce pays, l'Espagne, nous l'avons dit, délaissa complétement ses propres mines. En perdant, en 1810, ses immenses possessions américaines, elle se remit de nouveau à la recherche de gisements d'or et d'argent sur son territoire.

---

[1] Au temps de J.-C., après la conquête de l'Angleterre, les Romains exploitèrent des mines d'or dans quelques endroits de ce pays. D'après l'ouvrage récemment publié par sir Rodrigues Murchison, sous le titre *Siluria*, p. 433-436, à la distance de 10 kilomètres de Dlandovery, on remarque encore à présent très-distinctement des travaux de mines et les mines mêmes établies par les Romains. Il paraît également qu'en Écosse et en Irlande, on voit de semblables traces d'une ancienne exploitation de l'or. Au reste, les minerais qu'on y trouve à présent, quoique traversés par des filons aurifères, sont cependant très-pauvres en or. Ce n'est donc que la valeur élevée de l'or dans l'antiquité, comme aussi l'occupation des indigènes à ces travaux, qui purent soutenir une exploitation si peu productive, qu'on abandonna par la suite. A ce renseignement de Murchison je puis ajouter qu'en 1854 on a découvert en Angleterre, comté Tsheshire, près de Birdkenhead, des gîtes aurifères, dont la richesse n'est pas suffisamment connue.

Trois gisements de minerais de plomb argentifères, riches
en argent, furent découverts en 1843 dans les provinces
de Murcie et de Grenade, près d'Alicante.

Cette découverte fut faite par un criminel échappé et
lui valut sa grâce. Il commença alors l'exploitation de ces
minerais, et acquit une immense fortune. Ces minerais
sont si riches que 16,370 grammes assortis rendent en
argent pur de 32 jusqu'à 52 grammes dans certains endroits, et de 52 jusqu'à 60 grammes dans d'autres.

Depuis cette époque, la production de l'argent en Espagne augmenta considérablement d'année en année.
Aujourd'hui, en 1855, l'exploitation annuelle de ce métal
dans ce pays est déjà arrivée à une valeur de 11,200,000
francs.

2° *En Autriche, en Saxe, dans le reste de l'Allemagne, en
Angleterre, en France, en Piémont, en Suède et en Norwége.*
En suivant l'importance de la production, on doit citer,
après l'Espagne, l'empire d'Autriche, la Saxe et l'Angleterre. Ces pays, avec l'Espagne, produisent aujourd'hui
presque toute la quantité d'argent exploitée en Europe,
la Russie exceptée.

On exploite à présent, en 1855, pour une valeur de
6,750,000 francs d'argent dans les possessions autrichiennes.

La Saxe fournit une quantité d'argent différant peu de
celle des possessions de l'Autriche, c'est-à-dire qu'on y
exploite aujourd'hui pour une valeur annuelle en argent
de 5 millions un sixième de francs [1].

Dans les autres parties de l'Allemagne, on exploite aujourd'hui, par année, pour une valeur de 3,500,000 francs

---

[1] En 1853, on a extrait en Saxe 218,899 kilogrammes d'argent.

8.

en argent ; et nommément, dans le Harz supérieur, pour 1,750,000 francs, et dans le Harz inférieur pour 250,000. On recueille aussi une quantité peu considérable d'argent en Prusse, en Silésie et dans le Nassau.

En Angleterre, on exploite en argent, en 1855, pour une valeur annuelle de 4 millions de francs. En France, pour une valeur de 400,000. En Piémont, pour 193,000. En Suède, pour 300,000.

Il résulte des chiffres précédents que, dans le courant de cette sixième période, les principaux pays producteurs de l'Europe sont restés les mêmes, savoir : par rapport à l'or, l'Autriche et le Piémont ; par rapport à l'argent, l'Autriche, l'Espagne, la France et l'Angleterre. C'est pour cette raison que la quantité et la valeur de l'or et de l'argent qu'on exploite aujourd'hui annuellement en Europe, peuvent être indiquées approximativement comme il suit.

Voici la quantité et la valeur de l'or et de l'argent exploités en Europe en 1855, présentées comme moyenne et comme total de l'exploitation :

Pays d'exploitation.

Autriche.	Or 6.874,000 fr.	Argent	6.835,000 fr.
Espagne	— 64.900	—	11.445,500
Saxe	—	—	5,453,200
Nord de l'Allemagne. .	— 9.300	—	3,588,600
Angleterre	—	—	4,460.000
Piémont	— 463,900	—	193.500
France.	—	—	416,000
Norwége et Suède. .	—	—	295.800

Total de l'exploitation.

Or . . . 2,210 kilogr. valant 7,409,400 francs.
Argent . 144.305 — . — 32,087,600

Total. 39,496.700

En nous basant sur les déductions et les données précédentes, nous arrivons à former le tableau suivant, qui indique la quantité et la valeur de l'or et de l'argent exploitées en Europe, par année moyenne et par total pour toute la durée de cette sixième période de 1851 à 1855, c'est-à-dire pendant quatre années :

Année moyenne. . . . Or . . . 2.210 kil. valant 7.409,100 fr.
Argent . 131.304 — — 29.196.440

Total. 36.605.540

Total de l'exploitation. Or . . . 8.840 kil. valant 29.636.400 fr.
Argent . 525.216 — — 116.785.760

Total. 146.422.160

§ 2. Déduction générale de la quantité et de la valeur de l'or et de l'argent exploités en Europe, sans la Russie, depuis l'antiquité jusqu'en 1855.

Nous donnons le résultat général, touchant la quantité et la valeur de l'or et de l'argent exploités en Europe, sauf la Russie, depuis Jésus-Christ jusqu'en 1855.

Malgré la concurrence de l'Amérique, de la Russie, de la Californie et de l'Australie, et la quantité prodigieuse et toujours croissante d'argent et surtout d'or fournis par ces pays, l'Europe, loin de diminuer sa production, l'augmenta de plus en plus en améliorant les procédés d'exploitation.

On exploite annuellement aujourd'hui, en Europe, 52,210 kilogrammes d'or ; 144.303 kilogrammes d'argent. Valeur des deux métaux, 39.500.000 francs.

En tout, on a exploité en Europe, depuis l'antiquité

jusqu'en 1855, 408,567 kilogrammes d'or, et 19,642,065 kilogrammes d'argent. Ce qui représente une valeur, pour l'or, de 1,362,250,000 francs, et pour l'argent de 4,367,500,000. Total de la valeur des deux métaux, 5,729,750,000 francs.

La quantité d'or et d'argent qui existait en nature en Europe vers l'époque de Jésus-Christ, comme aussi celle exploitée sur ce continent depuis Jésus-Christ jusqu'à 1855, se monte en or, à 488,297 kilogrammes; en argent, à 22,043,597 kilogrammes. Valeur de l'or, 1,628,000,000 francs; de l'argent, 4,901,000,000. Total de la valeur de ces deux métaux, 6,529,000,000 francs.

Dans le tableau suivant sont représentés en détail ces mêmes résultats généraux.

Tableau offrant le résultat général de la quantité et de la valeur de l'or et de l'argent exploités en Europe, sans la Russie, depuis l'antiquité jusqu'en 1855.

	OR.		ARGENT.		ANNÉE MOYENNE de l'exploitation de l'or et de l'argent.
	kilogrammes.	francs.	kilogrammes.	francs.	francs.
Il existait en Europe en nature au temps de Jésus-Christ.	79.730	266,000,000	2,401.532	534,000.000	
On a exploité pendant la 1re période, depuis J.-C. jusqu'à la découverte de l'Amérique, en 1492.	155,711	519,469,344	4,710.407	1,047,329,920	1,056,588
2e période, de 1492 à 1810. . . .	181.641	605,920,140	10,663,880	2.371,223,400	9.291,620
3e période, de 1810 à 1825. . . .	16.875	55,704,240	1,080,000	240,130,800	49,724,156
4e période, de 1825 à 1848. . . .	38,870	129,375,828	2.268,950	504.496,720	27,559,676
5e période, de 1848 à 1851. . . .	6,630	22,227,300	393,912	87,589,320	36.605,549
6e période, de 1851 à 1855. . . .	8,830	29,636,400	525.216	416,785,760	36.605,549
Total contenant la quantité en nature, au temps de J.-C., et celle exploitée pendant les 6 périodes jusqu'à 1855.	588,297	4,628,333,252	22.043,597	4,901,555,920	

Total général de la valeur des deux métaux. . . . . . . Or. . . . . . . 4,628,333,252 fr.

Argent. 4,901,555,920

Ensemble. . . 6.529,889,172

CHAPITRE XI.

APERÇU HISTORIQUE DE LA PRODUCTION DE L'OR ET DE L'ARGENT EN RUSSIE.

§ 1. Depuis l'antiquité jusqu'à l'avénement au trône de Pierre-le-Grand.

Hérodote, qui a visité les contrées de la Russie des bords de la mer Noire, dit que les montagnes qui portent aujourd'hui les noms d'Altaï et d'Ourals, sont riches en or. On ne le crut pas. Depuis peu de temps seulement, les paroles d'Hérodote se sont vérifiées.

On sait également que les anciens rois persans, qui régnèrent jusqu'à la conquête de la Perse par Alexandre de Macédoine, comptaient, dans le nombre de leurs provinces produisant de l'or, la Bactriane et le pays des Caspiens, situés dans les limites actuelles de la Russie asiatique[1].

Il est certain que la Sibérie produit de l'or depuis les temps les plus reculés, et l'on suppose qu'elle produisait aussi de l'argent. On pense que l'or, qu'on exportait, dans les temps anciens, des contrées de la Russie asiatique actuelle, provenait de *gîtes aurifères,* c'est-à-dire qu'il était extrait par le lavage. En outre, quelques-uns assurent qu'on exploitait des métaux dans ces pays depuis l'antiquité; par conséquent, l'or et l'argent étaient extraits du sein des montagnes.

[1] *Voyez* chapitre IX.

Cette opinion est fondée sur ce qu'on trouve aujourd'hui, dans les montagnes de la Sibérie, des mines abandonnées, desquelles on tirait probablement des minerais il y a quelques milliers d'années. Ces mines sont connues en Russie sous la dénomination de *puits finnois*. Personne ne doute que leur exploitation ne s'effectuât jusqu'aux temps historiques de ce pays; on suppose qu'elle eut lieu par les anciens Scythes. En tous cas, ces puits ou mines existaient il y a deux mille ans déjà, lors de la conquête de la Sibérie par les nations tatares qui l'habitent actuellement.

Ces mines, explorées en même temps que d'autres par les savants Gmelin et Pallas [1], démontrent clairement, par leur organisation, l'enfance dans laquelle se trouvait l'art métallurgique. La brique, inconnue alors dans ces contrées, n'y est pas employée pour la consolidation des terres; mais, malgré cela, l'étendue des travaux y est très-remarquable [2], ainsi que les instruments trouvés dans ces mines. Ceux avec lesquels on y brisait les minerais n'étaient pas en fer, métal qu'on ne savait pas encore exploiter, mais en bronze, c'est-à-dire en une composition de cuivre, de zinc ou d'étain. *Voyez* chapitre IV.

D'anciennes mines abandonnées furent semblablement trouvées dans la Nubie, et en Amérique à l'époque de sa découverte [3].

---

[1] *Voyez* les relations de voyage de ces savants.

[2] On trouve assez souvent au sud-est de la partie des monts Altaï de pareilles mines riches en gisements d'or, d'argent, de cuivre et de fer. Dans le *Journal russe, Mémoires patriotiques*, 1847, n° 10, p. 131, on parle d'une de ces mines découverte près de la rivière Schoulba, affluent du fleuve Irtisch, dans les districts de Nertchinsk et de Minoussinsk près des mines de fer du baron Korf.

[3] *Voyez* chapitre VI.

Non-seulement dans l'antiquité, mais même jusqu'au xvᵉ siècle, on n'exploitait aucun métal en Russie ; le fer, pour les instruments de guerre, et le cuivre, pour la monnaie alors en circulation, s'importèrent pendant long-temps de l'étranger.

L'or et l'argent étaient une grande rareté en Russie jusqu'à Pierre-le-Grand ; la quantité de ces métaux né-cessaires pour les ouvrages manuels et pour les mon-naies, le gouvernement russe la recevait de l'étranger en échange de marchandises du pays particulièrement dé-signées.

Sous le tsar Jean III, c'est-à-dire dans la moitié du xvᵉ siècle, on commença à exploiter des minerais de fer près des rivières Petchora et Tsimm, dans les limites des gouvernements actuels d'Olonetz et d'Arkhangel. Plus tard, on organisa des usines de fer sous le tsar Fédor Iwanitch, entre les villes de Kargopol et d'Oustioug ; sous le tsar Michel Feodorowitch, en 1634, dans le gou-vernement de Tobolsk ; et, sous le tsar Alexis Michailo-witch, on établit une mine de cuivre dans le gouverne-ment actuel de Perm. Mais tous ces débuts dans la mé-tallurgie ne furent, pour ainsi dire, que des essais ; la quantité de fer et de cuivre exploitée dans ces mines était nulle.

En 1574, le gouvernement russe porta, en faveur de la célèbre et riche famille Strogonoff, un décret par lequel il l'autorisait « à faire la guerre à Koutchoum, tsar de la « Sibérie ; à conquérir des terres, et à bâtir des forte-« resses sur les bords de la rivière Tobol ; et, en récom-« pense, on lui conféra le droit d'organiser des usines et « d'exploiter des mines à son profit. » Toutefois, l'éta-blissement par les Strogonoff d'usines de fer et de cuivre

dans les monts Ourals, ne fixa pas encore la métallurgie
en Russie ; mais ce décret devint la cause d'un événement
encore plus important pour la Russie : je veux parler ici
de la conquête de la Sibérie.

Les vastes contrées de la Sibérie étaient habitées,
avant leur annexion à la Russie, par des peuplades nomades de races différentes, les Finnois, les Tatares et
les Mongols, qui constituent encore aujourd'hui la population de la plus grande partie de ce pays. Dès le
commencement de la conquête de la Sibérie, le gouvernement russe, sur des traditions certaines et des bruits
qui lui parvenaient, mit tout en œuvre pour y chercher
des gisements d'or et d'argent.

Laissant de côté des détails superflus, ajoutons seulement comme preuves qu'en 1628, sur l'ordre du gouvernement, le vayvode de Iénisséisk, Kripounoff, envoya
des gens de guerre chez les Bouriata s'informer « où ils
« prenaient l'or et l'argent dont ils se servaient pour con-
« fectionner leurs parures[1] ; » qu'en 1647, le fils du
boyard nommé Pochaboff s'en enquit aussi chez les Mongols nomades sur la rivière Sélenga[2] ; et qu'en 1661 et
1666, le gouvernement ordonna d'une manière pressante
à l'autorité locale « de chercher des minerais aurifères
« et argentifères dans le gouvernement d'Arkhangel. »

Mais toutes ces dispositions restèrent sans résultat jusqu'à l'avénement de Pierre-le-Grand, dont le vaste génie
sut organiser en Russie la métallurgie sur des bases du-
rables.

---

[1] *Description du gouvernement d'Irkoutsk,* par Lossoff, 1812.
[2] *Ibid.*

§ 2. Production de la Russie en or et en argent, depuis Pierre-le-Grand,
c'est-à-dire depuis 1704 jusqu'en 1855.

A. Production des monts Ourals en Sibérie.

1° *Mesures administratives du gouvernement pour l'organisation de la production.* — L'empereur Pierre-le-Grand s'occupa constamment, pendant toute la durée de son règne, d'organiser en Russie l'exploitation des métaux en général, et de l'or et de l'argent en particulier.

Le principal obstacle qui s'opposait à l'établissement de la métallurgie en Russie, consistait dans une loi en vertu de laquelle la couronne se réservait le droit d'exploiter les mines pour son compte, quel que fût l'endroit où elles fussent découvertes.

Pierre-le-Grand abolit non-seulement cette loi, mais aussi beaucoup de règlements oppressifs qui gênaient encore la production métallurgique. Il autorisa les particuliers de toutes les classes à chercher le minerai, à construire des usines, et à exploiter les mines pour leur propre compte et comme ils l'entendraient. Grâce à la sollicitude de Pierre-le-Grand, la métallurgie, la science des mines, furent établies en Russie sur des bases solides.

De son vivant, plusieurs usines furent organisées pour l'exploitation des minerais d'or et d'argent; mais le grand réformateur de la Russie ne se contenta pas de l'exploitation des minerais aurifères et argentifères, très-peu productifs alors. Quoique à cette époque on recueillît l'or de gîtes aurifères au Brésil, l'opinion, généralement répandue aujourd'hui, sur l'universalité des gîtes aurifères, n'était pas encore alors adoptée. Malgré cela, Pierre-le-

Grand comprit déjà la possibilité de l'existence de gîtes
aurifères en Sibérie et dans les pays limitrophes.

Une foule de documents officiels fournissent des preuves irrécusables à l'appui de ce qui précède; on peut
citer, entre autres, un article curieux inséré dans le
Journal impérial de la société géographique[1] « sur les rela-
« tions de la Russie avec Khiva et la Boukharie sous
« l'empereur Pierre-le-Grand. »

On voit dans la correspondance officielle, insérée dans
ce même article, qu'en 1713, le sadir Chadja Néphès des
peuples turcomans arriva en Russie, et proposa à **Pierre-
le-Grand** de prendre possession de la contrée située
près du fleuve Amou-Daria ou Djihoun, où, d'après son
indication, on trouvait de l'or dans les sables. A cette
même époque, le gouverneur de la Sibérie, prince Gaga-
rine, informa l'empereur Pierre-le-Grand qu'on trouvait
du sable d'or dans la petite Boukharie, près de la ville
d'Erkéti ou Irkéti sur le fleuve Djihoun. Cette ville ap-
partenait alors aux Kalmoucks. A cette occasion, Pierre-
le-Grand y envoya une expédition militaire, composée de
deux mille hommes, avec l'ordre de bâtir des forteresses
chemin faisant, et de tenter de prendre possession de la
ville d'Irkéti[2].

Le but de Pierre-le-Grand était d'acquérir les localités
où se trouvaient des gîtes aurifères sur le fleuve Amou-
Daria, et, dans le cas où l'on n'y en trouverait pas, d'y établir une communication directe avec l'Inde pour engager,
à travers ces contrées, des relations commerciales avec
ce pays.

[1] *Mémoires de la société géographique*, 1852, livre, IX, p. 237, article de
Papoff.
[2] *Ibid.*, p. 239.

C'est dans cette même intention que l'empereur Pierre-
le-Grand envoya, en 1714, une ambassade à Khiva, sous
les ordres du capitaine Boucholtz; et le prince Bekowitch-
Tcherkasski fut envoyé en Boukharie, et, après lui, Beneveni, employé du ministère des affaires étrangères. Il fut
positivement enjoint au prince Bekowitch-Tcherkasski [1]
« d'expédier des gens pour l'exploration des sables au-
« rifères en amont du fleuve Amou-Daria jusqu'à la ville
« d'Irkéti, comme aussi d'envoyer des marchands dans
« l'Inde. »

Boucholtz avait l'ordre de s'informer, après la prise de
la ville d'Irkéti et après l'avoir fortifiée, « des procédés de
lavage de l'or sur le Djihoun et de l'emplacement de l'embouchure de ce fleuve [2]. » En 1719, l'envoyé Beneveni
« reçut, entre autres instructions, ordre de s'enquérir des
fleuves qui chariaient de l'or en Boukharie [3]. »

Chemin faisant, ce dernier examina lui-même en
Boukharie et envoya ses gens examiner plus loin le
sable le long des bords du fleuve Djihoun. Il y trouva des
grains d'or brillant et en envoya des échantillons en Russie [4]. Les sables qui lui furent rapportés tant de ce fleuve
que de la rivière Kour ou Mkvari, en fournirent également. Beneveni dit, dans son rapport, le 10 mars 1722,
« que le Djihoun, ou Amou-Daria, ne contient pas d'or à
sa source; mais que la rivière Hioktcha charrie du sable
aurifère dans ce fleuve. Cette dernière prend sa source
dans des montagnes riches en minerais, près de Badag-
chat. Sur ses bords, les habitants trouvent de gros grains

---

[1] *Journal de la société géographique*, 1853, livre IX, article Popoff, p. 248.
[2] *Ibid.*, p. 246.
[3] *Ibid.*, p. 272,
[4] *Ibid.*, p. 300.

d'or surtout en été. Quand ils ont tondu leurs moutons,
ils en déposent la laine dans l'eau pour qu'elle se couvre
de vase, et ensuite l'en retirent sur la rive, la sèchent et
en enlèvent l'or. Il est défendu d'exploiter l'or et l'argent dans les montagnes, et les chefs de ces endroits
tiennent une garde tout à l'entour. [1] »

Par suite de circonstances défavorables, ces expéditions envoyées par Pierre-le-Grand n'eurent point de
succès ; l'exploitation de l'or des gîtes aurifères échoua
en Russie. Cette grande entreprise resta sans suites après
la mort de Pierre-le-Grand, jusqu'à l'avénement au trône
de l'empereur Nicolas Pawlowitch.

Les contrées de la Russie où l'on exploitait et où l'on
exploite encore l'or et l'argent, sont : les monts Ourals et
les versants ; la Sibérie, la Kirghizie et la Caucasie. J'ex-
pliquerai ici succinctement les débuts de la production
de l'or et de l'argent dans chacune de ces contrées.

*2° Production de l'or des minerais dans les monts Ourals et
en Sibérie.* — Selon une disposition prise du vivant encore
de Pierre-le-Grand, on examina avec soin les gisements
d'or et d'argent dans les montagnes de l'Altaï. Plus tard,
en 1744, on trouva des minerais aurifères dans le district
de Kemsk, sur les frontières du gouvernement d'Olonetz.
Pour les exploiter, la couronne organisa, en 1745, pour
la première fois, en Russie une usine, appelée Woitski [2].

Ainsi, c'est à l'année 1745 qu'il faut rapporter les débuts de la production aurifère en Russie.

Au reste, l'usine de Woitski n'exista que jusqu'en 1794.
Elle fut tout à fait abandonnée par suite d'une inondation

[1] *Journal de la société géographique*, 1853, livre IX, p. 301.
[2] *Recueil complet des lois de l'empire Russe*, n° 2259.

qui eut lieu dans ce temps, et depuis lors elle ne fut pas restaurée en raison de la pauvreté de ses minerais. Pendant les trente-six années que dura l'exploitation de cette mine de Woitski, on n'en a extrait en tout que 76 kilogrammes d'or pur.

Presqu'à la même époque, c'est-à-dire en 1743, un paysan d'une usine, Markoff, trouva à 11 kilomètres d'Ékhaterinenbourg, près de la rivière Bérésofsk et de son affluent, la rivière Pichm, des gisements de minerais aurifères. Quelques années après, on y installa une usine qui existe encore de nos jours ; elle s'appelle usine de Bérésofsk. Mais l'exploitation même de l'or n'y commença que quelques années plus tard, en 1752 [1].

Quoique l'exploitation de l'or des minerais, dans l'usine de Bérésofsk ait continué depuis son origine jusqu'à ce jour sans interruption, elle a toujours été et reste encore très-peu considérable. La plus grande quantité d'or qui fut exploitée dans ces mines le fut de 1807 à 1810 ; l'extraction annuelle en or pur allant alors jusqu'à 370 kilogrammes. Ensuite elle commença à diminuer, surtout à dater de l'époque de la découverte des gîtes aurifères. Aujourd'hui on extrait annuellement, dans les mines de Bérésofsk 33 kilogrammes d'or [2]. Cette exploitation ne s'effectuait pas pour la valeur des revenus, mais uniquement dans le but de soutenir l'usine. Le total de l'or qu'on y a exploité, depuis le commencement jusqu'en 1853, se monte à peu près à 10,267 kilogrammes.

Bien que depuis cette époque jusqu'en 1855 on ait découvert à plusieurs reprises des gisements de minerais

[1] *Recueil complet des lois de l'empire Russe*, n° 2259.

[2] En exceptant l'or exploité aujourd'hui des sables aurifères, situés sur les terres qui font partie des mines de Bérésofsk.

aurifères dans divers endroits des monts Ourals, et quoiqu'on y ait organisé des usines[1], la pauvreté des minerais les fit bientôt abandonner.

C'est pour cette raison que de toutes les usines de la
Russie dans lesquelles on exploitait les minerais aurifères,
on n'entretenait que la seule usine de Bérésofsk, qui est
encore maintenant en activité.

« Ainsi, la quantité peu considérable d'or que produisait l'usine de Bérésofsk, quantité ne s'élevant qu'à
33 kilogrammes, formait l'exploitation annuelle des minerais en Russie. »

3° *Production de l'or des gîtes aurifères dans les monts Ourals et en Sibérie.* — En 1774, durant la reconstruction
des digues de l'usine Bérésofsk, quoiqu'on ait trouvé des
parcelles d'or, cette découverte resta cependant sans résultats. Ce ne fut qu'en 1804, ou plus exactement en 1814,
« qu'on commença à exploiter, par le lavage, l'or des
gîtes aurifères. » Mais cette exploitation se fit en si petite
proportion que de 1814 à 1820, dans le courant de ces
six années, l'on ne recueillit en Russie des gîtes aurifères qu'un total de 392 kilogrammes d'or. Ce qui
donne, par conséquent, une moyenne par année de
65 kilogrammes seulement.

Toutefois, sauf l'authenticité de ladite installation, on
peut du moins certifier, sous le rapport de l'exactitude
historique : « que le commencement de l'exploitation
des gîtes aurifères, surtout dans les monts Ourals, eut
lieu depuis 1811; qu'en cette même année furent ensuite
effectivement découverts les premiers gîtes aurifères,

---

[1] C'est-à-dire, des moulins pour broyer ou pour réduire en poudre les minerais, et des appareils pour les laver.

dans le district d'Ékhatérinenbourg, sur les bords de la rivière Malkofka, sur les terres de l'usine de Neuvinski, lesquelles appartenaient à Jakowleff, propriétaire de fabrique, et connu par la grandeur colossale de sa fortune[1].

En 1814, la couronne commença également à exploiter des gîtes aurifères sur les terres qui lui appartiennent dans son usine de Bérésofsk. En 1819, des particuliers suivirent cet exemple sur les dépendances de leurs usines de fer et de cuivre situées dans les monts Ourals.

Pour ce qui concerne l'établissement de l'exploitation des gîtes aurifères dans la Russie asiatique, c'est-à-dire en Sibérie, pays qui fournit aujourd'hui la plus grande partie de l'or que la Russie recueille, il faut attribuer réellement la découverte des gîtes aurifères dans cette contrée, « au dissident exilé Jégor Lesnoï, né dans le village Chartachsk, près d'Ékhatérinenbourg. »

Jégor Liesnoï était ouvrier dans les usines de l'Oural, appartenant à la couronne. Par la suite, il se mit à revendre clandestinement l'or qu'on exploitait dans les usines de l'Oural. Découvert, il fut condamné avec ses complices aux travaux forcés. Liesnoï s'enfuit du gouvernement de Tomsk dans un lieu inhabité, et s'établit sur le versant nord-est des monts Altaï. En se retirant souvent dans les montagnes avec une jeune femme, qui vivait avec lui, il en rapporta de l'or en poudre. Bien que des rumeurs sourdes courussent sur ses absences et sur l'or qu'il avait trouvé, il garda soigneusement le secret jusqu'à sa mort[2].

[1] Toute cette fortune de Jakowleff a passé aujourd'hui dans les mains de son fils unique, le chambellan Jakowleff; le même qui, en 1853, fit une donation de 4 millions de francs en faveur de ses compatriotes, les invalides militaires russes.

[2] Ce Jégor Liesnoï, après son installation dans le village Bartchikoul, s'empara, pour ainsi dire, du pouvoir dans cette localité, l'administra sans con-

Cependant ces rumeurs parvenant jusqu'à Ékhatérinenbourg même y provoquèrent la pensée d'exploiter les gîtes aurifères en Sibérie. Un bourgeois d'Ékhatérinenbourg, Grégoire Zotoff, connu alors par son caractère entreprenant en affaires, nourrissait depuis longtemps une conviction profonde sur l'existence de gîtes aurifères en Sibérie. Peu à peu il parvint à faire partager sa conviction à deux amis, les marchands Fédor Popoff et Joachim Riasanoff. Riasanoff obtint un secours pécuniaire de la libéralité de l'empereur Nicolas Pawlowitch, pour mettre à exécution les enquêtes préalables. Ce fut le même Popoff qui s'enfonça dans les contrées immenses de la Sibérie, à la recherche des terres aurifères dont il avait entendu parler. Enfin, il atteignit le séjour désert de Jégor Liesnoï. Mais ce dernier était déjà mort. Il trouva la femme qui avait vécu avec lui, et finit par lui arracher le secret de Jégor Liesnoï. D'après les indications de cette femme, « Popoff découvrit et commença à exploiter régulièrement le premier gîte aurifère de la Sibérie, situé sur la rivière Birikoul du district de Tomsk. »

La nouvelle de la découverte de Popoff se répandant promptement en Sibérie, y exerça une attraction irrésistible, et fit découvrir beaucoup d'autres riches gîtes aurifères.

Après Popoff, Zotoff et Riasanoff, d'autres particuliers obtinrent du gouvernement l'autorisation d'exploiter les

trôle et sut faire reconnaître son autorité par les indigènes. Les Tatares voisins même étaient obligés de payer à Jégor Liesnoï un impôt établi par lui, lorsqu'ils arrivaient dans le village et sur le lac. Mais, en 1827, on trouva Jégor Liesnoï étouffé chez lui. *Voy. Journal des mines russe*, 1833, no 8, p. 376-377.

gîtes aurifères qu'ils avaient découverts, savoir : depuis 1829, dans la Sibérie occidentale, et depuis 1838 dans la Sibérie orientale. « C'est donc à partir de cette époque que commence l'établissement en Sibérie de l'exploitation de l'or des gîtes aurifères.

« Ainsi, ce furent Fédor Popoff, Zotoff et Riasanoff, ces trois citoyens des déserts de la Sibérie, qui, grâce à leur caractère entreprenant et à leur persévérance, parvinrent à doter leur pays d'un grand bienfait. »

4° *Production de l'argent dans les monts Ourals et en Sibérie.* Pierre-le-Grand établit en Russie l'exploitation de l'or en même temps que celle de l'argent. Quoique ce fût en 1691 qu'on trouva la première mine argentifère dans le district de Nertchinsk, sur le fleuve Arghouni, dans l'endroit même où étaient d'anciennes mines, nommées traditionnellement puits finnois ; ce ne fut que de 1704 à 1710 qu'on y construisit une usine pour l'exploitation de l'argent, d'après une ordonnance de Pierre-le-Grand. « Ainsi, c'est de 1704 qu'il faut dater le commencement de l'exploitation de l'argent en Russie[1]. »

Lorsque l'usine de Nertchinsk commença à fonctionner, la quantité d'argent qu'on y exploitait n'était pas considérable, de sorte qu'en 1747 on y avait recueilli à peine 327 kilogrammes de ce métal. Plus tard, l'exploitation s'accrut et parvint, en 1775, au chiffre annuel d'environ 10,300 kilogrammes. Depuis cette époque, elle diminua.

Au reste, les usines fonctionnent sans interruption depuis le commencement de leur établissement jusqu'aujourd'hui. Actuellement on n'y exploite, par année, que 818 kilogrammes.

---

[1] *Recueil complet des lois*, nᵒˢ 296 et 392.

Après celle de Nertchinsk, en 1774, on organisa, dans les monts Altaï, les célèbres usines de l'Altaï ou du Kolyvan, qui fonctionnent encore de nos jours.

Des paysans habitant les rives de l'Obi, dans les terres du petit prince Zioungori, près du lac de Kolyvan, découvrirent en 1723 d'anciennes mines, connues traditionnellement sous le nom de puits finnois; ils apportèrent le minerai qu'ils y trouvèrent à Demidoff, propriétaire d'usines et connu dans la métallurgie russe. Demidoff construisit, de 1723 à 1726, avec l'autorisation du gouvernement, à l'endroit même de ces mines, une fonderie de cuivre qu'il nomma fonderie de Kolyvan ou de la Résurrection. Bien que ce cuivre fût accompagné d'argent, on ne l'en sépara pas alors, parce qu'on ignorait encore la manière d'opérer la séparation de ces métaux, jusqu'à ce que Behr, arrivant en 1744 pour inspecter ces mines[1], découvrît que ce cuivre était mélangé avec de l'argent. « C'est de cette époque que date l'exploitation régulière de l'argent dans les mines de Kolyvan ou de l'Altaï. »

Cette exploitation augmenta rapidement, car elle arriva jusqu'au chiffre annuel de 16,370 kilogrammes. Depuis lors, cette quantité a subi une très-légère diminution; on y a extrait annuellement en terme moyen, pour les cinq dernières années, 14,908 kilogrammes.

On peut encore ajouter que :

1° Quoiqu'on ait découvert des minerais argentifères, en 1732, à l'île des Ours, dans la mer Blanche, et qu'on y ait installé une usine, elle fut abandonnée ensuite à cause de la pauvreté des minerais;

2° Dans le courant des quarante ou cinquante der-

[1] *Recueil complet des lois*, n° 3284 et 3292.

nières années, des gisements argentifères, ou plus exactement des minerais de plomb argentifère, furent trouvés à plusieurs reprises dans les monts Ourals, comme aussi dans les montagnes des districts du Tagilsk inférieur, de Sieerts et d'Ékathérinenbourg, et dans les hauteurs du pays du Donets; mais, en raison du peu d'importance de ces gisements, de la pauvreté des minerais, et surtout du développement de la production de l'or dans ces mêmes contrées, ces gisements argentifères furent abandonnés;

3° Bien que les mines argentifères établies sur l'Oural, à Bérésofsk, en 1814, rendissent, pendant tout le temps de leur exploitation, c'est-à-dire de 1814 à 1820, jusqu'à 654 kilogrammes d'or, elles furent inondées plus tard, et ne furent pas restaurées à cause de la pauvreté du minerai.

B. Production de l'or et de l'argent dans la Kirghizie.

1° *Situation de la Kirghizie relativement à la production.* — Sous la dénomination de Kirghizie, on comprend cette vaste contrée de l'Asie centrale située entre la mer Caspienne, les frontières de la Sibérie, l'empire de la Chine et les khanats de Khiva et de Khokan[1].

On peut dire que, dans les parties connues, ce pays est presque partout habité par des peuplades nomades appelées *Kirghiz* ou *Kirghiz-Kaïsaks*, ignorant l'agriculture, sans civilisation, sans industrie et sans commerce.

---

[1] Cette contrée, située au nord et au milieu de l'Asie centrale et entre-coupée dans toutes les directions par des chaines de montagne, est nommée très-improprement *steppes des Kirghiz*.

Les chaînes des montagnes métallifères de l'Empire céleste et de l'Altaï coupent la Kirghizie dans diverses directions. La richesse métallique de ces contrées est incontestable: mais la situation politique et civile de la Kirghizie, la barbarie de ses habitants, l'absence de sécurité, opposèrent jusqu'aujourd'hui des obstacles insurmontables à l'organisation de mines dans ce pays.

Malgré toutes les vagues indications relatives à la Kirghizie, des rapports sur son abondance en métaux parvinrent jusqu'au gouvernement russe. Quoique tous ces renseignements restassent sans résultats, la production de l'or en Sibérie et l'activité stimulée des exploitateurs sibériens contribuèrent à attirer leur attention sur la Kirghizie. Un employé russe, qui visita ces contrées en 1751, rapporte que « sur la chaîne méridionale des mon- « tagnes de Tarbagataisk, située dans la partie nord-est « de la Kirghizie, près du village de Tchougoutchak, se « trouvent des gîtes aurifères exploités par les Chinois. » Un second employé russe, expédié plus tard, en 1790, pour examiner ces mêmes localités, dit que « sur « la rivière Kara-Oungour, à 30 verstes de Tchougout- « chak, il vit des travaux faits par les Chinois pour l'ex- « ploitation de terres aurifères. »

Effectivement en 1820, Étienne Popoff, petit détaillant sibérien peu aisé, et qui devint par la suite bourgeois notable et conseiller de commerce, organisa l'exploitation « de l'or et de l'argent dans la Kirghizie. »

L'installation définitive d'Étienne Popoff et de ses imitateurs a appelé aujourd'hui l'attention du gouvernement russe sur les contrées de la Kirghizie les plus rapprochées de la Russie. En 1850 et 1851, ce gouvernement envoya une petite expédition « pour recueillir des rensei-

« gnements plus exacts sur les gisements métalliques
« dans ces endroits, et particulièrement de l'or et l'ar-
« gent[1]. »

Pour se former une idée exacte de la possibilité, pour
la Russie, d'organiser une exploitation de l'or et de l'argent dans la Kirghizie, il faut nécessairement présenter
ici la situation civile des hordes qui habitent ce pays, la
dépendance dans laquelle elles se trouvent vis-à-vis de la
Russie, et l'influence que le gouvernement russe exerce
sur ces peuplades.

Les peuplades qui habitent aujourd'hui la Kirghizie se
divisent en trois hordes indépendantes les unes des autres, savoir : la petite, la moyenne et la grande[2].

La petite horde et la moyenne ont fait, depuis longtemps déjà, leur soumission à la Russie. Parmi les peuplades qui forment la grande horde, plusieurs demandè-
rent en 1830, et quelques-unes plus récemment encore,
d'être admises sous la haute protection de la Russie, de-
mande qui leur fut octroyée.

Les terres occupées par la petite horde sont situées le
long des frontières de l'empire russe, c'est-à-dire du gouvernement de Tobolsk, à l'orient de la mer Caspienne et
de l'Oural, et s'étendent au sud jusqu'aux limites du khanat de Khiva; elle se trouve sous la dépendance immédiate du général-gouverneur russe des gouvernements
limitrophes d'Orenbourg et de Samara.

Les terres occupées par la horde moyenne sont situées
au delà de celles de la petite, c'est-à-dire qu'elles avan-
cent le long des frontières des colonies militaires appelées

---

[1] *Voyez* plus bas la citation du *Journal des mines russe*, où se trouve im-
primé ce rapport.

[2] *Ibid.*

Irtisch de la Sibérie, s'étendent jusqu'au **83**e degré de longitude orientale, et atteignent, au sud, jusqu'aux limites des khans de l'Asie centrale et de l'empire chinois. Elle se divise en tribus, en camps, en districts, et en *aouls* ou villages. Toutes ces tribus sont soumises à l'autorité russe de la frontière, consistant en une *administration de frontières*, et sous la dépendance immédiate du général-gouverneur russe de la Sibérie occidentale. Ces autorités tiennent dans leurs mains le pouvoir judiciaire et la police. Chaque tribu est administrée sous leur surveillance par un tribunal local. Le tribunal est composé d'un président, de deux assesseurs russes et de deux assesseurs kirghiz; on choisit pour président un des sultans de l'endroit, c'est-à-dire un noble Kirghiz. Cette élection se fait également par les sultans seuls. Leurs assesseurs, qui sont de simples Kirghiz sans noblesse, se choisissent également parmi eux. Tous ces choix doivent être confirmés par le commandant russe de la frontière. Des Cosaques de la ligne de la Sibérie forment la garde intérieure des tribus de la moyenne horde.

Les terres de la grande horde occupent le reste de l'étendue de la Kirghizie et sont situées au sud-est de ce pays, par 45 degrés et demi de latitude nord. Au reste, les Kirghiz de la grande horde occupent aussi des terres sous la dépendance de la Chine et du khanat de Khokan. Cette horde se divise en plusieurs races, indépendantes les unes des autres, et administrées par des chefs de races ou par des sultans. La majeure partie de ces races, ainsi qu'il est dit plus haut, est admise aujourd'hui sous la haute protection de la Russie; mais l'administration de cette horde est, en dernier lieu, confiée au ministre des affaires étrangères et au général-gouverneur de la Sibérie occidentale. On désigne aussi, pour la surveiller de plus près, un employé russe particulier qui porte le nom de *commissaire de la grande horde.*

L'ingénieur Tatarinoff, expédié déjà en 1850 par le gouvernement russe pour l'inspection des lieux les plus rapprochés du district des monts Altaï, rapporte[1] que ces endroits donnent beaucoup d'espérance sous le rapport des métaux; que la ressemblance des terrains, c'est-à-dire des espèces minérales de ces endroits de la Kirghizie, est frappante avec ceux de l'Altaï; qu'en général la position de ces contrées, la forme et la composition minérale de leurs couches, prouvent l'identité de leur constitution géologique, et que, par conséquent, on peut en conclure que la richesse minérale qui existe dans le district des monts Altaï se retrouve dans les parties limitrophes de la Kirghizie.

Plus tard, en 1851, l'ingénieur Wlangali fut envoyé, par le gouvernement russe, dans le but de s'assurer de l'existence de mines métallifères dans la partie nord-est de la Kirghizie, vers les endroits les plus rapprochés de la frontière russe, savoir : dans le pays situé près du lac de Balkhach et des sept rivières voisines, qui ont donné à cette contrée le nom de *contrée des Sept-Rivières.* Ce pays, situé dans la partie nord-est de la Kirghizie, était même peu connu du gouvernement russe; tout ce qu'on en savait, c'est qu'on y rencontrait beaucoup de gisements de métaux.

Le rapport fait en conséquence par l'ingénieur Wlangali est très-intéressant[2]. Quoiqu'il eût pu, pour exécuter

---

[1] *Journal des mines russe*, 1851, p. 82, et 1852, n° 10, p. 51, et n° 12, p. 295.

[2] Il a été inséré dans le *Journal des mines russe*, en 1853, n° 4, p. 2 et 7; n° 6, p. 353 et 378, et n° 7, p. 65.

l'ordre qu'il avait reçu, ne s'en tenir qu'à une inspection
rapide, en effectuant des fouilles superficielles dans quelques endroits de l'étendue qu'il devait parcourir, il n'en
fit pas moins des recherches qui fortifièrent de nouveau
la conviction de l'existence de gisements de fer, de cuivre, d'étain, de plomb et d'argent, mais surtout d'une
grande quantité de gîtes aurifères.

2° *Production de l'or dans la Kirghizie.* — En observant
les événements qui se rattachent à l'établissement de
l'exploitation de l'or et de l'argent dans la Kirghizie, on
ne peut s'empêcher d'admirer ces hommes hardis, poursuivant un but qu'ils atteignent malgré tous les nombreux
obstacles qu'ils rencontrent pendant plusieurs années, et
soutenus par leur seule conviction, leur persévérance et
un caractère entreprenant.

Tels furent les citoyens de la Sibérie Fédor Popoff,
Zotoff et Riasanoff, auxquels nous sommes redevables
aujourd'hui de l'établissement de l'exploitation de l'or
en Sibérie, qui fournit annuellement bien des millions
à la couronne, et qui enrichit quantité de particuliers.

Si les investigations de ces trois hommes furent diffi-
ciles et laborieuses, quel courage ne fallut-il pas alors à
Étienne Popoff pour établir la production tant de l'or que
de l'argent dans la Kirghizie, pays encore plus sauvage,
habité par des nations nomades et rapaces, sans avoir, en
outre, à sa disposition, ni capitaux, ni crédit, ni même
aucune force armée pour sa protection! J'ignore si les
trois premiers sont encore vivants, mais Étienne Popoff
est mort. Voulant conserver la mémoire des actes de ces
hommes extraordinaires, je pense qu'il n'est pas inutile
d'entrer ici dans quelques détails relatifs à l'établissement

de la production de l'or et de l'argent dans la Kirghizie par Étienne Popoff.

Étienne Popoff s'occupait, à l'exemple de ses parents, avec une très-mince fortune, d'un petit commerce en détail dans la Sibérie méridionale, et visitait de temps à autre, en faisant ses affaires, les endroits de la Kirghizie les plus voisins de son pays natal. En 1820, excité par des bruits vagues qui parvinrent jusqu'à lui sur l'existence de gisements d'or et d'argent en Kirghizie, Étienne Popoff se mit en route sans capitaux, pour la partie nord-est de ce pays. « C'est en 1834, sur le bord du fleuve « Irtisch, près de l'endroit où la rivière Tchar-Kourban se « jette dans ce dernier, qu'il creusa la première passe. Les « quelques indices qui, en cette occasion, lui révélèrent la « présence de l'or, l'encouragèrent. Dans beaucoup d'en- « droits de ce pays, il commença à creuser des fossés « près des rivières et des sources : elles lui révélèrent « toutes, plus ou moins, la présence de l'or qu'il cher- « chait. » Craignant que d'autres ne missent à profit ses découvertes, Popoff, se conformant à la loi qui existe en Russie [1], se hâta de faire sa déposition au tribunal ou au préposé du district de la Kirghizie le plus rapproché, au sujet des terres aurifères qu'il avait trouvées, surtout dans les districts actuels d'Ajagousk et de Kok-Bektinsk, et qui promettaient, suivant son opinion, de brillants résultats. C'est ainsi que Popoff devint tout à coup propriétaire d'une quantité de gîtes aurifères. Mais leur exploitation exigeait de grands capitaux, et Popoff n'en avait pas. Il fut donc obligé, plus tard, de transmettre à d'autres les

---

[1] Suivant la loi russe, après avoir informé l'autorité locale de sa découverte de sables aurifères, il avait le droit de demander au ministre des finances l'autorisation de les exploiter.

gîtes aurifères qu'il avait découverts, ou bien de les concéder à des étrangers, à la condition de recevoir une
petite part de l'or exploité. En 1843, Popoff discontinua
tout à fait l'exploitation de ses gîtes aurifères de la Kirghizie, après avoir recueilli d'après son témoignage,
208 ½ kilogrammes d'or pendant l'espace de dix années.

Il est probable que les découvertes de Popoff étaient
malheureusement loin de le dédommager de tous ses travaux et de l'importance de l'exploitation qu'il avait établie en Kirghizie. Mais d'autres chercheurs d'or sibériens
marchèrent sur ses traces; leurs fouilles et leur exploitation en Kirghizie s'étendent aujourd'hui déjà jusque
près des rivières Bougousse et Aiahousse.

Il reste maintenant encore à dire que l'exploitation de
l'or des filons ou des minerais des montagnes n'a pas eu
lieu en Kirghizie jusqu'à ce jour.

3° *Production de l'argent en Kirghizie.* — « Ce même
« Étienne Popoff, le fondateur de l'exploitation de l'or en
« Kirghizie, fut également celui qui y établit celle de
« l'argent. »

Ayant appris des Kirghiz qu'ils exploitaient anciennement des minerais de plomb quelque part dans le nord-
est du pays appelé la contrée des Sept-Rivières, et soup-
çonnant, d'après la ressemblance des terrains de cette
contrée avec ceux des districts des monts Altaï, la présence de l'argent dans les gisements de minerais de
plomb, Popoff engagea, par quelques présents de peu de
valeur, des Kirghiz de sa connaissance à lui indiquer ces
anciens gisements. Les suppositions de Popoff se réali-
sèrent entièrement : les minerais de plomb qu'il trouva
étaient riches en argent, et en outre il découvrit, dans les

environs de ces gisements, une immense mine de houille. Ce fut aussi en 1820 que Popoff construisit près des gisements qu'il avait trouvés, c'est-à-dire sur la frontière des districts kirghiz de Bouiane-Aoulsk et de Kara-Ralinsk, une fonderie de plomb argentifère nommée par lui *Dieudonné-Étienne,* dont les travaux se continuent aujourd'hui encore avec succès. Il faut remarquer, en outre, que c'est la seule usine métallurgique, dans la Russie asiatique, qui emploie du charbon de terre.

Les renseignements qu'on a reçus sur d'abondants gisements de plomb argentifère et de charbon de terre, découverts nouvellement dans cette même contrée de la Kirghizie, donnent l'espoir que d'autres usines argentifères y seront construites dans peu de temps.

Maintenant la production de l'argent en Kirghizie, ou, plus exactement, l'exploitation de l'argent établie par Popoff, n'est pas encore considérable. En 1849, on n'y avait exploité en tout que 163 kilogrammes de ce métal ; je suppose que, depuis lors, la production de cette usine a un peu augmenté.

En général, les renseignements qu'on possède aujourd'hui sur la Kirghizie permettent d'établir la conclusion suivante sur sa richesse en métaux.

On exploitait anciennement le plomb en Kirghizie ; on sait aussi que les Kirghiz l'exploitent aujourd'hui, mais seulement en quantité suffisante pour fondre des balles.

Dans la partie nord-est de la Kirghizie connue par les Russes, on a déjà découvert quelques gisements de minerais plombo-argentifères, et également d'immenses mines de charbon de terre.

La richesse de ces endroits en minerais d'argent est

prouvée d'une façon incontestable d'une part par les fouilles, et, de l'autre, par l'usine argentifère de Popoff.

On a reçu également des renseignements sur des gisements de fer et de cuivre trouvés dans cette contrée.

L'existence d'un grand nombre de gîtes aurifères dans la Kirghizie ne peut plus être mise en doute.

Si, à cause de la position civile et politique de la Kirghizie, l'exploitation de ses gîtes aurifères, même dans les localités les plus rapprochées de la frontière de la Sibérie, ne put pas être organisée comme il le faudrait, on entrevoit cependant chaque jour davantage la possibilité d'y arriver.

L'exploitation des gîtes aurifères fut faite très négligemment jusqu'à ce jour dans la Kirghizie : malgré cela, ils ont fourni aux chercheurs d'or des bénéfices satisfaisants.

Les personnes qui ont entrepris l'exploitation de ces gîtes aurifères, non-seulement avaient peu de capitaux, mais elles furent obligées d'en confier l'administration à des entrepreneurs et souvent à des gens sans expérience, parmi lesquels beaucoup n'avaient, jusqu'alors, jamais vu les appareils dont on se sert pour l'exploitation de l'or.

Si l'étendue des gîtes aurifères de la contrée des Sept-Rivières en Kirghizie n'est pas grande en apparence, la couverture, ou la couche des terres qui les couvrent est, par contre, très-peu épaisse.

Dans les endroits moins dangereux de la Kirghizie et plus rapprochés de la frontière de la Sibérie, on peut avoir facilement le nombre de travailleurs voulu, parce que les Kirghiz voisins transférèrent, de bon gré, leur camp dans les endroits où les chercheurs d'or russes s'établirent pour l'exploitation des gîtes aurifères, et louèrent aisément leurs bras à ces derniers pour les aider dans leurs travaux. Le salaire habituel que l'on accorde aux Kirghiz, outre la nourriture, qui est au reste peu coûteuse, est de seize francs par mois pour les hommes, et de douze francs pour les femmes. Il est vrai que les Kirghiz travaillent fort négligemment; mais, aussi, la main-d'œuvre est à fort bon marché. En outre, ceux qui sont employés aux gîtes aurifères sont convenus jusqu'à présent, avec les entrepreneurs russes, de ne pas recevoir le payement en argent, mais en objets divers et en habillements les plus indispensables, tels que farine, toile, drap, et produits des fabriques de Moscou du dernier choix.

Enfin, le titre même de l'or de la Kirghizie est très-élevé, c'est-à-dire qu'il égale le titre russe élevé de 90 $\frac{1}{2}$, ce qui contribue à multiplier les bénéfices de l'exploitation [1].

D'après la mention abrégée qui précède des contrées de la Kirghizie, il est permis de conclure qu'en général ce pays doit être riche en gisements métalliques; qu'avec son climat tempéré, offrant des avantages locaux, et le prix peu élevé du travail, la Russie a devant elle une nouvelle et immense carrière pour l'exploitation de l'or et de l'argent; comme aussi il est probable que la Kirghizie ne tardera pas à entrer en hostilités avec la Sibérie.

C. Production de l'or et de l'argent en Caucasie.

1° *Production de l'or.* — Les renseignements divers, ainsi que les fouilles faites au Caucase dans le courant

---

[1] Le poids ou titre de l'or et de l'argent en Russie se désigne par le chiffre 96, correspondant au titre essayé de l'or et de l'argent purs, lequel dans beaucoup d'autres contrées de l'Europe est de 24 carats.

des cinquante dernières années, savoir : à Mozdok, à
Élisavétopol, à Tiflis, également en Mingrélie, en Imé-
ritie et dans quelques endroits au pied du Caucase, ont
prouvé la présence de l'or dans cette contrée; mais on
n'y avait pas encore accordé une attention particulière.

Aujourd'hui, d'après les ordres éclairés du dernier
gouverneur de la Caucasie, le prince M. S. Worontzoff,
on a accordé aux particuliers toutes les facilités pour la
recherche et l'exploitation des minerais aurifères et argentifères, et des gîtes aurifères. En 1851 et 1852, l'ingénieur des mines Iwanitski, fit même, d'après les dispositions de ce prince, une inspection de la partie située au
delà du mont Caucase, sur une étendue de $213\frac{1}{4}$ kilomètres[1]. Dans le rapport de cette inspection, l'ingénieur
Iwanitski indique les endroits voisins des rivières et des
sources où il fit faire des fouilles, qui amenèrent partout
la découverte de gîtes aurifères, peu riches à la vérité.
D'un aperçu général sur ces parties du mont Caucase,
qu'il a inspectées, l'ingénieur Iwanitski conclut en di-
sant : « Ainsi l'organisation géognostique des montagnes
« de cette partie de la chaîne du Caucase, la composition
« et la couche des gîtes aurifères, sont tout à fait iden-
« tiques aux gîtes aurifères les plus riches des districts
« métallifères de la Sibérie. » Tout lui permet de supposer « que le pays situé au delà du Caucase renferme
« de l'or dans son sein. » Cette hypothèse peut être admise presque comme une réalité, en raison de la découverte d'indices de riches gisements aurifères dans les
endroits indiqués par Iwanitski.

---

[1] L'inspection d'Iwanitski se trouve insérée dans le *Journal russe des mi-*
nes de 1853, n° 4, pages 117 et 125.

Ceux qui désirent avoir des renseignements plus étendus sur les recherches qui ont précédé l'établissement de l'exploitation de l'or et de l'argent en Caucasie et au delà peuvent parcourir avec fruit l'article inséré dans le *Journal des mines russe* de 1851, n° 1, page 91.

Au reste, les difficultés que présente cette région et la pauvreté des gîtes aurifères découverts jusqu'à ce jour, ont empêché l'exploitation de l'or de s'organiser d'une manière sérieuse.

2° *Production de l'argent.* L'administration russe des mines savait d'une manière certaine qu'en Géorgie, près du monastère Achtilsk, on exploitait une quantité assez considérable d'argent dans le dernier siècle. Cette exploitation fut abandonnée par la suite et n'a pas été rétablie jusqu'à ce jour. Les rapports récents des autorités locales attestèrent également la présence de gisements plombo-argentifères dans les montagnes du Caucase et leurs ramifications, savoir : dans le Kasbek et l'Ilborousse, et aussi dans les montagnes de Dara-Faguez, près de la localité appelée Koubet, dans le Daghestan. Malgré toutes ces données, l'exploitation de l'argent, tant dans les montagne du Caucase et leurs ramifications, que dans les provinces transcaucasiennes appartenant à la Russie, n'était pa organisée encore en 1853.

« L'établissement de l'exploitation de l'argent en Caucasie est dû à ce même prince M. S. Worontsoff, qui a été dernièrement vice-roi de ce vaste pays. »

En 1850, par les soins de ce prince, fut fondé, dans les montagnes, un petit bourg composé d'émigrés venant des usines des monts Altaï, Ourals et de Louganski, au nombre de trois cent huit. On y établit, en 1853, l'exploitation de l'argent provenant de minerais plombo-argentifères. A présent, cette usine est en pleine activité. Elle s'appelle *Alaguirski*, et se trouve à Osseti, sur le versant septentrional du mont Caucase, dans le défilé d'Androuski, près de la station de poste d'Alaguirsk, à 42 ½ kilomètres de la forteresse Wladicaucase.

Le titre russe de l'argent de l'usine d'Alaguirski[1] est de 82 ½. Mais ce métal ne renferme pas du tout d'or. On extrait actuellement, en 1855, de cette usine chaque année 163 kilogrammes d'argent pur, et 572,600 kilogrammes de plomb. Selon toute apparence, le cercle des opérations de cette usine sera agrandi dans la suite.

§ 3. Avenir de la production de l'or et de l'argent en Russie.

La Russie asiatique, qui occupe une immense étendue ayant en longueur 8,500 kilomètres, est entrecoupée dans toutes les directions par des montagnes dont les versants innombrables contiennent des gisements d'or et d'argent plus ou moins riches. Les fouilles faites en Sibérie, sur l'ordre de l'administration des mines, et même dans beaucoup d'endroits de la Russie asiatique jusque sur les bords de la mer Glaciale, fournirent presque partout des preuves de la présence de l'or[2]. L'établissement de l'exploitation de l'or et de l'argent en Caucasie et en Kirghizie permet d'espérer des résultats

[1] Le titre russe de l'argent se divise en 96 parties, qui égalent les 24 carats du titre européen.

[2] Des rapports curieux, établis à ce sujet par les ingénieurs russes Kawéguine et Makerofski, qui ont dirigé les fouilles, sont insérés dans le *Journal des mines russe* de 1851, n° 1, où il est parlé, entre autres, des fouilles qui furent faites en 1850 dans la partie septentrionale du gouvernement d'Arkhangel. On y trouva de l'or, quoique en petite quantité, dans un grand nombre d'endroits, où par exemple, 1.637 kilogrammes de terre rendent un gramme d'or.

immenses dans la production de ces métaux. Enfin, si l'on y ajoute l'activité de l'industrie russe, l'aptitude des Sibériens pour ce genre de travaux, on se convaincra que la production de l'or et de l'argent en Russie a un avenir brillant devant elle, et qu'elle est destinée à recueillir, pendant de bien longues années encore, les immenses trésors provenant des généreux dons de la nature.

Observation. — Il n'y a pas longtemps que la ville de Sémipolatinsk en Sibérie, fut élevée au rang de chef-lieu de province; elle fut probablement fréquentée par nos caravanes marchandes aussitôt après la découverte d'un passage, dans le Tchougoutchak et le Kouldjou. La limite occidentale du vaste empire de la Chine est contiguë à nos frontières de la Dzoungarie ou, pour m'exprimer plus exactement, au territoire des Kalmoucks. Cette nation, de race mongole, se soumit à la Chine dans le commencement du siècle passé et se compose actuellement de sept tribus militaires. La Dzoungarie n'est pas mentionnée sur les cartes européennes, où elle est remplacée par la Tartarie supérieure. Les Chinois y construisirent des villes, ayant des garnisons et des administrateurs relevant du pouvoir. Parmi ces villes, on remarque Tchougoutchak, dans le district Tarbagataï, et Koulboudja, dans le district d'Ili. On a noué récemment des relations commerciales régulières avec ces villes, et des consuls russes ont été installés dans toutes les deux pour les affaires de commerce et les relations de voisinage. A présent, il y a tout lieu d'espérer que toute notre province de Sémipolatinsk sera vivifiée par le développement de l'industrie, c'est-à-dire de l'exploitation de l'or. Comment les Chinois trouvèrent-ils cet or? On ne le sait pas au juste;

mais il paraît que le gouvernement Chinois, épuisé par
les discordes intestines, refusa de payer l'administrateur
et les soldats de Kouldjinsk, et leur enjoignit de se pour-
voir ailleurs comme ils le jugeraient convenable. Probablement que ceux-ci entendirent parler de gîtes
aurifères par les Kirghiz-Kaïsaks; et ils en commencèrent le lavage en 1852. Le territoire de ces Kirghiz-Kaïsaks appartient à la Russie, aussi fut-il enjoint aux Chinois, de la part de la Russie, de cesser leurs travaux, et
ceux-ci s'en retournèrent chez eux en déclarant que
chacun d'eux avait recueilli, par le lavage, 13 grammes
d'or par jour. Ce gîte aurifère est situé dans le district
d'Iakoutsk, près d'Ala-Koul, vis-à-vis du corps-de-garde
chinois Tokto, sur les rivières Argaïti et Djamanti. L'or
se trouve dans un terrain de sable mou, sur les bords et
dans le lit de ces rivières; c'est pourquoi les Chinois
voulurent en détourner le cours. Ils prétendirent même
qu'ils avaient trouvé des gisements aurifères à leurs
sources. Quoi qu'il en soit, ce gîte aurifère paraissait
plus riche que ceux de la Californie et de l'Australie.
Maintenant on laisse laver les sables aurifères par des
chercheurs d'or libres, qui doivent payer aux propriétaires
Kirghiz un fermage suivant une condition réciproque.
Cet événement heureux fut suivi dans ce pays d'un autre
également important. On a découvert récemment de riches minerais argentifères dans les montagnes qui bor-
dent la rivière Ili; mais on n'a pas encore de renseignements détaillés sur cette découverte.

CHAPITRE XII.

ASPECTS, DÉNOMINATIONS, PURETÉ, PUISSANCE ET RICHESSE DES MINERAIS AURIFÈRES ET ARGENTIFÈRES ET DES GITES AURIFÈRES DE LA RUSSIE. — RENSEIGNEMENTS SUR LE NOMBRE DES MINES ACTUELLES ET DES GITES AURIFÈRES, SUR L'IMPORTANCE DE LA PRODUCTION ET SUR LE NOMBRE DES OUVRIERS EMPLOYÉS.

§ 1. Aspects et dénominations de l'or russe.

L'or exploité en Russie, eu égard au degré de sa pureté et à sa valeur, porte trois noms, savoir : *Sable d'or, ou or en schlich : or d'alliage et or pur.*

On appelle sable d'or, ou or en schlich, de l'or réduit en poudre ou qui peut se répandre, c'est-à-dire sous la forme naturelle sous laquelle on le recueille après un lavage dans les gîtes aurifères. Les métaux natifs, *nuggets*, sont aussi de la même catégorie.

On appelle or d'alliage l'or des gîtes aurifères transformé en lingots par la fusion. En outre, cet or d'alliage est séparé des matières étrangères les plus grossières qui se trouvent avec lui ; mais il contient encore de l'argent. On nomme or pur l'or dépouillé de tous les corps étrangers et des métaux, sans en excepter l'argent.

En outre, en raison de l'endroit où il a été exploité, et de la manière dont il l'a été, l'or reçoit trois dénominations, savoir : provenant de minerais extraits du sein des

montagnes, il s'appelle *or de minerais ou or de filons*; pro‑
venant de gîtes aurifères, il s'appelle *or de gîtes aurifères,
ou sable d'or, ou schlich*. Enfin, après sa séparation d'avec
l'argent, on l'appelle *or séparé de l'argent*. En outre, l'or
qui n'est pas encore séparé de l'argent s'appelle en Russie
or argentifère.

Une pareille séparation de l'or d'avec l'argent et de
l'argent d'avec l'or n'a lieu en Russie que dans l'Hôtel de
la monnaie à Saint‑Pétersbourg.

§ 2. Pureté de l'or russe.

Le degré de pureté de l'or qu'on exploite en Russie
est, en général, très‑élevé. De 100 parties d'or exploitées
en Russie, on recueille la quantité suivante d'or pur[1] :

Or exploité		
Dans le district métallifère de l'Oural.	93 1 3	6 2 3
Dans le district de l'Altaï.	98 3 4	1 1 4
En Sibérie.	97 1 3	2 3

Dans quelques endroits de la Sibérie, l'or extrait des
îtes aurifères fournit en or pur :

1° Or proprement dit en Sibérie . . .	88	12
	87	13
2° Dans le district métallifère des montagnes de l'Oural :		
Le minimum est de.	86 84 100	13 16 100
Le maximum est de.	99 84 100	16 100
Dans les nuggets.	98 95 100	1 5 100

[1] On fait observer ici que le poids du poud égale 16,370 grammes; la livre
russe égale [illegible]; le zolotnik à gr. [illegible] milligr. et le dito 4 gr. [illegible]
[illegible].

Plus loin, au chapitre xxviii, se trouve indiquée la pureté de l'or exploité dans les autres contrées du monde. Il ressort de ces comparaisons que, de tous les pays du monde, c'est en Sibérie, dans les monts Ourals, en Californie et en Australie qu'on recueille l'or le plus pur.

§ 3. Puissance des minerais et des gîtes aurifères.

La puissance ou l'épaisseur des filons ou minerais aurifères en Russie est, comme partout, très-variée; mais généralement peu remarquable [1].

De même celle des gîtes aurifères, c'est-à-dire des couches de terre renfermant de l'or, est aussi très-variée, allant de quelques centimètres jusqu'à quelques mètres. On prétend, en général, que les gîtes aurifères de la Sibérie orientale sont plus épais que ceux de la Sibérie occidentale. Quelques-uns supposent que l'épaisseur moyenne des gîtes aurifères de la Sibérie orientale peut aller jusqu'à trois mètres, et celle des gîtes aurifères de la Russie en général jusqu'à deux mètres.

§ 4. Richesse des minerais aurifères en Russie.

La richesse des minerais aurifères de l'unique usine de Bérésoffsk est certainement assez faible. On admet que 1,637 kilogrammes de ces minerais aurifères produisent, en moyenne, 13 grammes d'or [2].

§ 5. Richesse des gîtes aurifères en Russie.

En Russie, tous les lieux d'exploitation, tant de l'or

[1] Voyez les chapitres ii et iii.
[2] Voyez le chapitre iii.

que de l'argent, font partie des districts métallifères les plus rapprochés. La Russie asiatique ou la Sibérie, qui fait aussi partie de ces contrées, se divise généralement en Sibérie occidentale et en orientale. La Sibérie occidentale est formée des gouvernements de Tobolsk, de Tomsk et de toutes les contrées de la Kirghizie qui se trouvent dans la dépendance de la Russie. La Sibérie orientale est formée des gouvernements de Ienisseisk, d'Irkoutsk, ainsi que de la province de Iakoutsk, des districts d'Okhotsk, du Kamtchatka et enfin du pays des Tchouktchis[1]. En conséquence, les comptes rendus officiels sur la quantité d'or et d'argent exploitée en Russie se divisent en trois catégories selon les endroits de l'exploitation, savoir : dans les usines et les gîtes aurifères situés dans les districts métallifères de l'Oural, dans ceux de la Sibérie orientale et ceux de la Sibérie occidentale.

Le ministère des finances, auquel ressortit en Russie la production des métaux, publie annuellement un compte rendu détaillé sur la quantité d'or et d'argent exploitée, tant par la Couronne que par les particuliers. Avec ces comptes rendus, on imprime un rapport explicatif dans lequel on indique en détail, non-seulement chaque gîte aurifère qui se trouve en état d'exploitation, mais aussi la personne à laquelle il appartient, la quantité d'or qu'on y exploite par année, la richesse moyenne de chacun d'eux, le nombre d'ouvriers qui y sont occupés et les machines de lavage dont on y fait usage.

Malgré l'intérêt des renseignements qu'on y rencontre

---

[1] En outre, vu la proximité de leur position, les districts d'Atchinsk et de Minousinsk font partie de la Sibérie occidentale sous le rapport de la production métallique.

et leur exactitude, je crois que les lecteurs français trouveraient ces détails superflus ; je me bornerai donc ici à quelques déductions tirées de ces comptes rendus.

A. District des monts Ourals.

Dans tous les gîtes aurifères de ce district, la Couronne exploite annuellement 2,193 kilogrammes de sable d'or ou d'or dans son état naturel, et les particuliers 3,659 kilogrammes, ce qui donne un total de 5,852 kilogrammes.

De cette quantité de sable d'or, c'est-à-dire de 5,852 kilogrammes, on recueille en or pur 5,328 kilogrammes, et en argent pur, par la séparation de la quantité d'or mentionnée, 458 kilogrammes, ce qui laisserait donc un alliage de différents métaux étrangers d'à peu près 65 kilogrammes.

B. District de la Sibérie occidentale.

Dans tous les gîtes aurifères de la Sibérie occidentale, les particuliers exploitent annuellement, dans son état naturel, 1,952 kilogrammes d'or. En terme moyen, 1,637 kilogrammes de terres lavées fournissent $2\frac{1}{4}$ grammes d'or. En outre, on y exploite et on y lave en terres aurifères jusqu'à 1,571,000,000 kilogrammes par année.

C. Kirghizie.

Dans tous les gîtes aurifères de la Kirghizie en général, les particuliers exploitent annuellement 61 kilogrammes d'or dans son état naturel. La quantité de terres qu'on y exploite et qu'on y lave s'élève à 88,500,000 kilogrammes.

D. Sibérie occidentale avec la Kirghizie.

Dans tous les districts de la Sibérie occidentale et dans la Kirghizie qui en fait partie, l'exploitation totale de l'or se monte annuellement à **2,013** kilogrammes.

E. Sibérie orientale.

Dans tous les gîtes aurifères de la Sibérie orientale, les particuliers exploitent annuellement en or dans son état naturel **13,292** kilogrammes.

Observation. Relativement à la richesse des gîtes aurifères, on recueille dans la Sibérie orientale de 1,637 kilogrammes de terres la quantité suivante d'or à l'état naturel ou de sable d'or : dans quelques districts, le maximum est de 17 grammes, et le minimum de $\frac{3}{4}$ gramme. Dans d'autres districts, le terme moyen est de 9 grammes et le minimum de **2** $\frac{1}{4}$ grammes. Dans d'autres, le maximum est de **11** $\frac{1}{4}$ à 16 $\frac{1}{3}$ grammes d'or, et le minimum de 1 $\frac{1}{2}$ gramme.

On reçoit annuellement en Russie en or exploité par la Couronne, dans les gîtes aurifères de la Sibérie, et en or qu'on obtient par le nettoyage, c'est-à-dire par la séparation de l'or d'avec l'argent, un total de **2,439** kilogrammes.

Il s'exploite annuellement en Russie, tant par la Couronne que par les particuliers, un total de **23,294** kilogrammes d'or allié.

§ 6. Déductions générales sur la production de l'or en Russie.

Bien que l'exploitation totale de l'or en Russie s'élève annuellement à **23,163** kilogrammes, il se trouve, dans cette quantité générale, très-peu d'or exploité proprement des minerais des montagnes ou des filons qui ne donnent que **33** kilogrammes. En exceptant de ce total général la quantité également peu considérable que l'on obtient annuellement par la séparation de l'or d'avec l'argent, il en résulte que tout le reste de l'or exploité aujourd'hui en Russie provient principalement des gîtes aurifères et est recueilli par le lavage.

Dans les gîtes aurifères de la Couronne, situés dans la partie nord des monts Ourals, sur les terres des usines de cuivre et de fer de Bogoslowsk, près de la rivière Pestchank, on exploite annuellement par le lavage jusqu'à **818,500,000** kilogrammes de terres, avec un rendement moyen de $3\frac{3}{4}$ grammes d'or sur **1,637** kilogrammes de terres lavées.

Dans le district métallifère de l'Oural, l'usine métallique Goroblagodatski, sur les terres de la Couronne, exploite aussi annuellement par le lavage jusqu'à **180** millions de kilogrammes de terres, produisant en moyenne **2** grammes d'or par **1,637** kilogrammes de terres lavées.

Dans le district métallifère de Zolotooustinsk, situé sur les versants de la chaîne des monts Ourals, l'exploitation annuelle par le lavage est de **818** millions de kilogrammes de terres, avec une moyenne de **3** grammes d'or sur **1,637** kilogrammes de terres lavées.

Quant aux gîtes aurifères découverts dans ce même district, et nommés Tsarévo-Alexandrofski et Tsarévo-Nicofajewski, la richesse de quelques-uns d'entre eux est remarquable; ils donnent tous, en moyenne, 6 grammes d'or sur 1,637 kilogrammes de terres lavées; c'est dans ces derniers qu'on trouva un morceau d'or natif, ou nugget du poids de 36 kilogrammes.

Dans tout le district métallifère de l'Oural, la Couronne exploite aujourd'hui annuellement 2,110 kilogrammes d'or, et les particuliers 3.274, ce qui donne un total de 5,384 kilogrammes.

Dans la Sibérie occidentale, principalement dans le district métallifère de l'Altaï, la Couronne exploite par an 654 ½ kilogrammes d'or, provenant exclusivement des gîtes aurifères.

C'est dans ce district que l'on rencontre souvent de l'or natif en morceaux, et très-fréquemment allié au platine, à l'argent et au cuivre.

On exploite, en Russie, beaucoup de gîtes aurifères qui rendent seulement 1 gramme d'or et même moins sur 1,637 kilogrammes de terres lavées.

Dans la Sibérie orientale proprement dite, on considère comme avantageux les gîtes aurifères qui donnent 4 grammes d'or sur 1,637 kilogrammes de terres lavées.

En Sibérie, les gîtes aurifères des gouvernements de Tomsk et Iénisseisk sont généralement considérés comme riches, bien qu'ils ne rendent, en moyenne, que 4 à 8 grammes d'or sur 1,637 kilogrammes de terres, et que quelques-uns ne produisent même que 2 à 3 grammes d'or seulement. Mais il faut ajouter que de temps en temps on rencontre des pépites de plusieurs dizaines de grammes.

Les gîtes aurifères de la Kirghizie, en attendant des renseignements plus positifs, sont regardés comme moins abondants que ceux de la Sibérie orientale. Quel-

ques-uns d'entre eux rendent seulement 2 grammes d'or
sur 1,637 kilogrammes de terres lavées. Mais il y en a
qui rendent davantage et dans lesquels on rencontre
également des pépites.

En raison du peu d'importance des essais qui ont eu
lieu jusqu'à cette époque au Caucase, on ne peut encore
rien dire de positif.

On prétend généralement aujourd'hui que les gîtes aurifères de la Sibérie orientale sont plus riches que ceux
de la Sibérie occidentale et des monts Ourals. Mais cette
richesse relative actuelle peut être changée dans un
court espace de temps par la découverte de quelques
nouveaux gîtes aurifères abondants.

En Russie, l'exploitation de l'or des minerais extraits
du sein des montagnes s'effectue aujourd'hui uniquement
ment dans l'usine de Bérésoffsk qui appartient à la Couronne, et la pureté de ce métal y est au premier titre.

La richesse des gîtes aurifères, sur une étendue aussi
vaste que celle qu'ils comprennent, est très-variée.

La production de l'or en Russie a constamment et fortement augmenté depuis 1835 jusqu'en 1847, époque à
laquelle son exploitation s'est élevée jusqu'à 27,829 kilogrammes par année. Depuis lors, elle a commencé à
diminuer.

Aujourd'hui on a exploité en Russie, dans les quatre
dernières années, terme moyen, jusqu'à 22,900 kilogrammes d'or par an, ce qui représente une valeur de
76,500,000 francs.

§ 7. Aspects et dénominations de l'argent russe.

L'argent exploité en Russie porte, selon le degré de sa

pureté, deux dénominations, celles d'*argent non purifié* en russe *blique*), et d'*argent pur*.

On appelle *non purifié* l'argent que l'on convertit dans les usines en lingots qui ne contiennent plus ni plomb ni matières étrangères, mais dont on n'a pas encore séparé l'or. On appelle *argent pur* celui auquel on a fait subir cette séparation.

Tout l'argent exploité en Russie provient des minerais extraits des montagnes. On rencontre très-peu d'argent natif. Il se trouve, en outre, le plus souvent, mélangé avec le plomb, le cuivre et l'or dans ses minerais.

A l'exception des usines argentifères récemment organisées en Kirghizie et en Caucasie, et où l'argent ne contient point du tout d'or, presque tout le reste des minerais argentifères de la Russie en renferme plus ou moins.

On n'a pas encore découvert de gîtes argentifères proprement dits en Russie, pas plus que dans les autres contrées du monde.

§ 8. Pureté de l'argent russe, et degré de richesse de ses minerais.

Si les minerais argentifères actuels ne sont pas abondants en argent, leur richesse n'en est pas moins augmentée par la quantité considérable d'or qui s'y trouve allié avec l'argent.

Les minerais argentifères de Nertchinsk et de toutes les mines de l'Altaï renferment avec l'argent plus ou moins d'or. Parmi les minerais de l'Altaï, les plus riches en or sont ceux de la mine de Ridersk, dans laquelle 8 ½ grammes d'argent fournissent en or pur de 1 à 2 grammes. Dans la mine de Siriansk, 23 grammes d'argent donnent en or la même quantité; et, dans les mines de l'Altaï, on recueille aussi cette même quantité d'or de 34 grammes d'argent dans les unes et de 100 grammes dans les autres.

De la quantité totale d'argent exploitée dans toutes les mines du district métallifère de l'Altaï, quantité qui atteint chaque année le chiffre de 16,370 kilogrammes environ, on obtient en or pur généralement jusqu'à 654 kilogrammes.

Presque tous les minerais argentifères actuels de la Russie, principalement ceux de Nertchinsk, de la Kirghizie et de la Caucasie, contiennent principalement un alliage de plomb, ce qui fait qu'on les appelle le plus souvent minerais d'*argent plombifères*; et on extrait ces deux métaux simultanément du minerai. Dans les mines de Nertchinsk, sur 16,370 kilogrammes de minerai argentifère, on recueille 45 grammes d'argent et 1,152 grammes de plomb. Beaucoup de minerais argentifères de l'Altaï renferment aussi de ce dernier métal, bien que généralement en moindre proportion. De plus, presque tous ces minerais contiennent du cuivre.

Les mines de l'Altaï se composent de onze usines qui se trouvent dans deux districts, savoir : dans celui de Zmiéinogorsk et dans celui de Saloirsk. Les minerais de ces usines se distinguent par la nature des terrains ainsi que par l'alliage des minéraux et par leur richesse.

Actuellement l'exploitation de l'argent dans les usines de l'Altaï est concentrée de préférence dans le district Zmiéinogorsk (montagne des serpents). La principale mine de cet endroit s'appelle Zirianofsk. Elle donne à elle seule, chaque année, 11,459 kilogrammes d'argent dans les proportions de 14 à 16 grammes de ce métal sur

16.370 grammes de minerai. Les onze usines du pays de Zmiéïnogorsk fournissent toutes annuellement 41 millions de kilogrammes de minerai argentifère destiné à la fonte, et on recueille de 16.370 grammes de ce minerai jusqu'à 7 grammes d'argent aurifère.

L'exploitation totale de l'argent en Russie s'élève aujourd'hui annuellement à 17,679 kilogrammes. Sur ce chiffre, il s'en exploite 818 kilogrammes dans les usines de Nertchinsk, 160 dans la Kirghizie et 163 en Caucasie. Enfin, 15.060 kilogrammes s'exploitent dans les usines argentifères de l'Altaï qui fournissent, comme on le voit, presque tout l'argent exploité par la Russie.

§ 9. Propriétés particulières ou fusibilité difficile des minerais argentifères russes.

Il est dit plus haut que les minerais argentifères de Nertchinsk, de la Kirghizie et du Caucase contiennent du plomb et que l'argent se travaille simultanément avec ce dernier. Aussi cette circonstance facilite-t-elle beaucoup l'extraction de l'argent du minerai par la fonte. Mais en parlant des minerais argentifères de l'Altaï, on ne peut s'empêcher de reconnaître les obstacles que présente cette opération. Dans la fonte des minerais argentifères de l'Altaï, on se sert de plomb pour l'extraction de l'argent. Ordinairement, pour extraire 1 gramme d'argent, il faut 48 grammes de plomb. Les minerais d'argent plombifères et même tout le district métallifère de l'Altaï ne peuvent pas fournir la quantité de plomb nécessaire. On est donc obligé de faire venir l'énorme quantité qui manque des usines de Nertchinsk. Au reste, dans les derniers temps, l'usine d'argent plombifère de Popoff, organisée en Kirghizie, a commencé à transporter dans

les usines argentifères de l'Altaï une grande quantité de
ce métal.

§ 10. A qui appartiennent aujourd'hui les usines argentifères que possède
la Russie?

Aujourd'hui l'exploitation de l'argent en Russie se fait
dans quatre endroits; savoir : dans les usines de Nertchinsk, de l'Altaï, en Kirghizie, en Caucasie.

Toutes les usines argentifères de Nertchinsk et de l'Altaï appartiennent à la Couronne, ou, pour mieux dire, au
Cabinet de Sa Majesté Impériale. L'unique usine d'Ala-
garsk, établie récemment en Caucasie, appartient aussi à
la Couronne. Par contre, la seule usine argentifère peu importante qui fonctionne jusqu'à présent dans la Kirghizie
appartient à Étienne Popoff, qui y a créé l'exploitation
de l'argent.

§ 11. Considérations générales sur la production actuelle de l'argent en Russie.

Les minerais argentifères actuels de la Russie sont
généralement peu riches et d'une fonte difficile ; mais ils
contiennent, en revanche, une portion d'or considérable.

La quantité d'argent exploitée en Russie est restée
presque la même depuis bien longtemps.

Aujourd'hui on exploite en Russie, annuellement,
17,679 kilogrammes d'argent, en moyenne, ce qui représente une valeur de 3,931,000 francs.

Les quatre dernières années donnent, en moyenne,
une valeur annuelle de 80 millions de francs pour l'or et
l'argent.

§ 12. Renseignements sur les droits civils qui régissent les mines et les gîtes aurifères
en Russie, et sur le nombre d'ouvriers qu'on y emploie.

A. Droits civils ou condition des ouvriers employés aux mines et aux gîtes aurifères.

Il existe, en Russie, une seule usine où l'on exploite des minerais aurifères : l'usine Bérésofsk, dont nous avons déjà parlé et qui appartient à la Couronne. Elle est située dans les monts Ourals, à une petite distance de la ville d'Ékhatérinembourg. Les travaux sont exécutés dans cette usine sous la direction immédiate d'ingénieurs des mines attachés au service de l'État, par des contre-maîtres et des ouvriers incorporés à perpétuité, c'est-à-dire appartenant à cette usine, ainsi que par des paysans dont l'incorporation est temporaire. Ces derniers sont chargés des travaux ordinaires et pénibles de l'usine ; comme, par exemple, du transport du minerai et du bois, et des réparations des bâtiments, etc.

L'exploitation des gîtes aurifères en Russie est faite par la Couronne et par des particuliers.

Les gîtes se trouvent sur les terres qui appartiennent tantôt aux usines de fer, de cuivre et autres de la Couronne, et tantôt sur celles des particuliers. C'est pour cette raison qu'on emploie à l'exploitation des gîtes aurifères des ouvriers et des paysans incorporés temporairement dans l'usine ou dans son district minéral, et cela au profit de celui à qui appartient la terre sur laquelle le gîte aurifère a été trouvé. Ainsi les gîtes aurifères du district métallifère de l'Oural, découverts sur les terres de l'usine d'or de Bérésofsk, comme aussi sur les terres des

11.

autres usines de fer et de cuivre, sont exploitées par des
ouvriers et des paysans de la Couronne incorporés et
appartenant en permanence à cette usine. C'est aussi en
vertu de ce même règlement que les gîtes aurifères découverts sur les immenses étendues de terres des monts
Ourals, et qui appartiennent à des particuliers, sont exploités par des ouvriers et des paysans faisant partie de
la propriété de ces usines.

Dans la Russie asiatique, c'est à-dire en Sibérie et en
Kirghizie, où toutes les terres appartiennent à la Couronne, le particulier qui découvre un gîte aurifère ou qui
acquiert par ce fait le droit de la découverte, doit adres-
ser une supplique au ministère des finances, pour obtenir
la permission d'en faire l'exploitation.

Quant à la marche à suivre pour la déclaration de la
découverte de gîtes aurifères, et pour l'obtention du droit
de les exploiter, on en trouvera plus loin les détails. On
peut seulement dire ici que le particulier qui a obtenu
l'autorisation d'exploiter un gîte aurifère en Russie, s'appelle *possesseur de gîte aurifère*. De pareils gîtes aurifères
s'exploitent aussi pour le compte et aux risques de leur
possesseur qui, à cet effet, prend habituellement à gages
des habitants des villes et des villages avoisinants, suivant les conditions qu'il arrête avec eux.

Pour ce qui regarde l'exploitation des gîtes aurifères
de la Couronne en Kirghizie, elle n'en a jusqu'aujour-
d'hui pas encore fait exploiter elle-même. Mais, en Sibérie, dans les terres du district métallifère de Nertchinsk
et de l'Altaï, la Couronne exploite des gîtes aurifères auxquels elle emploie des contre-maîtres et des paysans incorporés en permanence à ces districts. Quant à tous les
autres districts de la Sibérie, le gouvernement accorde

aux particuliers la permission d'exploiter les gîtes aurifères qu'ils découvrent.

5. Nombre d'ouvriers et de paysans incorporés en permanence aux usines, et étendue des terres appartenant à ces usines.

Il n'y a pas, en Russie, d'usines d'or proprement dites,
c'est-à-dire d'usines dans lesquelles on exploite des minerais aurifères appartenant à des particuliers, non plus
que d'usines argentifères proprement dites. L'unique
usine argentifère du marchand Popoff est située dans la
Kirghizie. (*Voyez* chap. x et xi.)

Mais, par contre, il y a beaucoup d'usines de fer et de
cuivre qui appartiennent à des particuliers. A ces mêmes
usines est incorporé en permanence un nombre considérable de paysans serfs. Quoique parmi ces paysans serfs
il s'en trouve qui appartiennent entièrement aux propriétaires de ces usines, les travaux qu'ils sont obligés
d'y exécuter doivent cependant être conformes à des règlements existant à cet effet. Au reste, les travaux
mêmes se font suivant la destination du propriétaire de
l'usine, suivant son indication et sous sa surveillance ou
celle de son délégué et de ses employés. Et comme on
découvre souvent des gîtes aurifères sur les vastes étendues de terres appartenant aux propriétaires d'usines,
ceux-ci, avec l'assentiment du ministère des finances, ont
alors le droit de les exploiter à leur profit, en payant, en
même temps, un impôt établi sur l'extraction de l'or. On
trouvera le chiffre de cet impôt dans le chapitre xxviii.
Les propriétaires ont le droit de se servir de leurs paysans
incorporés en permanence dans leurs usines indiquées
pour l'exploitation de ces gîtes aurifères.

Ces usines particulières sont concentrées dans le district métallifère de l'Oural. Et comme toutes les terres de la Sibérie, ainsi que celles de la Kirghizie, forment une propriété exclusive de la Couronne, tous les gîtes aurifères qu'on y découvre appartiennent à cette dernière.

Les gîtes aurifères qui se trouvent sur les terres de la Couronne sont exploités, ou par la Couronne elle-même, ou par des ouvriers et des paysans incorporés en permanence dans les districts métallifères les plus rapprochés ; ou bien aussi, avec l'assentiment du gouvernement, par des particuliers qui prennent à gages, dans ce cas, des travailleurs libres pour leur exploitation.

Suivant des renseignements officiels détaillés, annexés à l'édition russe de cet ouvrage, on voit que le nombre des individus incorporés en permanence dans les usines et dans les gîtes aurifères pour l'exploitation de l'or, est de **210,000** pour les usines, de **31,361** pour les gîtes aurifères ; en retirant de ce compte les travailleurs engagés volontairement, on obtient un total de **241,000** individus incorporés en permanence. Sur les terres indiquées, et avec les travailleurs incorporés en permanence, on exploite annuellement **22,900** kilogrammes d'or.

CHAPITRE XIII.

RÈGLEMENTS EN VIGUEUR EN RUSSIE RELATIFS A LA PRODUCTION DE L'OR ET DE L'ARGENT.

Chez les anciens peuples, sans en excepter les Grecs et les Romains, le droit de posséder des mines et d'en tirer parti, surtout des mines aurifères et argentifères, revenait exclusivement au gouvernement ou au fisc.

En Europe, après l'invasion des nations barbares et l'apparition des nouveaux États qui s'y formèrent, cette règle fut adoptée par tous les gouvernements et s'appelait alors *régale, droit de l'empire ou du fisc.*

Dans les temps modernes, on commença à se convaincre de l'avantage qui résulterait de l'abandon aux propriétaires du droit d'exploiter toute espèce de trésors renfermés dans leurs terres et d'en disposer.

En Allemagne, le droit de l'État ou du fisc sur les mines existe encore de nos jours presque tel qu'il était autrefois. On en concède l'exploitation aux particuliers sous la forme de fermage. Les employés de la Couronne surveillent non-seulement la partie technique des travaux et la production, mais aussi la partie économique. Lorsque les exigences de l'État sont satisfaites, il est seulement permis aux propriétaires d'usine d'entreprendre la vente publique du surplus de la quantité de métal exploité. En

Suède, ce même droit s'est maintenu jusqu'à ce jour.
Pour le débit du fer exploité dans les nombreuses usines
de ce pays, il y a une administration particulière qui dispose de la vente.

En France, le propriétaire possède le droit de disposer
de tous les trésors renfermés dans ses terres. Mais des
ingénieurs du gouvernement sont obligés de surveiller
la marche des travaux d'art. Au reste, cette surveillance
ne s'exerce qu'au point de vue de l'assistance et des con-
seils, afin qu'il ne s'introduise aucune erreur dans les
dispositions économiques du propriétaire de mine ou
d'usine.

En Angleterre, les propriétaires possèdent tous les
droits sur les trésors que renferment leurs terres. Mais
principalement sous le rapport des mines d'or, ou plus
exactement des mines argentifères, on n'a pas encore
changé positivement toutes les restrictions qui existaient
et qui, au reste, sont de peu d'importance.

En Espagne, le propriétaire possède le droit illimité
d'exploiter, comme il lui plaît, les minerais aurifères et
argentifères. Dans le seizième chapitre de ce livre, nous
aurons l'occasion de mentionner la jouissance du même
droit dans toutes les vastes possessions américaines appartenant autrefois à l'Espagne et au Portugal.

En Russie, comme ce fut le cas dans les autres États
de l'Europe, il existait jusqu'à Pierre-le-Grand une loi
en pleine vigueur, en vertu de laquelle toute espèce de
minerai, découvert sur n'importe quelle terre, apparte-
nait à la Couronne.

L'empereur Pierre-le-Grand céda, par un ukase de
l'année 1700, aux particuliers de toutes les classes le
droit de chercher et d'exploiter à leur profit tous les

genres de minerai, sans en exclure les minerais aurifères et argentifères, et d'établir, selon leurs vues, toute espèce d'usine.

Ce même empereur décréta, par un ukase de 1721, l'abandon de grands avantages aux particuliers qui établiraient chez eux des usines de minerais. Parmi ces avantages, il y en avait entre autres un qui affranchissait du service de l'État le fondateur d'une usine de mine ou son acquéreur. S'il était de la classe marchande, il lui était permis même d'acheter des biens comme un noble, c'est-à-dire des villages et des paysans serfs, et d'incorporer en permanence ces derniers dans l'usine qu'il avait fondée. Ces biens et ces paysans existent encore aujourd'hui en Russie dans la même condition, et s'appellent *biens de possession*.

L'empereur Pierre II confirma pour chacun, par un ukase du 26 septembre 1772, la décision impériale sur l'exploitation libre des minerais; et, par un ukase de l'empereur Alexandre Pawlowitch, il fut établi une semblable décision pour les minerais aurifères. Depuis lors, les successeurs de Pierre-le-Grand ont constamment protégé la production des mines de toute espèce.

Les règlements en vigueur aujourd'hui pour la partie métallurgique, se trouvent dans le *Code des lois de l'Empire*, édition de 1842.

CHAPITRE XIV.

QUANTITÉ ET VALEUR DE L'OR ET DE L'ARGENT EXPLOITÉS EN RUSSIE DEPUIS
LE COMMENCEMENT DE L'EXPLOITATION JUSQU'EN 1855 [1].

§ 1. Division de la production de l'or et de l'argent en Russie par périodes.

Tous les chiffres qui se trouvent dans ce chapitre sur
la quantité d'or et d'argent, sont empruntés aux rapports
officiels de la section des Mines du gouvernement russe.
Le lieutenant-général Tchewkin et le colonel Oserski,
ingénieurs russes, publièrent, en se basant sur les mêmes
renseignements [2], des tableaux sur la quantité d'or et
d'argent exploitée en Russie jusqu'en 1850. J'ai entièrement profité de leurs utiles travaux. Leurs déductions
sont insérées en abrégé à la fin de l'ouvrage.

En commençant la répartition de la quantité d'or et
d'argent exploitée en Russie en six périodes, adoptées
ici par moi, il faut expliquer que la première période,
s'étendant depuis J.-C. jusqu'en 1492, ne peut pas exister

---

[1] L'or et l'argent, dont il est question dans ce chapitre, doivent être considérés comme purs, hormis les cas où ils sont appelés positivement *or d'alliage ou de schlich*, et *argent non purifié*.

[2] *Recueil de renseignements statistiques sur la Russie*, Saint-Pétersbourg,
1851, page 199. Édition russe.

pour la Russie, parce qu'à cette époque, l'exploitation de l'or et de l'argent n'y était pas encore établie. Il en est de même d'une partie de la seconde période, puisque l'exploitation de l'or ne commença en Russie qu'en 1745, et celle de l'argent en 1704.

Seconde période, commençant pour la Russie à 1704-1745, et allant jusqu'en 1810, comprenant 65-106 années.

Quoique à l'époque de l'établissement de l'exploitation en Russie, la production de l'or et de l'argent ne fût pas considérable dans le commencement, toutefois elle s'accrut rapidement, de manière que, vers la fin de cette seconde période on exploitait approximativement en Russie, chaque année, 540 kilogrammes d'or et 21,706 d'argent. Valeur de l'or, 1,802.196 francs, et de l'argent 4,826,640 francs. Ensemble, pour les deux métaux, 6,628,836 francs.

En se basant sur les déductions précédentes, on arrive à former le tableau suivant, dans lequel on trouve indiquées la quantité et la valeur de l'or et de l'argent qui furent exploités en Russie, tant en moyennes annuelles qu'en totaux généraux, pour toute la durée de cette seconde période de 1704-1745 à 1810, comprenant 65-106 années.

Année moyenne. . . .	Or . . .	392 kil. valant		1.310.688 fr.
	Argent.	10.315 —	—	2.300,480
			Total. . . .	3,611,168
Total de l'exploitation.	Or . . .	25.537 kil. valant		85,191.720 fr.
	Argent.	1.097.673 —	—	244.076.560
			Total. . . .	329.271,280

**Troisième période, s'étendant depuis 1810 jusqu'en 1825,
comprenant 15 années.**

Dans le courant de la troisième période, l'exploitation de l'argent en Russie resta presque la même que vers la fin de la seconde période. Quant à l'or, quoiqu'on eût déjà découvert des gîtes aurifères en Russie, la quantité exploitée s'en accrut, mais l'exploitation des gîtes aurifères ne reçut pas le développement nécessaire.

A la fin de cette troisième période, on exploitait, en Russie, 3,875 kilogrammes d'or, et 18,721 d'argent. Valeur de l'or, 12,914,128 francs, et de l'argent 4,160,520. Ensemble, pour les deux métaux, 17,074,648 francs.

Le tableau suivant, basé sur ces déductions, indique la quantité et la valeur de l'or et de l'argent exploités en Russie, tant en moyennes annuelles qu'en totaux généraux pour toute la durée de cette troisième période de 1810 à 1825, comprenant 15 années.

Année moyenne . . . . . Or . . . 4,095 kil. valant 3,655,360 fr.
Argent . 12,612 — — 2,804,496

Total. . . . 6,459,856

Total de l'exploitation. . Or . . . 16,435 kil. valant 54,830,448 fr.
Argent . 189,189 — — 42,067,480

Total. . . . 96,897,928

**Quatrième période, s'étendant depuis 1825 jusqu'en 1848,
comprenant 23 années.**

Dans le courant de la quatrième période, la production de l'argent en Russie est restée presque la même. Quant à l'or, le grand développement qui eut lieu dans l'exploitation des gîtes aurifères, augmenta beaucoup sa quantité, surtout depuis 1835, et encore plus depuis 1840. Car en 1840, on exploitait en Russie annuellement un total de 8,735 kilogrammes d'or; tandis qu'à la fin de cette période, l'exploitation annuelle allait, pour l'or, jusqu'à 27,862 kilogrammes, et jusqu'à 19,283 pour l'argent. Valeur pour l'or 95,346,624 francs, et 4,284,280 francs pour l'argent. Ensemble, pour les deux métaux, 99,630,904 francs.

Le tableau suivant indique la quantité et la valeur de l'or et de l'argent exploités en Russie, tant en moyennes annuelles qu'en totaux généraux, pour toute la durée de cette quatrième période de 1825 à 1848, comprenant 23 années.

```
Année moyenne. . . . . Or . . .   10.067 kil. valant   33.584.600 fr.
                       Argent .   19.272 —      —        4.285.348
                                               Total . . .   37,869.948

Total de l'exploitation. Or . . .  231.543 kil. valant  772.445.780 fr.
                         Argent .  143.262 —      —       98.563.008
                                               Total. . . .  871.008,788
```

Cinquième période, s'étendant depuis 1848 jusqu'en 1851,
comprenant 3 années,

La production de l'or en Russie commença à diminuer constamment dans le courant de la cinquième période. Quant à celle de l'argent, elle resta presque dans les mêmes proportions.

On exploitait en Russie, à la fin de cette cinquième période, chaque année, 23,319 kilogrammes d'or, et 17,225 d'argent. Valeur de l'or 77,794,796 francs, et de l'argent 3,830,188 francs. Ensemble, pour les deux métaux, 81,624,984 francs.

Le tableau suivant indique la quantité et la valeur de l'or et de l'argent exploités en Russie, tant en moyennes annuelles qu'en totaux généraux, pour toute la durée de cette cinquième période de 1848 à 1851, comprenant 3 années.

Année moyenne . . . . . Or . . . 25,482 kil. valant 84,014,460 fr.
Argent . 17,986 — — 3,999,448

Total. . . . 88,010,908

Total de l'exploitation. . Or . . . 75,547 kil. valant 252,034,380 fr.
Argent . 53,959 — — 11,998,348

Total. . . . 264,032,728

Sixième période, s'étendant depuis 1851 jusqu'en 1855, comprenant 4 années.

La diminution sur la production de l'or en Russie continua dans le courant de cette période. Quant à la production de l'argent, elle resta presque comme auparavant.

On exploitait en Russie, à la fin de cette sixième période, 24,591 kilogrammes d'or, et 17,139 d'argent. Valeur de l'or 82,040,876 francs, et de l'argent 3,811,080 francs. Ensemble, pour les deux métaux, 85,851,956 francs.

Le tableau suivant indique la quantité et la valeur de l'or

et de l'argent exploités en Russie, tant en moyennes annuelles qu'en totaux généraux pour toute la durée de cette
sixième période de 1851 à 1855, comprenant 4 années.

Année moyenne.	Or . . .	23.021 kil. valant	76.801.539 fr.
	Argent .	17.106 — —	3.803.800
		Total. . . .	80,605,339

Total de l'exploitation . .	Or . . .	92.085 kil. valant	307,206.156 fr.
	Argent .	68.426 — —	15,215.200
		Total. . .	322.421.356

§ 2. Récapitulation de la quantité et de la valeur de l'or et de l'argent exploités
en Russie, depuis le commencement même jusqu'en 1855.

Aujourd'hui, en 1855, on exploite annuellement en
Russie, 24,595 kilogrammes d'or, et 17,139 d'argent.
Valeur de l'or, 82,040,876 francs, et celle de l'argent
3,811,080 francs. Ensemble, pour les deux métaux,
85,851,956 francs.

On a exploité en tout, en Russie, depuis le commencement même de l'exploitation jusqu'en 1855, 441,147
kilogrammes d'or, et 1,852,509 d'argent. Valeur de l'or,
1,471,711,484 francs, et celle de l'argent 411,920,596
francs. Total de la valeur des deux métaux, 1,883,632,080
francs.

De toute cette quantité, on a exploité pendant le seul
règne de feu l'empereur Nicolas Pawlowitch, c'est-à-dire
depuis le 19 novembre 1825 jusqu'au 1ᵉʳ janvier 1855, la
quantité suivante, savoir : 395,311 kilogrammes d'or, et
546,936 d'argent. Valeur de l'or 1.318,797,884 francs, et

celle de l'argent 121,616,036 francs. Valeur totale des deux métaux 1,440,413,920 francs.

Par conséquent, de toute la quantité d'or et d'argent exploitée en Russie, depuis le commencement même de l'exploitation jusqu'en 1855, il revient au seul règne de feu l'empereur Nicolas Pawlowitch, à peu près les neuf-dixièmes de l'or et le cinquième de l'argent.

Cette récapitulation générale de la quantité et de la valeur de l'or et de l'argent exploités en Russie, est représentée dans le tableau qui suit.

TABLEAU GÉNÉRAL.

de la quantité et de la valeur de l'or et de l'argent exploités en Russie depuis le commencement même de l'exploitation, savoir : depuis 1704-1745 jusqu'au 1er janvier 1855, c'est-à-dire dans le courant de 109-150 années, divisées en périodes.

	OR.		ARGENT.		MOYENNE ANNUELLE de l'exploitation totale.
	kilogrammes.	francs.	kilogrammes.	francs.	francs.
Il a été exploité pendant la 1re période . .	» »	» »	» »	» »	» »
Pendant la 2e depuis 1704-1745 à 1810, c'est-à-dire 65-406 années. . . .	25,537	85,494,720	1,097,673	244,076,560	3,644,468
Pendant la 3e de 1810 à 1825-26 . . .	46,435	54,830,448	489,489	42,067,480	6,459,856
Pendant la 4e de 1825-26 à 1848 . . .	234,543	772,445,780	443,262	98,563,008	37,869,948
Pendant la 5e de 1848 à 1851 . . .	75,547	252,034,380	53,959	41,998,348	38,000,908
Pendant la 6e de 1851 à 1855 . . .	92,085	307,206,456	68,426	45,215,200	80,605,339
Totaux. . . .	444,147	1,474,714,484	4,852,509	444,920,596	» »

Total général de la valeur des deux métaux exploités. . . . . Or. . . . . . . 1,474,711,484 fr.

Argent. 414,920,596

Ensemble. . . 1,883,632,080 fr.

Voici la quantité et la valeur de l'or et de l'argent exploités en Russie, depuis le commencement même de l'exploitation, c'est-à-dire depuis 1704-1745 jusqu'au 1er janvier 1855, ou dans l'espace de 109-150 années, représentées par règnes.

		kil.	gr.		
De 1704-45 à 1825. . Or . . .		45,836		valant	152,913,600 fr.
Argent .		1,305,572	980	—	200,304,560
				Total. . . .	443,218,160

On a exploité pendant le règne de l'empereur Nicolas Pawlowitch, c'est-à-dire de 1826 à 1855, ou dans l'espace de 29 ans savoir :

		kil.	gr.		kil.	gr.
En 1826.	Or	3,875	597	Argent	18,721	754
1827.	—	4,644	304	—	18,532	680
1828.	—	4,785	432	—	18,258	893
1829.	—	4,731	339	—	18,328	872
1830.	—	5,676	497	—	19,328	059
1831.	—	5,944	546	—	19,764	830
1832.	—	6,447	345	—	19,717	869
1833.	—	6,442	544	—	23,650	557
1834.	—	6,064	496	—	18,952	367
1835.	—	6,147	707	—	18,777	390
1836.	—	6,298	757	—	18,866	425
1837.	—	6,918	735	—	19,459	637
1838.	—	7,756	387	—	19,222	472
1839.	—	7,739	325	—	19,032	125
1840.	—	8,735	795	—	18,805	037
1841.	—	10,211	187	—	18,878	302
1842. . . , .	—	14,144	289	—	19,203	440
1843.	—	19,128	345	—	19,234	450
1844.	—	19,652	585	—	19,439	375
1845.	—	20,098	267	—	19,367	740
A reporter. .		174,807	446	—	385,544	914

	kil.	gr.		kil.	gr.
Report....	171.807	116	—	385.541	914
1846.	— 25,007	585	—	19,726	259
1847.	— 27.862	740	—	19.283	760
1848.	— 27,153	737	—	18,342	510
1849.	— 25,074	747	—	18,391	695
1850.	— 23,319	175	—	17,225	332
1851.	— 23,781	517	—	17.057	540
1852.	— 21,673	880	—	17.090	280
1853.	— 22,034	127	—	17,139	390
1854.	— 24.595	925	—	17,139	390
Total. . .	— 395,311	149	—	546,938	070

Total de la valeur des deux métaux. Or . . . . 1,318,797,884 fr.

Argent .   121,616.036

Ensemble. . 1,440,413,920

TOTAL GÉNÉRAL

de la quantité et de la valeur de l'or et de l'argent exploités en Russie, depuis le commencement de l'exploitation, 1704-1745, jusqu'au 1er janvier 1855.

Or . . .   441.147 kil. 149 gr. valant 1.471.711.484 fr.

Argent . 1.852.509 kil. 50 gr. —   411.920.596

Total. . . . 1.883.632.080

De toute la quantité d'or et d'argent exploitée en Russie depuis le commencement même de l'exploitation jus-qu'en 1855, il en revient principalement au seul règne de l'empereur Nicolas Pawlowitch pendant 29 années,

12.

c'est-à-dire depuis le 1er novembre 1825 jusqu'au 1er janvier 1855.

Pour l'or	395,311 kil. valant	1.318,797.884 fr.
Pour l'argent	546,936 — —	121.616,036
	Total . . .	1,440,443.920

Aujourd'hui on a exploité en Russie, en moyenne annuelle, pour les quatre dernières années :

En Or	23,021 kil. valant	76,801,539 fr.
Argent.	17,406 — —	3,803,800
	Total. . .	80,605,339

Observation. De toute la quantité générale d'or et d'argent, exploitée en Russie depuis le commencement même de l'exploitation jusqu'en 1855, on en a exploité particulièrement pendant le seul règne de S. M. l'empereur Nicolas Pawlowitch, savoir : en or, presque toute la quantité, ou plus exactement les neuf dixièmes, et en argent à peu près le cinquième.

CHAPITRE XV.

DÉDUCTIONS GÉNÉRALES SUR LA QUANTITÉ ET LA VALEUR DE L'OR ET DE L'ARGENT
EXPLOITÉS EN EUROPE, Y COMPRIS LA RUSSIE, DEPUIS L'ANTIQUITÉ JUSQU'EN
1855.

Les données précédentes sur l'Europe et la Russie nous permettent de tirer les conclusions suivantes :

Aujourd'hui, en 1855, on exploite annuellement en Europe, conjointement avec la Russie, 26,805 kilog. d'or, et 161,444 d'argent. Valeur de l'or, 89,449,976 francs, et de l'argent, 35,898,680 francs : valeur totale des deux métaux, 125,348,656 francs.

Total exploité en Europe, avec la Russie, depuis J.-C. jusqu'en 1855 : 849,714 kilogrammes d'or, et 21,494,574 d'argent. Valeur de l'or, 2,834,044,736 francs, et de l'argent, 4,779,476,516 francs : valeur totale pour les deux métaux, 7,613,521,252 francs.

La quantité de l'or et de l'argent qui existait en nature dans toute l'Europe à l'époque de J.-C., comme aussi celle exploitée dans toute l'Europe, la Russie comprise, depuis J.-C. jusqu'à 1855, se monte à 929,444 kilog. pour l'or, et à 23,896,106 pour l'argent. Valeur de l'or, 3 milliards 100 millions de francs, et de l'argent, 5 milliards .313 millions : total de la valeur de ces deux métaux, 8 milliards 413 millions de francs.

Ces déductions générales sont représentées en détail dans le tableau suivant.

TABLEAU GÉNÉRAL de la quantité et de la valeur de l'or et de l'argent exploités dans toutes les contrées de l'Europe conjointement avec la Russie depuis l'antiquité jusqu'à 1855.

	OR.		ARGENT.		MOYENNE ANNUELLE de l'exploitation totale.
	kilogrammes.	francs.	kilogrammes.	francs.	francs.
Il existait en Europe en nature au temps de J.-C.	79,730	266,000,000	2,404,532	534,000,000	» »
Il a été exploité pendant la 1re période, depuis J.-C. jusqu'en 1492, c'est-à-dire jusqu'à la découverte de l'Amérique.	155,714	549,469,344	4,710,107	1,047,329,920	1,056,588
2e période, de 1492 à 1810. . . .	207,178	691,144,860	11,761,553	2,615,299,960	13,002,788
3e période, de 1810 à 1825. . . .	33,310	110,534,688	1,269,189	282,498,280	26,184,042
4e période, de 1825 à 1848. . . .	270,413	901,821,608	2,742,242	603,059,728	65,429,624
5e période, de 1848 à 1851. . . .	82,177	274,264,680	447,874	99,587,668	124,606,448
6e période, de 1851 à 1855. . . .	100,925	336,842,556	593,642	132,000,960	117,240,879
Total contenant la quantité en nature, au temps de J.-C., et celle exploitée pendant les 6 périodes jusqu'à 1855.	929,444	3,400,044,736	23,896,106	5,343,476,546	» »

Total général de la valeur des deux métaux. . . . . . Or. . . . . . 3,400,044,736 fr.

Argent. 5,343,476,546

Ensemble. . . 8,443,521,252

CHAPITRE XVI.

APERÇU HISTORIQUE DE LA PRODUCTION, QUANTITÉ ET VALEUR DE L'OR ET DE L'ARGENT EXPLOITÉS EN AMÉRIQUE, SANS LA CALIFORNIE, DEPUIS LA DÉCOUVERTE DE L'AMÉRIQUE JUSQU'EN 1855.

§ 1. État de la civilisation et de la production de l'or et de l'argent en Amérique à l'époque de sa découverte.

Il y a trois siècles et demi, l'Europe était encore bien éloignée de ce degré de civilisation et de lumières auquel elle est parvenue de nos jours. À cette époque, les sciences, les arts, l'industrie et le commerce avaient à peine commencé à se fixer dans le nord de l'Italie, en France, en Espagne et en Portugal. L'Angleterre était beaucoup moins avancée que ces pays. Les contrées centrales et septentrionales de l'Europe présentaient à peine les éléments qui se sont développés, et avec lesquels se sont formés, dans la suite, des États puissants et illustres.

La richesse, le confortable de la vie, chez les nations les plus avancées et les plus luxueuses de l'Europe d'alors, étaient très-limités; de sorte que l'époque la plus brillante de la cour d'Espagne, sous Ferdinand et Isabelle, était beaucoup au-dessous de l'éclat et de la richesse de la maison souveraine la plus modeste de l'Allemagne actuelle.

On comprend facilement que la quantité d'or et d'argent était très-peu considérable, puisque dans toute l'Europe on exploitait à peine alors 180 kilogrammes d'or par année, et 5,451 kilogrammes d'argent ; ce qui représentait une valeur totale, pour les deux métaux, de 2 millions de francs environ.

Quant à l'or et à l'argent qui existaient alors en nature chez toutes les nations de l'Europe, tant en monnaies en circulation qu'en objets ouvragés, cette quantité constituait à peine une valeur de 300 millions de francs pour l'or, et de 700 millions de francs pour l'argent.

A cette époque, c'est-à-dire en 1492, s'accomplit un grand événement qui eut une immense influence sur la richesse et la destinée non-seulement de l'Espagne, mais aussi de l'Europe ; je veux dire la découverte de l'Amérique par les Espagnols.

Quand on parle des nations américaines à l'époque de la découverte de ce continent, il s'agit ordinairement de peuplades sauvages dans toute l'étendue du sens de ce mot. Mais, grâce aux recherches faites dans les derniers temps ; grâce aux efforts éclairés pour retrouver les anciens monuments ; grâce aux savants travaux qui s'effectuent aujourd'hui dans les États de l'Amérique, et surtout grâce à la coopération intelligente du gouvernement espagnol actuel qui, contemporain du dernier roi, publia non-seulement des renseignements très-intéressants relatifs à l'Amérique, mais rendit accessibles aux savants les recherches dans les archives de l'État, la civilisation ancienne de l'Amérique nous apparaît non-seulement sous un autre point de vue, mais elle présente une foule de données très-curieuses, tant à l'égard de l'Espagne que sous le rapport de la science.

On ne pouvait pas supposer qu'une aussi vaste partie du monde que l'Amérique, qui occupe en longueur une étendue de 12,830 kilomètres, et qui offre des conditions si variées de localité et de climat, fût habitée par une seule nation, comme chez les Européens, sous la dénomination générale d'*Indiens de l'Amérique* : ni surtout par une nation parvenue partout au même degré de civilisation.

Il est certain qu'au temps de la découverte de l'Amérique, la plus grande partie des peuplades diverses qui l'habitaient, étaient complétement à l'état sauvage ; qu'elles n'avaient pas la moindre notion des arts, des métiers et de l'industrie. Elles campaient ou elles erraient dans les forêts vierges et dans les savanes illimitées, sans demeures, sans vêtements, sans agriculture. Elles ne connaissaient même pas l'élève du bétail, et se nourrissaient du produit de la chasse, de glands de chêne et d'herbes sauvages.

Mais, parmi ces contrées sauvages, les conquérants espagnols de l'Amérique rencontrèrent deux immenses États : le Pérou et le Mexique. Les habitants de ces deux États s'occupaient d'agriculture et de l'élève du bétail ; ils cultivaient la canne à sucre, le coton, le cacao, l'indigo, la cochenille, le tabac et les plantes médicinales. Ils savaient déjà tisser le coton et la laine de leurs moutons indigènes ou lamas ; ils portaient ces tissus ou plutôt s'en enveloppaient. Ces peuples étaient déjà versés dans les arts, l'industrie et le commerce, et avaient des signes représentatifs des valeurs [1] qui rem-

---

[1] Au temps de la conquête du Mexique, les habitants de cet État se servaient, au lieu d'argent monnayé, de sacs renfermant des grains de cacao dont le nombre était fixé par la loi. Mais dans quelques provinces, les Espagnols trouvèrent établi l'usage de se servir, au lieu d'argent monnayé, de lingots d'étain et de cuivre, portant comme effigie la lettre latine T.

plaçaient notre monnaie sonnante; ces populations vivaient dans des villages et des villes populeuses, construites avec des rues régulières; dans des cités possédant des maisons solides, de vastes palais et des édifices publics. Ces peuples avaient érigé des pyramides avec des inscriptions; construit d'excellentes routes, des digues admirables, des ponts et des aqueducs dont la solidité fait encore notre étonnement; ils se servaient enfin de hiéroglyphes qui remplaçaient notre écriture, d'un calcul régulier pour la division du temps, de signes représentant avec exactitude la répartition des impôts; ils avaient un cadastre pour la qualité des terres, des lois criminelles et conservaient même la tradition des événements relatifs à l'histoire de la patrie depuis quelques siècles.

Il est évident que la conquête de pareils États ne pouvait s'accomplir avec cette facilité que les Espagnols avaient eue à assujettir en Amérique d'autres peuplades sauvages. Si les Espagnols réussirent à s'emparer du Pérou sans de grands efforts, ils en furent redevables uniquement à l'organisation politique de cet État, où, comme dans l'ancienne Égypte, la caste des prêtres disposait du pouvoir gouvernemental; où les professions industrielles et le labeur personnel n'étaient pas garantis. Si les Péruviens, opprimés par les prêtres et par de lourds impôts, ne devinrent pas une conquête trop pénible pour les Espagnols, celle du Mexique, État bien organisé, coûta par contre à Cortez, leur chef, de plus grands efforts et de plus grandes pertes. Il est même probable que cette conquête n'aurait jamais eu lieu, si Cortez, fécond en stratagèmes de guerre, et adroit politique, n'avait pas su trouver des moyens

plus sûrs pour arriver à la victoire et à l'assujettisse-
ment.

Effectivement, que pouvait faire Cortez, bien qu'il pos-
sédât quelques canons, après avoir déjà consommé toute
sa provision de poudre avant la conquête du Mexique ?
Que pouvait faire Cortez, recevant l'ordre exprès de
son chef, gouverneur de l'île de Cuba, de s'en retourner
immédiatement ; de son chef, désapprouvant son projet téméraire d'assujettir un État puissant et éloigné,
avec des troupes composées de quelques centaines
de soldats espagnols ? Que pouvait-il faire, lorsqu'en
s'approchant, avec sa poignée d'Espagnols, de la vaste
capitale du Mexique, il vit devant lui une ville magnifique
et immense, ayant une circonférence de plusieurs dizaines
de kilomètres, capitale d'un État dont les guerriers s'é-
taient rencontrés plusieurs fois avec les Espagnols dans
des combats sanglants, et où la valeur ne le cédait qu'à
la supériorité des armes européennes, et surtout à la
terreur qu'inspirait l'effet des canons ? Que pouvait faire
Cortez contre les Mexicains, ayant déjà détruit la moitié
de son détachement peu nombreux, s'étant déjà emparés
de plus de la moitié de ses canons, et ayant contraint
à la fuite les Espagnols et leur chef intrépide ? Que pouvait faire Cortez dans cette position ?

Il eut recours à une mesure que désapprouvait peut-
être la prudence, mais qui, cette fois, fut couronnée
de succès. Il fit d'abord échouer les vaisseaux qui l'a-
vaient amené, pour se créer l'impossibilité d'exécuter les
ordres du gouverneur. Ensuite, connaissant les dispositions des nations voisines, soumises depuis peu aux
Mexicains, dont elles étaient tributaires, Cortez les sou-
leva contre eux. Il forma avec elles une alliance géné-

rale, et constitua une armée de 60,000 hommes. Ayant fabriqué de la poudre avec du soufre et du salpêtre que les tributaires du Mexique lui avaient procurés, le général espagnol investit de nouveau la magnifique capitale de ce pays, et après des combats très-sanglants, des assauts pareils à ceux des Français devant Saragosse, en avançant pas à pas à travers les digues et les rues, et détruisant les maisons l'une après l'autre, il arriva enfin jusqu'au superbe palais de l'empereur Montézuma, qu'il fit prisonnier.

Il est intéressant de lire les lettres de Cortez, adressées après la conquête du Mexique au roi d'Espagne, et de voir avec quel étonnement, au reste pleinement justifié, Cortez y parle des utiles établissements publics du Mexique ; de ses tribunaux et de l'ordre public, surtout de sa capitale bien bâtie et populeuse ; des marchés largement approvisionnés ; des magasins nombreux, et même des pharmacies.

La science métallurgique ne pouvait pas être ignorée tout à fait dans de pareils États. Il est vrai que les Mexicains et les Péruviens ne savaient pas exploiter le fer des minerais ; mais, par contre, ils possédaient l'art de fabriquer avec du bronze, ou un mélange de cuivre et d'étain, des haches, des instruments de guerre, et généralement des instruments tranchants pour la coupe des bois et la taille des pierres, tellement durs qu'ils n'étaient guère au-dessous des instruments de fer. Pour ce qui concerne l'or et l'argent, il est certain qu'ils ne s'en tenaient pas à la recherche des morceaux natifs de ces métaux et à l'extraction de l'or des gîtes aurifères. En présence de ce degré de civilisation et de la situation du Pérou et du Mexique le long des chaînes de montagnes de l'Amérique, on peut affirmer que les habitants de ces États, même avant l'apparition des Espagnols, savaient déjà exploiter l'or et l'argent des minerais.

Grâces aux recherches sur l'ancienne civilisation de l'Amérique, on sait aujourd'hui que les exploitations des mines aurifères et argentifères, dont on a trouvé des vestiges, appartiennent aux anciens Mexicains et Péruviens; qu'ils exploitaient l'or et l'argent par la fonte de ces minerais extraits du sein des montagnes; qu'ils savaient construire les galeries souterraines nécessaires à cet effet et y établir la circulation de l'air; et que les Espagnols, du temps de la conquête de l'Amérique, y trouvèrent même des mines dont ils continuèrent l'exploitation avec les moyens employés jusqu'alors par les Américains, c'est-à-dire avec ces instruments tranchants et solides pour la réduction des minerais; pour la fonte même des derniers, ils se servaient également de leurs petits fourneaux portatifs, avec de longues cheminées en terre glaise [1].

Cortez dit positivement, dans ses lettres adressées au roi d'Espagne, qu'entre autres objets on vendait sur les marchés de la capitale du Mexique, conquise par lui, de l'or, de l'argent, de l'étain, du cuivre et du plomb; qu'on exploitait au Mexique des minerais ou des filons de la mine d'argent de la montagne Tlachco, dans la province de Kohuixco; que les habitants de la province Oaxaca, tributaire du roi mexicain Montézuma, étaient obligés de payer une contribution en or; que cet or était extrait des gîtes aurifères de l'endroit, et qu'ils le présentèrent à l'empereur en lingots dans de petits sacs de cuir, et

---

[1] M. de Humboldt. *Essais politiques*, t. III.

qu'enfin, dans toutes les villes du Mexique, les indigènes fabriquaient avec l'or et l'argent de beaux vases, auxquels ils donnaient toutes les formes imaginables, et sur lesquels ils ciselaient toutes sortes de beaux dessins.

Tout ce qui précède permet d'affirmer que si l'exploitation de l'or et de l'argent, au Pérou et au Mexique, n'avait pas encore atteint une grande perfection jusqu'à l'époque de la conquête des Espagnols, et si surtout les Péruviens et les Mexicains se bornaient seulement à l'exploitation d'une très-petite quantité de ces métaux, ceci ne provenait point de leur incapacité et de leur manque de savoir-faire, mais uniquement de ce qu'ils n'employaient l'or et l'argent que pour la confection d'ornements et de quelques ustensiles de ménage, et non pour la monnaie; car les avantages résultant de l'usage de l'or et de l'argent en monnaie auraient pu seuls contribuer à en développer la production.

§ 2. Valeur de l'or et de l'argent enlevés par les Espagnols au temps de la conquête de l'Amérique.

La quantité d'or et d'argent que les Espagnols trouvèrent au temps de la conquête de l'Amérique et qui, après avoir été enlevée, fut expédiée en Europe, n'était pas abondante. Au reste, il n'est pas question dans ce calcul de la quantité, probablement considérable, d'or et d'argent, que les peuples de l'Amérique, vaincus par les Espagnols, enfouirent dans la terre et jetèrent dans les lacs profonds à l'époque de leur asservissement.

Beaucoup d'économistes se sont occupés de recherches relatives à cette quantité qu'il est difficile de déterminer exactement. On doit se contenter de déductions approximatives; elles sont basées sur les témoignages déposés dans les archives de l'Espagne et du Portugal. En outre, on possède des renseignements sur la quantité d'or et d'argent de quelques cargaisons importées de l'Amérique à cette époque, cargaisons qui furent annoncées alors au public. On sait aussi, que du temps de l'enlèvement de l'or et de l'argent, on en défalquait toujours la part décrétée pour la caisse militaire des troupes qui avaient enlevé l'or et l'argent aux peuples assujettis. Ainsi, tous ces renseignements réunis purent servir de preuves pour contrôler les recherches dont nous parlons.

Suivant M. de Humboldt[1], quant à la quantité d'or et d'argent expédiée en Europe et que les Espagnols avaient enlevée aux peuples assujettis par eux, pendant tout le temps qui s'est écoulé depuis la découverte de l'Amérique jusqu'à l'exploitation régulière des minerais et des gîtes aurifères, on y a recueilli ce qui suit : en or, 24,401 kilogrammes[2] d'une valeur de 84,070,480 francs, et en argent, 4,101 kilogrammes[3] d'une valeur de 911,800 francs : valeur totale des deux métaux, 84,982,280 francs.

Voilà à quoi se borne la quantité d'or et d'argent, définie aujourd'hui avec une certitude suffisante, et qui, selon les traditions des nations, était encore considérée comme des trésors considérables! Voilà à quoi se bornent les masses d'or et d'argent qui furent recueillies, au temps de la découverte de l'Amérique, par des sauvages n'accordant aucune valeur particulière à ces métaux! Voilà à quoi se borne la quantité d'or et d'argent extorquée par les conquérants des nombreuses nations assujetties;

---

[1] *Essais politiques sur le royaume de la Nouvelle-Espagne*, t. iii, p. 424.
[2] 106,000 marcs castillans, d'une valeur de 15,482,593 piastres espagnoles.
[3] 17,777 d° d° 167,918 d°

quantité rassemblée par toutes les ruses possibles, par les persécutions, la captivité et les rançons forcées des rois du Pérou et du Mexique.

Que diraient Cortez et ses contemporains, s'ils savaient qu'on exploite aujourd'hui annuellement en Russie tout autant d'or et d'argent que les conquérants espagnols réussirent à en recueillir pendant tout ce temps chez toutes les nations qu'ils assujettirent[1]? Que dirait Cortez, en apprenant que la Californie, cette même contrée déserte dont les rivages furent découverts en 1534 par une petite escadre équipée par lui-même et à son propre compte; contrée que Cortez même visita l'année suivante et au delà de laquelle il n'alla ni par terre ni par mer, que dirait-il, en apprenant qu'elle donne déjà aujourd'hui annuellement, en or, plus de 155,800 kilogrammes, d'une valeur de 520 millions de francs; c'est-à-dire, qu'elle produit par année six fois plus que tous les trésors recueillis par les conquérants de l'Amérique?

§ 3. Contrées de l'Amérique produisant l'or et l'argent.

Parmi les nombreux bienfaits dont la nature a si généreusement doté l'Amérique, son abondance en or et en argent servit non-seulement de lien aux relations entre l'ancien et le nouveau monde; mais cette quantité d'or et d'argent, fournie continuellement jusqu'à présent par l'Amérique à l'Europe, eut une influence directe sur la valeur de tous les objets de la production universelle.

---

[1] On exploite actuellement, en 1854, chaque année pour 76,750,000 francs en or, et pour 3,750,000 francs en argent. Valeur totale, 80,500,000 francs.

Après la découverte de l'Amérique, en 1492, les États qui tenaient le premier rang sur mer à cette époque, l'Espagne et le Portugal, devinrent les maîtres souverains de cette vaste partie du monde. L'Espagne occupait les contrées depuis le centre des États-Unis actuels jusqu'au Brésil. Le Brésil même tomba en partage au Portugal. Ces contrées de l'Amérique prises par l'Espagne et le Portugal, procuraient et continuent à fournir jusque aujourd'hui de l'or et de l'argent en quantité augmentant toujours d'année en année[1]. Par conséquent, depuis la découverte même de l'Amérique jusqu'à 1810, c'est-à-dire dans l'espace de 318 années, l'Espagne et le Portugal disposèrent exclusivement des énormes masses d'or et d'argent exploitées en Amérique, et qui passaient ensuite de leurs mains dans les autres États de l'Europe et les autres parties du monde.

Pendant ce temps, les Anglais commencèrent à peupler peu à peu la partie de l'Amérique située au nord des anciennes possessions espagnoles. De ces populations anglaises s'est formée aujourd'hui, dans le cours de 80 ans, l'union de ces immenses États, connus sous la dénomination d'États-Unis de l'Amérique. Au reste, les habitants des États-Unis, en établissant chez eux avec des résultats extraordinaires la civilisation, les manufactures et l'industrie, ne tournèrent pas leur attention sur l'exploitation des mines. C'est pour cette raison que l'Espagne et le Portugal restèrent comme par le passé, jusqu'en 1810, les dispensateurs de cette immense quantité d'or et d'argent exploitée dans leurs possessions.

___

[1] A l'exception d'un court espace de temps, c'est-à-dire depuis 1819 jusqu'en 1820.

Mais, dans le commencement de 1800, à l'occasion des guerres générales amenées par la première Révolution française, les possessions espagnoles et portugaises du continent de l'Amérique se rendirent indépendantes en se séparant de leurs métropoles. Depuis lors, ces possessions se divisèrent en quantité d'États indépendants.

Ainsi, aujourd'hui, en 1855, la production de l'or et de l'argent en Amérique se trouve dans la situation suivante : On peut dire que dans le nord de l'Amérique jusqu'au Canada et dans d'autres contrées appartenant également à l'Angleterre, on n'exploite aucunement l'or et l'argent jusqu'à présent. Au reste, en 1852, des fouilles furent faites sur les ordres du gouvernement anglais et on découvrit des gîtes aurifères au Canada. Il se forma même à Québec une compagnie pour leur exploitation; mais les résultats de cette exploitation ne sont pas encore connus. Sans mentionner la Californie, il y a selon toute apparence une quantité de gisements d'or et d'argent dans les autres provinces des États-Unis; mais c'est seulement dans ces dernières années qu'on a commencé à exploiter ces métaux, surtout l'or, de préférence dans les provinces suivantes : en Géorgie, en Caroline et en Virginie. Aujourd'hui, on exploite annuellement dans ces derniers États jusqu'à 1637 kilogrammes d'or. Cette quantité s'accroît constamment.

Du temps de la souveraineté de l'Espagne sur les contrées des États de Sonora et Cinaloa, surtout à la fin du siècle écoulé, jusqu'en 1850 et 1851, bien qu'on connût la richesse de leurs gîtes aurifères et que les paisibles Indiens en exploitaient de l'or, la quantité en était cependant très-peu considérable. La cause en était, que non-seulement alors, mais même à présent, les Apaches, sau-

vages guerriers et voisins. s'opposèrent continuellement,
par leurs invasions, et s'opposent encore maintenant à l'é-
tablissement de l'exploitation de l'or et de l'argent dans ce
pays. Les guerres et les querelles intestines du Mexique,
qui ont réduit son gouvernement à un état d'impuissance
complète, forment également un obstacle à cette exploitation. Mais, comme les États de Sonora et de Cinaloa,
appartenant encore au Mexique, sont apparemment très-
riches, non-seulement en gîtes aurifères, mais en gisements d'or et d'argent, les citoyens des États-Unis de
l'Amérique tentent de s'en emparer; et même dans les
années de 1833 et 1834, ils envahirent plusieurs fois cet
État les armes à la main, sans le consentement de leur
gouvernement. Cependant, sans égard à une position
aussi peu satisfaisante, l'exploitation en Sonora des gîtes
aurifères, formés surtout de terre glaise, s'accroît fortement, surtout depuis 1852. Selon toute probabilité, cet
État surpasse par sa richesse en or la Californie même et
de plus il possède beaucoup d'avantages locaux et un
climat encore plus agréable. Quant aux autres provinces,
anciennes possessions de l'Espagne, comme le Guatemala,
la Guyane, Porto-Rico et Caracas, on n'y exploitait précédemment et on n'y exploite encore à présent ni or ni
argent.

Après ces provinces se trouvent ces vastes contrées du
continent américain qui appartenaient, depuis leur découverte jusqu'en 1810, à l'Espagne et au Portugal, et
qui forment aujourd'hui des États indépendants. Encore
plus au sud s'étendent des États formés nouvellement, où
la production de l'or et de l'argent n'a pas encore été établie, à cause de leur désorganisation et des querelles
intestines. Enfin, au sud même de l'Amérique est située

13.

la Patagonie, contrée habitée par diverses tribus de nations sauvages. La plus grande partie de l'intérieur de ce pays est tout à fait inconnue jusqu'à ce jour.

§ 4. Gisements d'or et d'argent de l'Amérique et leur abondance.

La chaîne de montagnes traversant toute la longueur du continent de l'Amérique, sur une étendue de presque 12,830 kilomètres, porte dans les diverses provinces des dénominations différentes : au Mexique, elle est connue sous le nom de Cordillère, et au Pérou elle s'appelle Andes. Cette même chaîne s'étend au nord sous les noms de montagnes de la Californie ou montagnes Rocheuses et Neigeuses ; elle atteint jusqu'au pôle même ; et au sud, en étendant ses ramifications par le Chili, la Grenade, le Brésil et par le promontoire montagneux au point méridional de la Patagonie, elle entre dans l'Océan.

Généralement, toutes les montagnes de la chaîne de l'Amérique sont en apparence remplies de gisements métallifères et abondamment pourvues par la nature de minerais aurifères et argentifères. Sur les versants et dans les vallées de ces montagnes se trouvent d'innombrables gîtes aurifères plus ou moins riches.

Indépendamment de tous ces avantages, l'exploitation des mines, sur toute l'étendue de cette immense chaîne de montagnes, se borne jusqu'à présent à très-peu d'endroits groupés dans un espace assez circonscrit. La distance qui sépare ces groupes du nord au midi est à peine de 2,000 kilomètres ; tandis que cette chaîne de montagnes, ainsi qu'il est dit plus haut, a une étendue de 12,830 kilomètres. Les recherches les plus dignes de foi prouvent que non-seulement les endroits de ces groupes où se trouvent actuellement des mines en état d'exploitation, mais toute l'étendue restreinte située entre ces endroits, présentent presque partout une ressemblance frappante, tant pour la nature et la superposition des terrains ou des roches que pour la direction que prennent les filons aurifères et argentifères. Il faut encore ajouter que, d'après des renseignements positifs, tout le reste de la chaîne de montagnes de l'Amérique est également composé de pareilles espèces de roches ; de sorte que, généralement, l'aspect et la constitution de toute cette chaîne de montagnes sont de nature à convaincre qu'à l'époque de sa formation simultanée à la suite de quelque soulèvement terrible, elle fut élevée à une hauteur aussi considérable et pénétrée partout, dans une seule et même direction, par la même matière qui a produit l'or et l'argent. Malgré l'abondance aussi apparente et la richesse des gisements aurifères ou des minerais de la chaîne de montagnes de l'Amérique, l'exploitation de l'or, surtout des minerais, n'y est pas encore très-considérable jusqu'à présent.

Les contrées de l'Amérique dans lesquelles on exploite actuellement des minerais aurifères, et qui fournissent la plus grande quantité d'or, sont : la province de Minas-Geraes, au Brésil ; le département de Cauca, dans la Nouvelle-Grenade ; l'État d'Oaxaca et quelques provinces du Chili. Au Pérou et au Mexique, on exploite l'or et l'argent des minerais en quantités moins considérables. Ainsi, tout le reste de la quantité d'or fournie par l'Amérique se recueille des gîtes aurifères, et une petite portion provient des morceaux natifs, ou nuggets, et de la séparation de ce métal mêlé à l'argent.

Suivant une estimation générale de toute la quantité

d'or qui fut exploitée en Amérique vers 1800 [1], et même
jusqu'en 1848, c'est-à-dire jusqu'à la découverte de gîtes
aurifères en Californie, un sixième provenait principalement des minerais, et les cinq sixièmes des gîtes aurifères. Aujourd'hui, en 1855, en excluant de ce compte
la Californie, on y recueille à peu près un cinquième des
minerais et quatre cinquièmes des gîtes aurifères.

En présence de l'abondance excessive des gisements
de minerais argentifères, sur presque toute l'étendue de
la chaîne de montagnes de l'Amérique, on n'y exploite
l'argent que dans très-peu d'endroits, jusqu'à présent et
principalement dans trois contrées : au Mexique, au Pérou
et à Buenos-Ayres.

Le nombre des gisements d'or et d'argent en exploitation connus aujourd'hui en Amérique s'élève à 500 ; mais
si le nombre, surtout des mines exploitées, va jusqu'à
3,000, celui des mines découvertes s'élève de 4 à 5,000.

Les gisements actuels des mines aurifères et argentifères, mais particulièrement des mines argentifères, ou
les usines du Pérou et du Mexique, se trouvent, ainsi
qu'on le dit généralement, sous le rapport du climat et
de la fertilité, dans les contrées les plus favorisées du
globe terrestre. Ces contrées possèdent encore aujour-
d'hui la prérogative de fournir au monde la plus grande
quantité d'or et d'argent ; quelques mines situées sur des
élévations très-considérables forment seules une exception [2] ; mais, par contre, ces endroits élevés sont surtout
féconds en riches minerais. Au reste, cette exception
même ne s'étend pas du tout aux provinces du Mexique,

---

[1] *Essai politique*, t. III, p. 402.
[2] *Ibid.*, t. III, p. 283.

mais elle se borne seulement aux mines du Pérou.

Effectivement, les principales mines argentifères du
Pérou, telles que celles de Potosi, de Pasco et de Chota [1],
sont situées sur de hautes montagnes, à une très-petite
distance des limites des neiges éternelles. L'eau y gèle
dans la nuit pendant toute l'année ; il n'y a point de végétation. L'approvisionnement, pour tout ce qui est nécessaire aux habitants et aux usines, provient des endroits
plus ou moins éloignés. Les témoins oculaires remarquent
à juste titre, en parlant des riches mines péruviennes,
que l'avidité, la soif des richesses, peuvent seules con-
traindre les habitants libres des séduisantes vallées du
Pérou à vivre sur les élévations glaciales des Andes.

Le Mexique, possédant plus de 500 mines en exploitation, se présente tout différemment. Là, dit un autre
témoin oculaire, les plus riches mines, comme Guanaxuato, Zacatecas, Tasco et Real-del-Monte, ne sont
situées que sur des hauteurs de 1,700 à 2,000 mètres.
Les mines du Mexique sont ordinairement entourées de
terres cultivées, de villes florissantes et de villages ; les
forêts croissent dans les environs, et tout contribue à
faciliter l'exploitation des métaux, à animer l'industrie et
le commerce, en répandant l'abondance et la prospérité.

Enfin il faut citer le témoignage du baron de Humboldt,
qui dit, dans son ouvrage sur la Nouvelle-Espagne, mentionné plusieurs fois ici [2] : « La richesse des chaînes de
« montagne de l'Amérique en gisements d'or et d'ar-
« gent est étonnante. En passant en revue la quantité de
« gisements d'or et d'argent qui y abondent visiblement,

---

[1] *Essai politique sur le royaume de la Nouvelle-Espagne*, par M. de Humboldt, Paris, 2ᵉ édition, t. I, p. 226 et 27.

[2] Humboldt, *Essai politique*.

« gisements dont on a à peine commencé l'exploitation
« maintenant et même dans quelques localités seule-
« ment, on reste convaincu que si l'on parvenait à apaiser
« les troubles politiques, qui mettent obstacle à toute
« espèce d'industrie, et si on introduisait dans ces
« mines les procédés dont on se sert en Europe pour
« l'exploitation, ces seules mines du Mexique, déjà con-
« nues, pourraient fournir une immense quantité d'ar-
« gent. » L'ingénieur Émile Chevalier, envoyé en 1852
en Amérique par le gouvernement français, parle dans
les mêmes termes des gisements d'or que renferment
les ramifications de cette chaîne de montagnes traversant la Californie.

§ 5. Richesse et puissance des minerais argentifères actuels de l'Amérique.

1° *Richesse des minerais argentifères.* — En se bornant
ici aux seuls minerais argentifères, à cause du peu d'importance de l'exploitation de l'or des minerais en Amérique, il convient d'expliquer que si, sous la dénomination
de « richesse des minerais, on entend le contenu pro-
« prement dit d'argent pur dans un poids connu de mi-
« nerai, » ce contenu est assez abondant dans les minerais actuels de l'Amérique. Le baron de Humboldt, qui a
examiné personnellement sur les lieux la production des
principales mines de l'Amérique, affirme que si l'on prend
une moyenne, non-seulement de ses mines riches, mais
des riches et des pauvres conjointement [1], il est démontré

---

[1] Les riches minerais du district de Guanaxuato contiennent, dans un
quintal de minerai, en argent pur, de 4 à 9 onces ; dans le district de Pachuca
on considère comme bonnes mines celles qui rendent de $4\frac{8}{10}$ jusqu'à $5\frac{3}{10}$ onces,
comme moyennes; celles qui rendent de $1\frac{8}{10}$ jusqu'à $2\frac{7}{10}$, et comme pauvres,

qu'on peut recueillir de 14,000 grammes d'une masse de minerai, mélangée de cette manière, de 12 à 16 grammes d'argent pur, c'est-à-dire qu'on extrait en argent pur de 2 à 3 millièmes [1].

La richesse de la plus grande partie des minerais argentifères de l'Amérique s'augmente en proportion de la quantité d'or qu'on y trouve contenue. Au reste, cette quantité n'est pas la même partout; mais on dit généralement que les célèbres minerais argentifères du Pérou et du Mexique contiennent peu d'or ; quelques-uns d'entre eux n'en contiennent même pas du tout. Les minerais argentifères de Potosi en contiennent une très-petite quantité ; ceux des mines de Zacatecas en contiennent encore moins.

Mais, sous le rapport de la pureté de l'argent, on considère généralement les minerais argentifères du Pérou et du Mexique comme les premiers de tous les minerais du monde.

2° *Puissance des minerais ou des filons de l'Amérique.* — En parlant ici particulièrement des minerais du Pérou et du Mexique, le véritable mérite des minerais ou des filons argentifères de l'Amérique consiste dans leur puissance et leur continuité, c'est-à-dire que, tandis que dans beaucoup d'autres contrées les minerais argentifères sont minces et souvent tout à fait interrompus par de courts filons, ceux du Mexique et du Pérou sont longs, très-rarement interrompus dans le filon , et en outre tou-

celles qui rendent 1 7/8 once d'argent pur de la même quantité de minerai. Ainsi le contenu de cette quantité de minerai, en moyenne, est de 0,0018 grammes jusqu'à 0,0025. *Essai politique*, de M. de Humboldt. 2ᵉ édition. Paris, t. III, p. 169.

[1] *Essai politique*, par M. de Humboldt. 2ᵉ édition. Paris, t. III, p. 170.

jours plus ou moins gros. En outre, ils ne se rencontrent pas en une seule bande ou en un seul filet, mais ils s'étendent dans toutes les directions. La grosseur extraordinaire de quelques-uns de ces filons, au Pérou et au Mexique, est de 8, 10, et même de 50 mètres ; leur longueur atteint en outre jusqu'à 3,000 mètres, sans interruption [1].

L'abondance inépuisable de beaucoup de mines de l'Amérique est étonnante. C'est ainsi que la célèbre mine de Potosi a déjà rendu à son propriétaire une énorme quantité d'argent de la valeur de 6 à 7 milliards de francs. L'exploitation de la mine argentifère de Pasco, ayant commencé en 1630, se continue depuis lors sans interruption, sans aucun signe d'épuisement dans la richesse extraordinaire et la puissance des minerais. Cette mine ne fournit pas moins par moyenne annuelle de 10,750,000 francs d'argent. Un seul filon de la mine mentionnée de Guanaxuato rend une moyenne annuelle de 110,000 kilogrammes d'argent ou d'une valeur de 29 millions de francs [2].

L'exploitation de la mine de Yauricocha [3], commencée depuis le XVIIe siècle, se continue sans interruption depuis cette époque, sans montrer ni diminution, ni appauvrissement dans la richesse et la puissance des minerais. Malgré cela, la valeur annuelle de l'argent exploité dans cette mine, va jusqu'à 44 millions de francs. En

---

[1] Ainsi, dans les mines de Pasco, le filon argentifère de *Veta de Calguirirca* s'étend en longueur à 2,900 mètres, et en largeur à 123 mètres ; le filon de la mine *Veta-Madre* a une grosseur de 8 mètres et atteint souvent 50 mètres. *Cours d'économie politique*, par Michel Chevalier, t. III, p. 157.]

[2] *Essai politique*, t. IV, p. 283.

[3] *Ibid.*, t. III, p. 349, 350 et 351.

outre, les minerais de cette mine se montrent même à la superficie de la terre, occupant jusqu'à 4,363 mètres d'étendue en longueur et jusqu'à 2,000 mètres en largeur; ses puits sont si peu profonds, que la majeure partie n'en va pas au delà de 30 mètres et aucun ne dépasse la profondeur de 120 mètres.

§ 6. Valeur colossale des revenus nets que retirent les propriétaires des principales mines de l'Amérique.

Les revenus nets ou les bénéfices, que beaucoup de mines de l'Amérique ont procurés et procurent à leurs propriétaires, sont réellement surprenants. Grâce à ces bénéfices, ils devinrent en peu de temps, de pauvres qu'ils étaient, les plus riches particuliers du royaume d'Espagne. Une seule mine, appartenant au comte de la Valenciana, rendit dans les trois premières années et demie de sa découverte, c'est-à-dire, depuis le 1er janvier 1787 jusqu'au 1er juin 1791, en argent, jusqu'à 400,000 kilogrammes. Depuis lors, dans le courant de 40 années, cette mine a continué à procurer de l'argent pour une valeur annuelle de 14 millions de francs. En déduisant de cette somme toutes les dépenses et les frais, le propriétaire de la mine recueille annuellement de 2 à 3 millions de francs de revenus nets et même quelquefois jusqu'à 6 millions. La mine de filons de Pabellon et Veta-Negra, découverte par un homme pauvre, devenu par la suite comte de Fagaoga, donna, dans l'espace de quelques mois, un bénéfice net de 20 millions de francs. Le comte de Regla retira des filons argentifères qu'il découvrit plus de 25 millions de francs de revenus nets en une seule année.

Il est évident qu'avec un pareil et même un moindre rendement, les revenus nets, provenant de l'exploitation des minerais argentifères du Pérou et du Mexique, sont très-considérables. En outre, les minerais argentifères de l'Amérique sont faciles à fondre, tandis que ceux de la Sibérie, par exemple, sont d'une fonte difficile, et leur exploitation exige de grands travaux et de grandes dépenses.

Ce n'est qu'avec une abondance aussi surprenante, avec la puissance et la continuité des minerais de l'Amérique que ce continent peut fournir au monde cette immense quantité d'argent; quantité qu'elle a constamment fournie, qu'elle ne cesse de fournir depuis déjà 362 années.

Cette masse immense d'argent exploitée en Amérique surprend encore davantage, si l'on se rappelle qu'elle provient presque entièrement d'un très-petit nombre de mines.

Il semble qu'on peut être d'autant plus convaincu de la richesse extraordinaire de l'Amérique en or et en argent, si l'on songe que cette immense quantité fut exploitée pendant une série d'événements plus ou moins défavorables au développement de toute espèce de production, et à l'époque de la situation politique très-embarrassante dans laquelle se sont trouvées ces contrées surtout pendant les cinquante dernières années.

§ 7. Procédés employés en Amérique pour l'exploitation de l'or et de l'argent.

On y exploite l'or de minerai ou de filon par le procédé ordinaire du lavage, après avoir réduit préalablement le minerai en poudre. Toutefois on a commencé à employer avec avantage le mercure au lieu de l'eau. Au reste, ainsi qu'il est dit plus haut, cet emploi du mercure ne s'effectue jusqu'à présent que dans de petites proportions. Pour l'exploitation de l'or des plus riches gîtes aurifères de la Californie et de Sonora, on commence aujourd'hui à se servir également du mercure au lieu d'eau.

Les procédés employés pour l'exploitation même de l'or, ainsi que les instruments et les machines dont on s'est servi jusqu'à cette époque en Amérique sont très-peu satisfaisants.

Pour ce qui concerne l'argent, on peut dire que depuis la découverte de l'Amérique jusqu'en 1557, on y exploitait l'argent des minerais par le moyen de la fonte.

On sait que l'Europe ne connaissait non plus alors d'autre moyen d'exploiter l'argent. Et comme les principales mines, surtout au Pérou, se trouvent sur de hautes montagnes, éloignées des endroits habités et dépourvues de combustibles, cette circonstance était un obstacle encore plus grand au développement de l'exploitation de l'argent.

En 1557, fut découvert, par un ouvrier mineur, Médina, le procédé dont il a été question, au moyen duquel on commença à se servir, au lieu du feu, d'un mélange composé de mercure, d'eau et de sel [1].

Malgré l'avantage évident de ce nouveau procédé, il ne fut pas adopté généralement même en Amérique. On l'introduisit d'abord dans les mines du Mexique, et ensuite, après un long espace de temps, dans quelques mines seulement du Pérou. De sorte qu'en Amérique, même avant 1810, les sept huitièmes seulement de la

---

[1] Voyez chapitres VI et VII.

quantité de tous les minerais argentifères étaient exploités par le procédé de Médina, c'est-à-dire par le mercure ; et le reste par l'ancien procédé, c'est-à-dire par la
fusion.

Les procédés, ainsi que les instruments et les machines
dont on s'est servi jusqu'à ce jour en Amérique pour
l'exploitation de l'argent, sont aussi, comme on le prétend généralement, très-peu satisfaisants.

Même avant l'indépendance des possessions américaines, c'est-à-dire en 1810, il s'exécutait dans les mines des
travaux très-pénibles, tels que le port du combustible
nécessaire aux usines, qu'on devait faire venir d'endroits
très-éloignés, ainsi que le transport à la surface de la terre
des minerais mêmes hors des mines, travaux qui s'effectuaient par des habitants indigènes à dos d'homme, au
moyen de hottes particulières. Pour pomper l'eau hors
des mines, on employait des sacs de cuir attachés au
câble d'un tambour, au lieu de se servir des pompes employées ordinairement en pareils cas. On affirme que les
ordonnances du gouvernement espagnol formèrent un
grand obstacle à l'introduction de mesures d'amélioration
propres à rendre moins pénibles les travaux dans les mines
de l'Amérique, puisqu'il y avait des règlements qui défen-
daient d'élever les bêtes de somme. Mais on sait que le
gouvernement espagnol établit cette loi dans la crainte
que la propagation des bêtes de somme ne privât plusieurs
milliers d'Indiens indigènes de ces occupations habituelles ; car les Indiens de ces contrées étaient employés
non-seulement au transport à dos de tous les fardeaux dans
l'exploitation de l'or et de l'argent, mais, semblables à des
chevaux de poste, ils transportaient ordinairement sur
toutes les grandes routes, de station en station, toute es-

pèce de fardeau et même des voyageurs. Certes, qu'avec
notre manière actuelle d'envisager l'économie politique
une pareille crainte serait déplacée. A cette époque
même, de pareilles idées n'étaient pas du tout particulières à l'Espagne seule, elles paraissaient justes à d'autres nations civilisées. Au reste, ne voyons-nous pas aujourd'hui prendre de pareilles précautions lorsqu'il s'agit
de constructions de chemins de fer et généralement de
machines?

Je suis bien loin d'accuser, comme quelques-uns le
font, le gouvernement espagnol pour les restrictions qu'il
jugea nécessaire d'imposer à la production de ses anciennes possessions de l'Amérique. De semblables restrictions existaient, non-seulement à cette époque dans
d'autres États, mais quelques-unes d'entre elles continuent à y être en vigueur jusqu'à ce jour.

Il est impossible, au contraire, de ne pas reconnaître
que le gouvernement espagnol s'est toujours empressé
d'encourager l'exploitation de l'or et de l'argent dans toutes
ses possessions américaines ; s'il n'a pas complétement
atteint son but, il faut l'attribuer principalement à la
fausse direction des idées généralement admises jusqu'à
ce jour sur les finances et l'économie politique, à l'éloignement et à l'étendue de ces possessions, à leur population peu nombreuse en Espagnols et au manque de civilisation des indigènes. On sait également que, pendant
toute la durée de la souveraineté espagnole et portugaise
en Amérique, la propriété y était sauvegardée et la sécurité publique protégeait complétement l'exploitation de
l'or et de l'argent.

Il s'est écoulé presqu'un demi-siècle depuis l'époque
où les anciennes possessions espagnoles sont devenues

des États indépendants. Malgré cela, si on en excepte les États-Unis de l'Amérique du Nord, on doit reconnaître que les procédés d'exploitation mis en usage jusqu'à ce jour dans les autres contrées de l'Amérique, sont malheureusement si imparfaits que, dans beaucoup d'usines argentifères, on peut à peine extraire la moitié et quelquefois moins de la moitié de l'argent qui se trouve dans les minerais.

Mais hâtons-nous d'ajouter que, suivant le témoignage des voyageurs les plus modernes, quelques-unes des principales mines du Mexique se sont entendues avec des capitalistes anglais et qu'on a déjà commencé à y introduire des améliorations pour l'exploitation.

L'académicien français J.-J. Ampère, qui visita en 1852 les célèbres mines argentifères du Mexique, appelées Real-del-Monte[1], dit : Que ces mines sont exploitées actuellement par une compagnie de capitalistes anglais, qui y a introduit de grandes améliorations. On y a construit, entre autres, des hauts-fourneaux de fonte économiques et, au lieu de faire piler le minerai bocardé par des mulets, ainsi que cela se pratiquait autrefois pour opérer l'amalgamation, on se sert aujourd'hui du procédé allemand, consistant en tonneaux roulants. Cette compagnie anglaise occupe de 6 à 8,000 hommes dans les mines. Elle débuta par la construction de superbes routes et de ponts qui conduisent à ces mines. Le revenu annuel de la compagnie s'élève déjà jusqu'à 5,430,000 francs. C'est le seul endroit du Mexique, remarque M. Ampère, où l'on n'entende pas parler de brigands de grands

---

[1] Ses lettres de l'Amérique sont imprimées dans la *Revue des Deux-Mondes*, 1853. *Promenades en Amérique*, par J.-J. Ampère, en 1852.

chemins. On peut même ajouter à cela que, bien que l'exploitation de l'argent par le moyen du mercure soit très-efficace, surtout d'après la qualité des minerais américains, et quoique les prix du mercure aient fortement baissé depuis 1851, on n'en commence pas moins, d'après les dernières nouvelles du Mexique, à introduire le nouveau procédé d'extraction par le sel ordinaire pour les minerais argentifères[1], procédé d'autant plus avantageux que l'Amérique et même le Mexique possèdent beaucoup de salines. Il est vrai que jusqu'à présent on s'est peu occupé de leur exploitation, ce qui fait que le prix du sel au Mexique est très-élevé et que les moyens de transport reviennent surtout très-cher. Mais il est évident que la nécessité qui s'en fait sentir fera adopter une exploitation intelligente et moins coûteuse, ce qui donnera en même temps la possibilité d'exploiter l'argent à meilleur marché et augmentera également la quantité de son exploitation.

§ 8. *Règlements des gouvernements espagnols et portugais qui ont contribué au développement de l'exploitation de l'or et de l'argent en Amérique.*

1° *Droit exclusif de l'exploitation de l'or et de l'argent laissé aux particuliers.* — Au début de l'exploitation de l'or et de l'argent, les gouvernements espagnol et portugais avaient le choix entre deux mesures à prendre : ou de reconnaître l'exploitation de l'or et de l'argent comme un droit exclusif de la Couronne, ou de l'abandonner entièrement aux particuliers, en se réservant la perception d'un impôt sur la quantité exploitée.

[1] *Voyez chapitres* VI *et* VIII.

Ces gouvernements se décidèrent à adopter cette dernière mesure. Depuis lors jusqu'à présent, aussi bien en Espagne et en Portugal, que dans toutes leurs possessions américaines, l'exploitation de l'or et de l'argent fut entièrement et exclusivement livrée aux particuliers, pouvant en organiser la production selon leur volonté, sans aucune surveillance ni assistance de la part de ces gouvernements. Pendant tout le temps de la domination de l'Espagne et du Portugal en Amérique, domination qui s'est prolongée près de trois siècles, les gouvernements de ces deux États ne possédèrent jamais une seule usine d'or ou d'argent. Il en est de même maintenant des gouvernements actuels de l'Amérique, qui se bornent uniquement à la perception des impôts sur la quantité extraite.

Les défenseurs du mode d'exploitation par la Couronne s'appuient sur la nécessité des dépenses nombreuses, et souvent infructueuses pour les fouilles et la découverte des minerais, sur la quantité considérable de capitaux que réclame la construction des usines, et sur les connaissances spéciales qu'exige l'installation même des travaux et que les employés des mines ou les ingénieurs seuls possèdent.

Les défenseurs de l'opinion contraire exposent principalement les arguments suivants :

Le droit d'exploiter l'or et l'argent, aussi bien que tout autre objet de la production, laissé aux particuliers, est non-seulement la meilleure et la plus certaine garantie du développement et d'une durable installation de la production même, mais aussi le moyen le moins cher d'exploitation.

Par ce moyen de production, le prélèvement d'impôts

sur la quantité d'or et d'argent exploitée fournit évidemment à la Couronne de plus grands revenus.

Pour la perception des impôts, la Couronne n'a besoin
que d'un petit nombre d'employés ; tandis que pour l'exploitation, et même pour la surveillance de l'exploitation
des particuliers, il y aurait infailliblement des dépenses
plus ou moins considérables d'administration ou d'organisation, même pour les travaux d'art, ou pour les chancelle-
ries chargées de la surveillance, de la protection et de
l'encouragement. Au Mexique et au Pérou, dans les plus
grandes usines argentifères, possédant de deux à trois
mille ouvriers, toute l'administration se compose du propriétaire même ou de son fondé de pouvoirs, avec l'assistance d'un adjoint, de trois surveillants expérimentés
et de neuf contre-maîtres.

Pour la construction d'usines de mines, il faut certainement des capitaux souvent très-considérables. Mais
l'établissement de beaucoup d'autres fabriques et de manufactures n'exige-t-il pas également des particuliers une
grande masse de fonds ? En outre, on sait que pour les
mines, comme pour toute autre opération avantageuse
en réalité, on trouve toujours les capitaux nécessaires.
C'est ainsi qu'en Russie Démidoff, Jacowleff, Twerdicheff
et beaucoup d'autres trouvèrent sans difficulté des capitaux très-considérables pour la construction d'usines
destinées à l'exploitation des mines de fer et de cuivre
qu'ils avaient découvertes. On sait également que beaucoup d'exploiteurs sibériens sans capitaux se procu-
rèrent, ou par un emprunt, ou par la formation d'une
compagnie, les fonds dont ils avaient besoin pour exploiter des gîtes aurifères qu'ils avaient trouvés. Au Pérou
et au Mexique, quoique les mines principales eussent été

14.

découvertes par des hommes ssan fortune, ceux-ci surent trouver, sans beaucoup de difficulté, les fonds nécessaires, même dans des contrées peu riches en numéraire, et ils portèrent en peu de temps les usines d'argent construites par eux à un degré de développement extraordinaire.

Ajoutons que le besoin de ces capitaux était si grand que la somme exigée dans quelques-unes de ces mines, pour la construction des puits et des galeries, s'élevait parfois à plus de 6 millions de francs, et que les frais annuels pour la mine de Valenciana, par exemple, étaient si considérables en proportion de la production qu'elle exigeait constamment comme capital de revirement jusqu'à 4,250,000 francs[1].

Il est incontestable, continuent les défenseurs de cette même opinion, que quelques connaissances dans la science des mines sont nécessaires pour l'exploitation de l'or et de l'argent. Mais n'en faut-il pas également, sinon davantage, pour les usines de fer et d'acier, et surtout pour les filatures et les fabriques de tissus, et encore plus pour la confection des machines mêmes ? Malgré cela, tous ces établissements furent créés par des particuliers et ne sont redevables de leur position actuellement florissante qu'à l'industrie privée. Il est, certes, très-utile, continuent-ils, d'avoir un ingénieur expérimenté pour entreprendre avec plus de sûreté l'exploitation des mines ; mais on sait que beaucoup de gouvernements ont fondé des Écoles particulières, ou des Académies, pour l'étude de la métallurgie, lesquelles forment des ingénieurs. On engage de pareils ingénieurs avec le consentement du propriétaire de l'usine, comme cela se pratique pour les

---

[1] M. de Humboldt, *Essai politique*, t. III, p. 202.

ingénieurs savants dans les établissements industriels.

On ne peut contester que, pour la recherche des gisements d'or et d'argent, il faut s'exposer à des débours souvent sans résultats. Mais on doit reconnaître, disent aussi avec justesse les défenseurs de cette opinion, que, dans toutes les contrées du monde, les mines les plus remarquables furent toutes découvertes par de pauvres habitants indigènes sans éducation, quelquefois par de simples ouvriers d'usine, et même par des sauvages. Ainsi, en Allemagne, les célèbres mines argentifères de Chemnitz furent découvertes par un berger nommé Séménets. En Saxe, le premier gisement des célèbres mines argentifères de Freibourg fut découvert par des sauniers faisant route de la Hongrie au Hartz. Les mines de Potosi, au Pérou, les plus riches du monde, furent trouvées en 1545 par un pauvre Indien du nom de Diego Hualca, qui gardait les troupeaux de lamas, ou moutons indigènes. La mine de Pasco, non moins célèbre, fut découverte par un pauvre Indien nommé Huari Capea. La fameuse mine de Guanaxuato-de-Sobrereta fut découverte par un pauvre ouvrier devenu par la suite comte de Valenciana. La riche mine argentifère actuelle, en Espagne, fut découverte en 1845 par un criminel évadé. Les gîtes aurifères de la Californie furent découverts par un employé à la construction d'une scierie qu'il établissait d'après les instructions du capitaine français en retraite, Sutter, qui s'était fixé dans ce pays. En Russie, le marchand Twerdicheff découvrit dans le pays désert de la Bachkirie une mine qui lui a procuré une fortune immense. Les premiers gîtes aurifères de la Sibérie furent découverts par l'exilé en fuite, Jégor Liesnoï, et l'exploitation même de l'or de la Sibérie y fut établie par les mar chands sibériens Zotoff, Popoff et Riasanoff. Enfin, les gîtes aurifères et les minerais argentifères de la Kirghizie furent trouvés par le pauvre marchand Étienne Popoff.

2° *Influence de la loi jadis en vigueur, appelée Mita.* — Depuis la découverte de l'Amérique, et depuis l'établissement de l'exploitation des métaux jusqu'en 1810, c'est-à-dire pendant tout le temps que l'Espagne et le Portugal eurent des possessions en Amérique, une loi, appelée Mita, y était en vigueur. En vertu de cette loi, chaque individu découvrant ou possédant une mine pouvait demander à l'autorité locale le droit d'incorporer dans sa mine, pour l'aider dans ses travaux, les villages indiens les plus rapprochés. En outre, dans le cas où le nombre d'ouvriers devenait insuffisant, l'autorité locale choisissait elle-même arbitrairement des Indiens dans d'autres villages, et les mettait à la disposition des propriétaires de mines.

On ne peut s'empêcher de reconnaître que l'emploi des Indiens, pour l'exécution des travaux pénibles, a infailliblement beaucoup contribué à la mortalité extraordinaire et au décroissement sensible des populations de l'Amérique ; mais on doit avouer en même temps que les idées généralement répandues en Europe au xvi⁰ et au xvii⁰ siècle, sur les Indiens de l'Amérique, expliquaient suffisamment l'adoption et l'usage de cette loi. Au reste, bien qu'elle y fût encore en vigueur en 1803, surtout au Pérou, il faut convenir, pour l'honneur du gouvernement espagnol, qu'avant le renoncement de l'Espagne à ses possessions américaines, cette loi fut modifiée dans les possessions du Mexique [1]. Ajoutons

---

[1] M. de Humboldt, *Essai politique*, t. ɪɪɪ, p. 338 et 339.

encore qu'à l'exception de cette loi Mita, il n'y eut jamais,
dans toutes les possessions espagnoles, d'Indiens esclaves
proprement dits, tels que les nègres de l'Amérique. Les
Indiens de l'Amérique possédaient leurs propres terres
sans restriction, et jouissaient du fruit de leurs travaux.
Enfin, cette loi, qui faisait exception à la règle générale,
n'existe plus, depuis 1810, dans aucune des contrées de
l'Amérique. Depuis lors, toutes les tribus indigènes de
l'Amérique jouissent d'une liberté illimitée pour tous les
travaux des mines. Quoique, à présent, ce soient presque
exclusivement des Indiens américains qui travaillent
dans les mines du Mexique et du Pérou, ils le font librement, sans y être contraints par aucune ordonnance [1].
A dater de cette époque, la mortalité dans les mines de
ces localités ne dépasse pas la mortalité habituelle des
autres habitants de ces provinces. Au reste, cette bien-
faisante conséquence doit être attribuée aujourd'hui en
partie à une meilleure organisation, comme aussi à l'usage
de machines, et surtout à l'emploi de bêtes de somme
pour le transport des minerais et des fardeaux.

3° *Manière de percevoir en Amérique les impôts sur l'or
et l'argent exploités.* — Tous les gouvernements de l'Amérique se sont toujours bornés et se bornent jusqu'à présent à la perception d'impôts sur l'or et l'argent exploités.
Pour ce qui concerne l'exploitation des minerais aurifères
et argentifères, elle est toujours restée complétement

---

[1] Suivant le témoignage du baron de Humboldt, le salaire que reçoivent les
Indiens dans les mines du Mexique est très-élevé, surtout si l'on considère le
bon marché des choses nécessaires à leur entretien. On paye ordinairement
un mineur, pour une semaine de six jours de travail, de 25 à 30 francs ; tandis
que les ouvriers qu'on y prend pour les travaux d'agriculture ne reçoivent
que de 7 à 9 francs par semaine. Aujourd'hui le salaire dans les mines du
Pérou, du Mexique et du Chili a beaucoup augmenté.

libre dans toutes les contrées de l'Amérique; de manière que chaque individu, sans être soumis pour cette raison à un impôt particulier, peut extraire toutes espèces de minerais et les vendre à son gré. Les impôts sur la quantité d'or et d'argent extraite furent toujours perçus jusqu'à ce jour dans les lieux d'exploitation, non pas sur le minerai, mais sur l'or et l'argent en nature. En outre, si l'on désire convertir en monnaie l'or et l'argent exploités, on paye alors pour le poinçon de la monnaie un impôt à part perçu par l'Hôtel des Monnaies.

Généralement, et surtout au commencement, l'impôt que percevaient, sur l'or et l'argent extraits, les gouvernements espagnol et portugais, était très-considérable. Dans la suite, cet impôt diminua de beaucoup. Quant à la proportion même de cet impôt, on trouvera une explication dans le chapitre XXVII.

§ 9. Somme des revenus de la production de l'or et de l'argent en Amérique.

1° *Du temps de la domination espagnole.* — On ne peut jeter un regard sur la carte sans s'étonner de l'immense étendue des contrées de l'Amérique qui appartenaient à l'Espagne, contrées dotées par la nature d'un climat salubre, d'une fertilité et d'une abondance si variées. Malgré cela, le commerce de ces pays, leurs produits agricoles et manufacturiers sont aujourd'hui, comme autrefois, très-insignifiants. Aujourd'hui même, on y compte très-peu de fabriques, lesquelles fournissent en très-petite quantité quelques produits d'un choix grossier. Ce n'est qu'en échange de l'excédant peu considérable des produits de l'agriculture qu'ils reçoivent de l'étranger les marchandises indispensables. La seule production de l'or et de l'argent y a atteint relativement un développement très-important.

Suivant les calculs du baron de Humboldt, basés sur des documents officiels, l'Espagne recevait, en 1803, 108 millions de francs pour le total des revenus annuels de toutes ses possessions américaines, sans en excepter ceux provenant de l'extraction de l'or et de l'argent. Quant aux revenus que le gouvernement espagnol percevait alors aussi de ces mêmes possessions américaines, d'après l'extraction de l'or et de l'argent, ils montaient annuellement à 30 millions de francs, ainsi que le démontre le tableau suivant[1] :

Revenus annuels que le gouvernement espagnol percevait sur la production totale dans ses possessions américaines avant 1803.

PERCEPTION DES IMPÔTS.	francs.
Sur l'or et l'argent extraits.	18.986,400
De l'Hôtel des Monnaies pour la conversion de l'or et de l'argent en monnaie.	8.100.000
Total.	27.086.400
Du monopole de la couronne pour la vente du mercure aux propriétaires d'usines d'argent. .	2.891.400
Total général. . . .	29.980.800

2° *Somme des impôts perçus aujourd'hui sur l'extraction de l'or et de l'argent.* — Pour juger cette question, il faut avoir égard aux considérations suivantes :

Aujourd'hui, la production de l'or et de l'argent de l'Amérique, sans compter la Californie, a presque atteint

[1] *Essai politique*, t. IV, p. 139.

la quantité qu'elle donnait à l'époque de l'abandon des possessions américaines par l'Espagne.

Quoique dans quelques-unes de ces contrées les impôts perçus sur l'extraction de l'or et de l'argent aient considérablement diminué aujourd'hui, cette diminution est peu importante ; toutefois, dans les principaux pays de production, c'est-à-dire au Mexique et au Pérou, de plus, en Californie, l'impôt sur l'or et l'argent exploités n'existe pas encore jusqu'à présent. En se basant sur ces considérations, on peut supposer que la somme perçue aujourd'hui en 1855, en Amérique, par un pareil impôt sur l'or et l'argent, ne dépasse pas 5 millions de francs. Au reste, les gouvernements américains ne cessent pas de diminuer de plus en plus les impôts qui existent sur cette industrie.

L'examen des finances de l'Espagne, ou pour mieux dire de l'Amérique espagnole, présente entre autres une preuve irrécusable que la production de l'or et de l'argent, surtout sous le rapport de la richesse nationale, n'a pas de prérogative sur toute autre production ; que dans les États, comme au Mexique et au Pérou, malgré toute la quantité d'or et d'argent extraite et convertie en monnaie, il est reconnu qu'il en reste toujours dans ces États autant que réclament leur industrie et leur production publique, et que tout le reste passe à l'étranger.

Comme preuve plus concluante à l'appui de ce qui précède, j'établis plus bas un tableau, emprunté à l'ouvrage du baron de Humboldt [1], qui est composé d'après des renseignements officiels. Il ressort de ce tableau que, bien que

---

[1] *Essai politique*, t. IV, p. 139.

l'exploitation annuelle de l'or et de l'argent, dans les possessions américaines de l'Espagne, se fût accrue dans les derniers temps jusqu'à la somme immense de 121,500,000 francs, il restait néanmoins de cette somme à peine 2,500,000 francs dans toutes les possessions de l'Amérique ; tout le reste s'écoulait toujours dans le commerce extérieur ou s'exportait en espèces.

Tableau de la valeur annuelle des importations et des exportations de toutes les provinces de l'Amérique appartenant à l'Espagne avant 1803.

	MOYENNE ANNUELLE.	francs.
Importation de marchandises dans les possessions américaines de l'Espagne.		108.000,000
Exportation de ces provinces en produits indigènes sans compter l'or et l'argent.		32,400.000
Excédant annuel.		75,600.000
Cet excédant se trouvait couvert par l'or et l'argent extraits de ces mêmes possessions, qui en fournissaient annuellement.		121,000,000
À déduire de cette valeur annuelle de l'or et de l'argent extraits :		
Proprement pour importation de marchandises.		75,600,000
Somme mise directement à la disposition des caisses du gouvernement espagnol.		46,000,000
Total.		121,600,000
Ainsi, de toute la quantité d'or et d'argent extraite dans toutes les provinces de l'Amérique espagnole, il ne restait annuellement pour la circulation intérieure que.		2.400,000

§ 10. Répartition en périodes de la production de l'or et de l'argent de l'Amérique.

Quoique la Californie fasse partie de l'Amérique, j'ai consacré, pour la clarté des explications et pour l'exactitude des déductions, le chapitre XVII, séparément, à ce pays, attendu que la découverte de l'or en Californie constitue une époque à part.

En commençant donc par le développement de la production de l'or et de l'argent de l'Amérique, la Californie exceptée, et en la faisant passer par les six périodes adoptées ici, il est inutile de dire que la première de ces six périodes, c'est-à-dire l'époque qui s'est écoulée depuis Jésus-Christ jusqu'à la découverte de l'Amérique, ne peut pas exister pour ce continent.

Seconde période s'étendant depuis la découverte de l'Amérique, ou depuis 1492 jusqu'en 1810, comprenant 317 ans.

Pendant les huit premières années après la conquête de l'Amérique, c'est-à-dire depuis 1492 jusqu'en 1500, l'exploitation de l'or et de l'argent y était insignifiante, atteignant en moyenne une valeur annuelle de $1\frac{1}{3}$ million de francs. Dans les quarante-cinq années suivantes, c'est-à-dire depuis 1500 jusqu'en 1545, l'exploitation totale n'était également pas encore considérable ; cependant, elle s'accrut constamment, de manière que, dans le courant de ces quarante-cinq années, on exploitait déjà en or et en argent pour une valeur moyenne de 16 millions de francs par an.

Ensuite, trois événements imprimèrent à la production de l'or et de l'argent en Amérique une forte impulsion qui continua jusqu'à ce jour : 1° la découverte faite au Pérou, en 1545, par un berger indien, des célèbres mines d'argent connues sous la dénomination de Potosi ; 2° la découverte des minerais argentifères presque aussi riches de Zacatecas et de Guanaxuato ; 3° la découverte plus importante, faite en 1557, dans les mines de Pachuca, par l'ouvrier mineur Médina, qui, au moyen d'un mélange de mercure et de sel, changea l'usage existant jusqu'alors d'extraire l'argent des minerais par la fusion.

Ces trois circonstances importantes augmentèrent tellement l'exploitation, que la quantité annuelle qu'on exploitait alors en Amérique, depuis 1545 à 1600, s'accrut subitement de 16 millions à 59,750,000 francs.

Depuis cette époque, savoir : depuis 1545 jusqu'en 1810, la quantité d'or et d'argent exploitée continue constamment à s'augmenter d'année en année et dans de fortes proportions.

On peut se rendre compte de cette augmentation en examinant les tableaux suivants, formés d'après les calculs établis par le baron de Humboldt sur des renseignements officiels, pour la période de 1492 à 1803 [1] et continués par moi jusqu'en 1810.

---

[1] *Essai politique*, t. III, p. 428.

Tableau de la valeur de l'or et de l'argent exploités, par année, en Amérique, sans la Californie, depuis la découverte de l'Amérique, ou depuis 1492 jusqu'en 1803.

ÉPOQUES DE L'EXPLOITATION.	MOYENNE ANNUELLE de l'or et de l'argent exploités.	NOMBRE d'années.	TOTAUX de l'exploitation de l'or et de l'argent dans le courant de ces années
	francs.		francs.
De 1492 à 1500	1,357,500	8	10,860,000
1500 » 1545	16,290,000	45	733,050,000
1545 » 1600	59,730,000	55	3,285,150,000
1600 » 1700	86,880,000	100	8,688,000,000
1700 » 1750	122,175,000	50	6,217,350,000
1750 » 1803	191.679,000	53	10,498,199,100
Total de 1492 à 1803		314	30,987,384,000

Tableau de la valeur de l'or et de l'argent exploités, par année, en Amérique, depuis 1803 jusqu'en 1810, comprenant 7 années.

Année moyenne . . . . Or . . .   14,148 kil. valant   48,629,000 fr.

Argent.   795,581 —   —   176,794,000

Total . . .   225,423,000

Total de l'exploitation. Or . . .   98,826 kil. valant   340,403,000 fr.

Argent. 5,569,067 —   —   4,237,558,000

Total   4,577,961,000

Tableau de la quantité et de la valeur de l'or et de l'argent exploités annuellement en Amérique au commencement de 1800.

CONTRÉES D'EXPLOITATION.	OR PUR.		ARGENT PUR.		ANNÉE MOYENNE de l'exploitation de l'or et de l'argent.
	kilogr.	francs.	kilogr.	francs.	francs.
Possessions espagnoles [1].					
Mexique et ses dépendances administratives.	4,609	5,542,000	537,512	119,446,000	124,988,000
Pérou.	782	2,694,000	110,478	31,217,000	33,911,000
Chili.	2,807	9,669,000	6,827	4,547,000	44,486,000
Buénos-Ayres et Bolivie.	506	4,743,000	140,764	24,644,000	26,357,000
Nouvelle-Grenade.	4,714	16,237,000	»	»	16,237,000
Total.	10,448	35,885,000	793,581	176,794,000	212,679,000
Possessions portugaises.					
Brésil	3,700	12,714,000	»	»	12,744,000
Totaux généraux. . .	14,118	48,629,000	793,581	176,794,000	225,423,000

[1] D'après les déductions empruntées au *Cours d'économie politique* de Michel Chevalier, tome III, page 188.

Tableau par contrées de la quantité et de la valeur de l'or et de l'argent exploités en Amérique dans l'espace de toute la seconde période, c'est-à-dire depuis sa découverte en 1492 jusqu'en 1810, comprenant 347 années.

CONTRÉES.	OR.		ARGENT.		TOTAL exploité dans le courant de cette 2e période.
	kilogr.	francs.	kilogr.	francs.	francs.
Il a été exploité dans toutes les possessions espagnoles, soumises et non soumises à la Couronne, pour le prélèvement des impôts, savoir :					
Mexique.	»	»	»	»	11,012 040,600
Pérou et Buénos-Ayres.	»	»	»	»	13,087,386,000
Nouvelle-Grenade.	»	»	»	»	1,493.250,000
Chili.	»	»	»	»	749,340,000
Total de 1492 à 1803. .	833,750	2,676.990,000	117,864.210	23.665,026,000	26,342,016,000
On a exploité dans les possessions portugaises, c'est-à-dire au Brésil, soumises et non soumises à la Couronne, pour le payement des impôts. . . .	1,448,733	4,645,365,000	»	»	4,645,365,000
N. B. On n'exploitait pas d'argent dans les possessions portugaises.					
Total de 1492 à 1803. .	2,282,183	7,322,355,000	117,864,210	23,665,026,000	30,987,384,000
Exploitation de 1803 à 1810.	98,826	340,403,000	5.569,067	1,237,558,000	4,577,961,000
Totaux généraux. . . .	2,381,309	7,662,758,000	123,433,277	24,902,584,000	32,565,342,000

TABLEAU par métaux de la quantité et de la valeur de l'or et de l'argent exploités en Amérique dans l'espace de toute la seconde période, ou depuis sa découverte en 1492 jusqu'en 1810, comprenant 317 années.

MÉTAUX EXPLOITÉS.	OR.		ARGENT.		TOTAL exploité dans le courant de cette 2ª période.
	kilogr.	francs.	kilogr.	francs.	francs.
Dans toutes les possessions espagnoles, en or et en argent, de 1492 à 1803.	833,750	2,676,990,000	417,864,240	23,665,026,000	26,342,046,000
Dans toutes les possessions portugaises, en or, de 1492 à 1803.	4,448,733	4,645,365,000	»	»	4,645,365,000
N. B. On n'exploitait pas d'argent dans les possessions portugaises.					
Total.	2,282,483	7,322,355,000	417,864,240	23,665,026,000	30,987,381,000
Exploitation, en or et en argent, de 1803 à 1810.	98,826	340,403,000	5,569,067	1,237,558,000	1,577,961,000
Totaux généraux. . . .	2,384,309	7,662,758,000	423,433,277	24,902,584,000	32,565,342,000

En se basant sur les données précédentes, on arrive à former le tableau suivant. La quantité d'or et d'argent exploitée en Amérique, depuis sa découverte jusqu'en 1810, s'y trouve indiquée avec le chiffre de la quantité moyenne par année, et de celle de toute la seconde période, comprenant 317 années.

Année moyenne.	Or . . .	7,512 kil. valant	24,172.738 fr.
	Argent .	389,379 —	—	78,557,044
		Total.	102,729,782 [1]
Total de l'exploi-				
tation.	Or . . .	2,384,309 kil. valant	7,662,758,000 fr.
	Argent . 123,433.277 —	—	24,902,584,000
		Total.	32,565,342,000

Troisième période , de 1810 à 1825, comprenant 15 années.

En 1800, l'Espagne et le Portugal furent enveloppés dans les guerres qui commencèrent à cette époque en Europe ; profitant de cette position, les possessions américaines de ces deux gouvernements se déclarèrent indépendantes en 1810. Mais se séparant de l'Espagne et formant d'immenses États distincts, ces possessions s'exposèrent pendant de longues années à toutes les guerres

[1] Moyenne annuelle de	1492	à	1500.	1,357,500 fr.
»	de	1500	» 1545.	16,290,000
»	de	1545	» 1600.	59,730,000
»	de	1600	» 1700.	86,880,000
»	de	1700	» 1750.	122,175,000
»	de	1750	» 1803.	191,679,000
»	de	1803	» 1810.	225,423,000

Moyenne totale de la période de 1492 à 1810. . . . . . 102,729,782 fr.

extérieures et civiles et aux malheurs résultant de dis-
cussions intérieures, qui arrêtèrent pendant longtemps le
commerce et la production de ces contrées comblées des
bénédictions du ciel.

En prenant pour guide les comptes officiels ainsi que les
renseignements relatifs à la valeur des impôts que percevait la Couronne sur l'or et l'argent exploités et à celle des
espèces monétaires mises en circulation par l'Hôtel des
monnaies, jusqu'au renoncement de l'Espagne aux possessions américaines, c'est-à-dire jusqu'en 1810, on peut
encore avoir des données suffisamment exactes sur la
quantité d'or et d'argent exploitée en Amérique. Mais
depuis l'abandon de ces possessions, qui se sont déclarées
chacune indépendantes, comme aussi depuis l'établissement d'hôtels des monnaies dans beaucoup d'entre elles,
par suite surtout de la contrebande qui se développa
alors dans de grandes proportions, et à cause du peu de
publicité et généralement du manque de chiffres officiels,
il est très-difficile de se procurer des renseignements
précis sur la quantité d'or et d'argent exploitée dans
chacune d'elles séparément.

Dans les années de crise pour ces contrées de l'Amérique, et suivant les suppositions des économistes les
plus dignes de foi, l'exploitation de l'or et de l'argent diminua selon les uns de moitié, selon les autres des deux
tiers et même des trois quarts, comparativement aux quantités antérieures. Au reste, l'exploitation de quelques-unes
des principales mines, comme par exemple de celle de
Valenciana, fut complétement arrêtée. Le même cas se
présenta au Chili, où l'on exploitait jusqu'alors le plus
d'or de toutes les contrées de l'Amérique et où, jusqu'en
1810, la moyenne annuelle de l'or et de l'argent exploités

15.

s'élevait à une valeur totale de 9,500,000 francs; cette exploitation, considérable jusqu'à cette époque, diminua tellement, que vers 1821 la moyenne annuelle de l'exploitation de l'or et de l'argent dans ce pays ne semontait qu'à 2,750,000 francs.

On sait que la plus grande quantité d'argent fournie alors par l'Amérique provenait du Mexique. Sa production diminua également de beaucoup pendant cette malheureuse période. Ainsi, jusqu'en 1810, l'exploitation de l'or et de l'argent dans ce pays s'élevait en moyenne annuelle, pendant les dix et même les quinze dernières années, à 103 millions de francs; tandis que, depuis 1810, elle baissa, vers 1821, jusqu'à 32 millions de francs par an.

D'après ces faits, quelques économistes supposent qu'au Mexique, dans l'intervalle de 1810 à 1825, on exploitait une moyenne annuelle en or et en argent de la valeur de 65 millions de francs, dont neuf-dixièmes pour l'argent et un dixième pour l'or. Le tableau suivant de la diminution graduelle de l'or et de l'argent exploités au Mexique donnera une idée plus exacte de la décadence de cette branche importante de production.

TABLEAU de la quantité et de la valeur de l'or et de l'argent exploités au Mexique seul, depuis 1810 jusqu'en 1825.

ANNÉES MOYENNES.	OR.		ARGENT.		TOTAUX ANNUELS de l'or et de l'argent.
	marcs castillans.	piastres d'Espagne.	marcs castillans.	piastres d'Espagne.	piastres d'Espagne.
De 1806 à 1810	9,383	1,352,000	2,455,927	20,000,000	21,352,000
En 1810.		1,095,504		17,950,684	19,046,188
1811.		1,085,363		8,956,433	10,041,796
1812.	3,733	381,646	1,246,586	4,027,620	4,409,266
1813.		»		6,133,983	6,433,983
1814.		618,069		6,902,481	7,520,550
1815.		486,464		6,454,799	7,042,620
1816.		960,393		8,315,646	9,401,290
1817.		854,942		7,994,951	8,849,893
1818.	2,933	533,924	1,157,527	10,852,367	11,386,288
1819.		539,377		11,491,438	12,030,515
1820.	»	309,076	»	9,879,078	10,406,154
1821.	»	303,504	»	5,600,022	5,916,226

Une pareille décadence dans l'exploitation de l'or et de l'argent en Amérique se prolongea jusqu'en 1820 et même jusqu'en 1825. Vers ce temps, les nouveaux États indépendants, qui s'étaient formés des possessions appartenant autrefois à l'Espagne, parvinrent à établir chez eux une organisation politique plus sûre et plus solide ; en même temps, l'exploitation de l'or et de l'argent commença à s'augmenter ; de manière que, vers la fin de cette troisième période, elle atteignit presque le chiffre qu'elle présentait avant 1800.

D'après les recherches de M. Michel Chevalier, on exploitait annuellement, vers 1825, en Amérique [1] : en or, 15,000 kilogrammes, pour une valeur de presque 50 millions de francs ; et en argent, 700,000 kilogrammes, pour une valeur de 155,650,000 francs. — Valeur totale des deux métaux, 205,650,000 francs.

Quoique cette exploitation s'accrût et qu'elle atteignît même presque celle du commencement de 1800, cependant, comme elle marcha graduellement et augmenta principalement à l'issue de cette troisième période, les résultats suivants furent établis en conformité, pour déterminer la quantité d'or et d'argent exploitée dans le courant de cette période.

Ainsi, en se basant sur ces résultats, on arrive à former le tableau suivant, qui donne la quantité et la valeur de l'or et de l'argent exploités en Amérique depuis 1810 jusqu'en 1825, avec l'indication de la moyenne annuelle et du total exploités dans le courant de toute cette troisième période, comprenant quinze années.

Année moyenne. .   Or . . .   7,792 kil. valant   26,000,000 fr.
                   Argent .   319.215 —   —   70.980,000

                                       Total. 96.980,000

Total de l'exploi-
tation . . . . .   Or . . .   116.880 kil. valant   390.000.000 fr.
                   Argent .   4.788,225 —   —   1.064.700.000

                                       Total. 1.454.700.000

Quatrième période . de 1825 à 1848, comprenant 23 années.

L'établissement, en **1825**, d'une administration mieux
organisée dans les anciennes possessions espagnoles produisant l'or et l'argent, et surtout au Pérou et au Mexique,
et la sécurité publique qui attira par la suite les capitaux
anglais dans l'exploitation des mines de ces contrées, continuèrent à augmenter toujours davantage la quantité
d'or et d'argent exploitée en Amérique ; de manière que,
vers la fin de cette quatrième période, c'est-à-dire vers
1848, les mines du Mexique et du Pérou et les gîtes
aurifères du Brésil commencèrent de nouveau à produire la même quantité d'or et d'argent que celle qu'ils
rendaient avant **1810**.

Les déductions présentées par M. Michel Chevalier,
sur la position dans laquelle se trouvait l'exploitation de
l'or et de l'argent en Amérique avant la découverte de la
Californie, c'est-à-dire vers **1848**, sont reproduites dans
le tableau suivant :

TABLEAU de la quantité et de la valeur de l'or et de l'argent exploités annuellement en Amérique, avant la découverte de l'or en Californie, c'est-à-dire vers 1848.

CONTRÉES.	OR.		ARGENT.		VALEUR TOTALE de l'or et de l'argent.
	kilogr.	francs.	kilogr.	francs.	francs.
Etats-Unis.	1,800	6,200,000	»	»	6,200,000
Mexique.	3,696	12,734,000	461,047	102,454,000	115,485,000
Nouvelle-Grenade.	4,954	17,064,000	4,887	1,086,000	18,150,000
Pérou	750	2,583,000	150,000	33,333,000	35,916,000
Bolivie.	444	1,529,000	52,044	11,565,000	13,094,000
Brésil	2,500	8,614,000	»	»	8,614,000
Chili.	1,071	3,689,000	33,592	7,465,000	11,154,000
Total annuel. . . .	15,215	52,407,000	704,570	155,903,000	208,310,000

En se basant sur les déductions qui précèdent et sur les données relatives à la quantité d'or et d'argent qui fut exploitée à cette époque en Amérique, quantité qui figure dans les ouvrages des économistes les plus dignes de foi, on peut former le tableau suivant, qui donne la quantité et la valeur de l'or et de l'argent exploités en Amérique depuis 1825 jusqu'à 1848, par moyenne annuelle et par total général, dans le courant de toute cette quatrième période, comprenant vingt-trois années:

Année moyenne . . . . Or . .   10,787 kil. valant   36,000,000 fr.
            Argent   568.857 —   —   126.490.000

               Total. 162.490.000

Total de l'exploitation. Or . .   248.101 kil. valant   828,000.000 fr.
            Argent 13.083.711 —   —   2.909.270,000

               Total. 3.737.270,000

Cinquième période, de 1848 à 1851, comprenant 3 années.

Malgré la découverte des gîtes aurifères abondants de la Californie, l'exploitation de l'argent, et de l'or surtout, ne cessa pas de s'accroître dans le courant de cette période dans les autres contrées de l'Amérique.

Dans la gazette anglaise, le *Times* de l'année 1851, se trouve inséré le tableau suivant de la quantité d'or et d'argent exploitée en Amérique en 1850.

*TABLEAU de la quantité et de la valeur de l'or et de l'argent exploités
en Amérique en 1850, sans la Californie.*

CONTRÉES.	OR.	ARGENT.	VALEUR TOTALE de l'or et de l'argent.
	francs.	francs.	francs.
États-Unis.	3,001,200	297,500	3,298,700
Mexique.	21,655,400	139,956,600	161,642,000
Nouvelle-Grenade. .	6,562,600	1,116,100	7,678,700
Pérou	2,502,300	26,015,100	28,517,400
Bolivie.	1,569,300	9,365,000	10,934,300
Chili.	3,785,200	7,722,800	11,508,000
Brésil	7,515,800	57,900	7,573,700
Totaux. . . .	46,591,800	184,531,000	231,122,800

Total en poids. . . Or . . . 13,963 kilogr.

Argent . 755,480 —

Ainsi, en se basant sur les déductions précédentes et
sur des renseignements locaux , on forme le tableau suivant, qui donne la quantité et la valeur de l'or et de l'argent exploités en Amérique, sans la Californie, depuis
1848 jusqu'à 1851, par moyenne et par total général,
dans le courant de toute cette cinquième période, c'est-
à-dire pendant trois années.

Année moyenne. . . . Or . . . 13,963 kil. valant 46,591,800 fr.

Argent. 755,480 — — 167,920,480

Total. . 214,512,280

Total de l'exploitation. Or . . . 41,889 kil. valant 139,775,400 fr.

Argent. 2,265,540 — — 503,761,440

Total. . 643,536,840

Sixième période, de 1851 à 1855, comprenant 4 années.

La découverte de riches gîtes aurifères en Australie non-seulement ne produisit pas de diminution en Amérique dans l'exploitation de l'argent, et surtout de l'or, mais elle n'empêcha pas au contraire cette dernière de s'accroître. L'exploitation de ces deux métaux en Amérique fut aidée par des circonstances très-propices, telles que l'affermissement de la sécurité publique et de l'ordre intérieur dans ces contrées, ainsi que l'amélioration de leurs moyens de communication.

Le tableau suivant représente l'état de l'exploitation de l'or et de l'argent en Amérique, sans la Californie, depuis 1851 jusqu'à 1855, par moyenne annuelle et par total général, dans le courant de toute cette sixième période, comprenant quatre années.

Année moyenne. . . . Or . . .   13,963 kil. valant   46,591,800 fr.
                        Argent .   755,180 —   —   167,920,480
                                              ————————————————
                                    Total.   214,512,280
                                              ════════════════

Total de l'exploitation. Or . . .   55,852 kil. valant 186,367,200 fr.
                        Argent . 3,020,720 —   —   671,681,920
                                              ————————————————
                                    Total.   858,049,120
                                              ════════════════

§ 11. Récapitulation de la quantité et de la valeur de l'or et de l'argent exploités en Amérique depuis sa découverte jusqu'en 1855, sans la Californie.

Aujourd'hui, on exploite annuellement en Amérique : en or, 13,963 kilogrammes, et en argent, 755,180. Valeur de l'or, 46,591,800 francs ; valeur de l'argent,

167,920,480 francs; valeur totale des deux métaux, 214,512,280 francs.

On a exploité en Amérique, depuis sa découverte jusqu'en 1855, sans la Californie, un total de : **2,844,031** kilogrammes pour l'or, et de **146,591,473** pour l'argent. Valeur de l'or, 9,206,900,600 francs; valeur de l'argent, 30,051,997,360 francs; valeur totale pour les deux métaux, 39,258,897,960 francs.

Le tableau suivant offre la récapitulation de toutes ces quantités.

TABLEAU récapitulatif de la quantité et de la valeur de l'or et de l'argent exploités en Amérique, depuis sa découverte en 1492 jusqu'au 1er janvier 1855, sans la Californie.

	OR.		ARGENT.		ANNÉE MOYENNE de l'exploitation de l'or et de l'argent.
	Kilogrammes.	francs.	Kilogrammes.	francs.	francs.
La 1re période n'existe pas pour l'Amérique qui n'était pas encore découverte.					
2e période, de 1492 à 1810. . . .	2,381,309	7,662,758,000	123,433,277	24,902,584,000	102,729,782
3e période, de 1810 à 1825. . . .	146,880	390,000,000	4,788,225	1,064,700,000	96,980,000
4e période, de 1825 à 1848. . . .	248,404	828,000,000	13,083,744	2,909,270,000	162,490,000
5e période, de 1848 à 1851. . . .	44,889	139,775,400	2,265,540	503,764,440	214,512,280
6e période, de 1851 à 1855. . . .	55,852	186,367,200	3,020,720	674,684,920	214,512,280
Totaux.	2,844,031	9,206,900,600	146,591,473	30,054,997,360	

Total général de la valeur des deux métaux. Or . . . 9,206,900,600 fr.

Argent. 30,054,997,360

Ensemble. . . 39,258,897,960

Moyenne annuelle de 1492 à 1500. .	1,357,500 fr.
« de 1500 » 1545. .	16,290,000
« de 1545 » 1600. .	59,730,000
« de 1600 » 1700. .	86,880,000
« de 1700 » 1750. .	122,175,000
« de 1750 » 1803. .	191,679,000
« de 1803 » 1810. .	225,423,000
Moyenne totale de la période de 1492 à 1810.	102,729,782 fr.

CHAPITRE XVII.

APERÇU HISTORIQUE DE LA PRODUCTION, DE LA QUANTITÉ ET DE LA VALEUR DE L'OR
EXPLOITÉ EN CALIFORNIE DEPUIS LE COMMENCEMENT MÊME DE L'EXPLOITATION
JUSQU'EN 1854.

§ 1. Aperçu historique sur la Californie.

La Californie, qui fait aujourd'hui partie des États-Unis, est bornée : au nord, par le territoire de l'Orégon ; à l'est, par les montagnes Rocheuses, ou pour mieux dire, par leurs versants orientaux ; au sud, par les possessions du Mexique, allant en ligne droite du rivage au-dessous du port de Diégo, sur la rivière de Gilo. Cette étendue est située entre le 32e et le 42e degré de latitude, et comprend, en ligne droite du nord au sud, 1,282 kilomètres, et de l'ouest à l'est, 534.

Au surplus, les frontières de la Californie à l'est ne sont pas encore déterminées. Il faut encore ajouter à l'apparition si extraordinaire de cette contrée les nouvelles qui annoncent en 1854 que le gouvernement des États-Unis a acquis du gouvernement mexicain, avec la Californie, une vaste contrée voisine.

Il y a à peine quelques mois que beaucoup de personnes ignoraient la dénomination même de la Californie ; et aujourd'hui, les nouvelles journalières qui nous parviennent de ce pays occupent tout le monde civilisé. Jus-

qu'en 1848, cette vaste et fertile contrée, appelée Californie, était un désert sans limite; aujourd'hui, on y bâtit
presque chaque mois des villes et des bourgs florissants.
Déjà deux superbes chaussées traversent ce pays dans
toute son étendue, et on y trace des lignes de chemins de
fer; une foule de bateaux à vapeur circulent sur ses principales rivières; et, où les rivières manquent, les communications sont constamment entretenues par des dili-
gences. Quant aux relations avec l'extérieur, le nombre
des navires qui y sont arrivés de toutes les contrées du
monde était si considérable, qu'en 1852, le seul port
de Francisco en reçut jusqu'à 1,500. L'Europe et l'Amérique établissent avec la Californie des communications
permanentes; on y construit des canaux, on ouvre à
travers le continent même de l'Amérique un passage,
qui est déjà livré à la circulation publique.

La population de la Californie s'accroît et le développement de sa prospérité s'effectue avec une rapidité sans
exemple; la principale ville de ce pays, Francisco, était
encore un tout petit endroit, non-seulement en 1800, mais
même jusqu'en 1848, c'est-à-dire jusqu'à la découverte de
l'or. Aujourd'hui, en 1855, Francisco a déjà près de
40,000 habitants. Il y a à peine trois ou quatre ans que
commencèrent à s'élever dans ces lieux déserts les villes
de Sacramento, Stoktou, Colomb, Mériville, Navodacitti,
toutes animées à présent d'une activité extraordinaire et
possédant déjà toutes les aisances de la vie.

La Californie se divise en Basse ou Petite-Californie,
constituant relativement une presqu'île peu vaste, et en
Haute-Californie ou Californie proprement dite, où l'on
exploite actuellement l'or.

La petite escadre équipée par le célèbre Cortez, cou-

quérant du Mexique, découvrit en 1534 les rivages de la
Basse-Californie. Cortez la visita lui-même l'année suivante [1] ; mais la Californie ne fut positivement déclarée
possession espagnole que par le navigateur Sébastien
Viscaino, qui fit le tour d'une partie de la presqu'île susmentionnée. Depuis lors, la Californie resta, sous le rapport gouvernemental, sous la dépendance du Mexique
espagnol [2].

Bien plus tard, en 1642, les jésuites construisirent dans
la Haute-Californie quelques habitations ou fermes appelées *missions*, et le gouvernement leur confia l'administration de toute la contrée. Après l'expulsion des jésuites,
cette administration passa entre les mains de moines
franciscains du monastère de Mexico [3].

Quant à la Haute-Californie, ou Californie proprement
dite, bien que ses rivages aient été visités en 1602
par Viscaino [4], cette contrée ne fut cependant occupée
par les Espagnols que bien plus tard, c'est-à-dire vers
1760. Au reste, l'occupation d'une aussi vaste contrée
par l'Espagne se réduisit à l'entretien de trois postes militaires et à la construction de quelques habitations ou
missions. Ces fermes furent constamment habitées par
les administrateurs de la Californie, des moines de l'ordre
de Saint-François.

Les trois postes militaires, savoir : Francisco, Monterey et Diégo, étaient si peu importants que le gouvernement fixa même, par une ordonnance, à **200** le nombre

---

[1] *Essai politique sur le royaume de la Nouvelle-Espagne*, par A. de Humboldt, 2ᵉ édition, Paris, t. II, p. 265 et 266.

[2] *Ibid.*, p. 266.

[3] *Ibid.*, p. 267.

[4] *Ibid.*, p. 274.

des soldats destinés à occuper ces trois postes avec trois
canons. En 1802, il y avait en tout douze missions administrées par quelques moines ; c'est à cela que se bornait
toute la population européenne dans cette contrée[1]. Les
autres habitants de ces missions et tout le reste de la
population de la Californie se composaient de sauvages
appartenant aux diverses peuplades indigènes, du reste
très-pacifiques. Lorsque le Mexique se détacha de l'Espagne, en 1810, et forma une république séparée, la Californie resta toujours avec le Mexique ; mais les troubles
et les querelles intestines, dans lesquelles le Mexique
même fut enveloppé depuis le commencement de son
indépendance, et qui continuent à l'agiter encore aujour-
d'hui, eurent aussi une influence pernicieuse sur la Californie.

Il faut reconnaître que, bien que les missions et les
postes militaires, construits par les Espagnols, ne con-
tribuassent pas à développer la production ni le commerce, et quoique les moines qui administraient la Californie ne convertissent pas même les sauvages en véritables chrétiens, l'élève du bétail et l'agriculture n'en
commencèrent pas moins à s'établir dans les environs de
ces missions. En 1800, on semait déjà dans ces fermes
jusqu'à 1,000 hectolitres de blé[2]. La vente de ce blé et
d'une partie peu considérable de viandes salées formait
les uniques objets du commerce d'exportation ; mais ces
germes de civilisation disparurent subitement devant des
troubles qui agitèrent le nouveau gouvernement du

<hr>

[1] *Essai sur le royaume de la Nouvelle-Espagne*, par A. de Humboldt,
2ᵉ édition, *Paris*, t. ii, p. 277.

[2] *Ibid.*, t. iii, p. 274 et 277.

Mexique ; aussi cette fertile contrée fut-elle de nouveau transformée en un véritable désert.

Malgré ces circonstances défavorables, quelques citoyens des États-Unis de l'Amérique, informés de la fertilité du sol de la Californie, et surtout de son excellente position, de celle de son port San-Francisco, considérées les meilleures du monde, résolurent de prendre possession de cette contrée en 1847. Par l'organe des gazettes, ces hommes entreprenants invitèrent leurs concitoyens à les assister dans l'exécution de leurs projets. Au nombre de quelques centaines, ils choisirent parmi eux des chefs dignes de leur confiance et très-connus aujourd'hui. Je veux parler ici de Taylor, qui fut élu commandant en chef de l'expédition, et auquel fut adjoint Pierce, ci-devant avocat, et qui est actuellement, en 1855, le digne président des États-Unis. Grâce aux dispositions qu'ils prirent, la Californie conquise fut réunie en moins d'un an aux États-Unis et forme maintenant un État séparé.

Selon la convention de paix conclue en février 1848, par laquelle le Mexique cédait pour toujours la Haute-Californie ou Californie proprement dite, les États-Unis payèrent au Mexique une indemnité de 80 millions de francs. En outre, ils accordèrent également une indemnité de 26,720,000 francs à leurs citoyens et à ceux du Mexique qui avaient souffert des suites de la guerre. Voilà ce que coûta aux États-Unis l'acquisition d'un pays aussi vaste et aussi riche, fournissant actuellement un demi-milliard de francs chaque année, en or seulement, et qui a donné depuis sa découverte déjà 2 milliards.

§ 2. Climat de la Californie.

Le climat salubre de la Californie contribue certainement beaucoup au développement rapide de la production de l'or. La plus grande partie de ce pays est très-fertile, et la terre donne tous les produits des climats tempérés et plusieurs de ceux des pays chauds.

Le voyageur russe, Rotcheff, ami du capitaine Sutter, et qui visita la Californie en 1853, raconte sur son séjour dans ce pays les faits suivants[1] :

« La principale localité des gîtes aurifères actuels se
« trouve le long du fleuve Sacramento et de ses affluents.
« Sur le bord de la rivière Joubi, se jetant dans le Sacra
« mento, se trouve la métairie du capitaine Sutter, qui a
« découvert les sables aurifères de la Californie. J'y
« arrivai en janvier et trouvai la végétation dans tout son
« éclat ; le thermomètre indiquait presque toujours
« 22 degrés de chaleur à l'ombre. Sur tout l'horizon s'é
« tendait un ciel enchanteur, dont la clarté radieuse
« n'était voilée par aucun nuage, ni jour ni nuit, bien
« que l'automne fût déjà très-avancé. En s'approchant
« de la métairie de Sutter, on voyait dans des buis
« sons d'amarante et de vigne sauvage des colibris,
« semblables aux émeraudes et aux rubis, se chauffer au
« soleil, en arrêtant pour un instant leur vol rapide et en
« s'épanouissant sous les fleurs aux vives couleurs. Dans
« les champs cultivés de Sutter, je vis du froment, de
« l'orge, des haricots, des pommes de terre et d'autres

---

[1] *Souvenirs de l'Inde et de la Californie*, par le voyageur russe A. R. Rotcheff.

16.

« légumes ; du magnifique poivre de Guinée, des raisins,
« des pêches en abondance, des melons, des pastèques
« et des tomates. Il n'y a aucun doute que la culture des
« vers à soie ne s'y établisse avec le temps dans d'im-
« menses proportions, comme aussi l'attention se dirigera
« sur la plantation du coton et de la canne à sucre. Ici et
« dans les autres parties de la Californie, les versants
« des montagnes sont couverts de magnifiques forêts.
« Parmi quantité de végétaux, on y remarque le cèdre,
« le laurier, le rhododendron et diverses espèces de
« chênes, tous couverts d'une verdure éternelle. On y
« voit croître aussi une foule d'arbres moins hauts,
« comme le châtaignier, le camphrier, ravissants par leur
« végétation et leur beauté. »

§ 3. Population de la Californie.

Le bruit de la découverte et de l'exploitation de gîtes
aurifères dans les terres de Sutter se répandit subitement
en Amérique, et aussitôt les chercheurs d'or accoururent
de toutes les parties du monde. Ce furent particulièrement
des flots d'Américains de l'Amérique du Nord qui commencèrent à émigrer en Californie, et jusqu'à présent
cette émigration augmente d'année en année.

Suivant le rapport adressé en 1850 au secrétaire d'État
des États-Unis de l'Amérique par le gouverneur Buttler-
King, envoyé en Californie en 1848, on voit[1] :

Que, vers l'année 1847, il y avait 4,342 habitants d'origine européenne et 18,883 sauvages indigènes ; en tout
23,225 âmes.

[1] Ce rapport est inséré dans les *Annales des mines* de 1850, t. VIII, liv. 4.

Qu'en 1847, presque tous les sauvages s'éloignèrent de la Californie et que ce pays passa ensuite en la possession des États-Unis, avec une population qui s'élevait en tout à 15,000 hommes à peine.

Qu'après la découverte des gîtes aurifères, en 1848, la population commença à s'accroître subitement et avec tant de rapidité, que la Californie possédait déjà 100,000 âmes en 1849, et, vers la fin de 1850, près de 200,000 [1].

On peut évaluer la population actuelle de la Californie, approximativement, à 500,000 âmes, savoir : 370,000 hommes, 90,000 femmes et 40,000 enfants.

1. Abondance de la Californie en gisements aurifères.

La Californie est entrecoupée par trois chaînes de montagnes, savoir : les montagnes Rocheuses, Neigeuses et Riveraines. De leurs versants s'écoulent dans toutes les directions des fleuves et des rivières. Les principaux fleuves sont le Sacramento et le Saint-Joachim. C'est sur les affluents mêmes de ces fleuves qu'on exploite aujour d'hui les gîtes aurifères.

Toutes les montagnes de la Californie, avec leurs innombrables ramifications, sont composées de quartz, c'est-à-dire, de roches contenant de l'or. Il est probable que l'abondance et la richesse des gîtes aurifères de ce pays provinrent de ces montagnes.

Aujourd'hui on n'est pas encore parvenu à déterminer

[1] Il n'y avait en tout, en 1850, que 600 habitants dans Francisco ; et en 1851, cette ville avait plus de 5,000 maisons et plus de 10,000 habitants.

positivement l'étendue des gîtes aurifères de la Californie ; mais on sait suffisamment, d'après des recherches faites superficiellement, que cette étendue est fort considérable. Suivant le témoignage des uns, ces gîtes aurifères sont situés entre le 37° et le 40° degré de latitude septentrionale ; suivant le témoignage des autres, ils s'étendent le long de l'Océan, sur une longueur de 950 kilomètres et sur une largeur de 100 kilomètres. Ils supposent en outre, et apparemment avec grande probabilité, que la vaste contrée de la Californie, située au delà des montagnes Rocheuses et Neigeuses, est également riche en or. En outre, en 1854, on a déjà trouvé des gîtes aurifères dans l'Orégon, vaste territoire situé au nord de la Californie.

Voici ce que dit ce même voyageur russe Rotcheff des montagnes de la Californie : « En s'enfonçant graduelle-
« ment dans les montagnes, on aperçoit les indices les
« plus évidents de l'existence de gîtes aurifères. Une
« quantité innombrable de roches de quartz et de schiste
« sont étendues en monceaux sur les versants des col-
« lines. Excepté celle du climat, toutes les autres condi-
« tions des couches de gîtes aurifères en Californie sont
« parfaitement identiques à celles de la Sibérie. On y
« rencontre ces mêmes roches, indiquant la présence
« de l'or, ce même aspect extérieur de décomposition,
« témoignage des révolutions qui se sont accomplies, et
« enfin cette même superposition d'alluvions et de gîtes
« aurifères. »

Voici les détails que donne le voyageur hongrois, Jougoss, ingénieur des mines, sur les gîtes aurifères qu'il vit en Californie pendant son séjour en 1851 :
« Toute la Californie est traversée par deux fleuves ;

« l'un d'eux, le Sacramento, coule au nord, et l'autre,
« le Saint-Joachim, coule au sud. Ces fleuves reçoivent
« une quantité de rivières et de ruisseaux, qui entraî-
« nent dans leurs eaux des sables aurifères. Plusieurs
« de ces rivières de second ordre sont navigables,
« comme, par exemple, le American-Fork et le Feather-
« River, le Stanislas et le Joubi. D'autres, surtout les
« rivières de la plaine, dans la partie méridionale, sont
« complétement desséchées pendant la saison d'été.
« Dans cette plaine, on trouve au nord seulement,
« entre les fleuves Feather-River et Sacramento, des
« élévations qui furent apparemment formées par des
« éruptions de volcans éteints aujourd'hui. A l'époque
« du printemps, lorsque les rivières débordent sur une
« étendue de quelques centaines de milles, elles cou-
« vrent les bas-fonds ; sur leurs bords se forment des al-
« luvions, et au milieu, des bancs de sable, où l'or se
« dépose en forme de grains et de morceaux plus ou
« moins gros. »

A en juger par les propriétés des terrains qui forment
les montagnes de la Californie, celles-ci doivent être riches en gisements aurifères, et effectivement, on y en a
déjà découvert aujourd'hui un grand nombre.

Les premiers minerais aurifères de la Californie furent
trouvés dans la vallée de Marie-Poza. Suivant des recherches faites récemment, on a remarqué que les gisements
d'or de cette vallée s'étendent à quelques milles et que la
grosseur de leurs minerais [1] varie de 66 centimètres à 3
mètres 50 centimètres. C'est là que commença la première
exploitation régulière de l'or des minerais. Pour transfor-

---

[1] Suivant Jougess.

mer ces minerais en poudre, on a construit des bocards, mus par des machines à vapeur. La vallée de Marie-Poza appartient au colonel Frémont, qui l'acheta à l'ancien propriétaire pour une somme très-minime. Le colonel Frémont perçoit 10 pour 100 sur la quantité d'or exploitée par les Compagnies auxquelles il concède le droit d'exploitation.

Un riche gisement d'or fut découvert à 330 kilomètres de la ville de Diégo; mais, à cause du manque d'eau absolu, il ne peut être exploité que pendant la saison des pluies.

Malgré la richesse évidente des minerais aurifères de la Californie, on n'y exploite cependant qu'une petite quantité d'or des minerais; tout le reste provient des gîtes aurifères.

Suivant les suppositions du voyageur russe, Rotcheff, qui séjourna en 1853 dans ces endroits de la Californie, l'obstacle qui s'oppose à l'exploitation des minerais aurifères, consiste dans la difficulté de se procurer maintenant des ouvriers, pour cette exploitation, au-dessous de 40 et même de 48 francs par jour. Un autre empêchement, c'est qu'elle exige nécessairement l'emploi d'énormes capitaux, et que le transport et surtout la réparation des machines sont très-difficiles.

Suivant la direction de la vallée du Sacramento, les gîtes aurifères s'appellent gîtes aurifères du nord, et dans la vallée de Saint-Joachim, gîtes aurifères du midi. Le nombre des chercheurs d'or dans tous les gîtes aurifères était, en 1852, suivant le service de l'année, de 80,000 à 100,000.

L'or se trouve également dans les gîtes aurifères humides *rivers-diggings*, comme dans les gîtes aurifères secs *dry-diggings* de la Californie [1], sous toutes les formes, depuis les paillettes les plus menues jusqu'aux morceaux natifs ou *nuggets* de quelques grammes et même de quelques kilogrammes.

Jusqu'à présent la quantité d'or qu'on exploitait en Californie des gîtes aurifères humides, égalait celle qu'on recueillait dans les gîtes aurifères secs. Dans les uns comme dans les autres, on rencontre aussi quelquefois des endroits riches en or. Aussi le gouverneur Buttler-King, que nous avons déjà cité, en conclut-il avec raison que toutes les montagnes de la Californie, dont se sont formés les gîtes aurifères humides et secs situés dans tant d'endroits divers, possèdent des quartz dont la richesse en or est partout la même.

L'exploitation de l'or en Californie a commencé sur le fleuve Sacramento et ses affluents, et continue dans les mêmes endroits. Ainsi qu'il est dit d'autre part, ce fleuve considérable prend sa source dans les montagnes Neigeuses et se jette dans l'Océan. Aussi, comme la principale ville, San-Francisco, se trouve à l'embouchure du Sacramento et forme un port de mer, on a établi aujourd'hui entre cette ville et les principales localités de gîtes aurifères des communications commodes et permanentes, soit par la vapeur, soit par des routes. C'est à cause de cette facilité des communications que, malgré l'abondance de l'or dans tant d'endroits de la Californie, l'exploitation se concentre principalement sur le fleuve Sacramento et ses affluents. Le gouverneur, Buttler-King,

---

[1] Les gîtes aurifères s'appellent humides *rivers-diggings*, lorsqu'ils se trouvent à une petite distance de l'eau et qu'ils peuvent être exploités par le lavage. Les gîtes aurifères secs *dry-diggings* sont ceux qui s'exploitent avec le van, comme cela se pratique après le battage des grains de blé.

affirme également dans ses rapports que l'énorme quantité d'or exportée jusqu'à présent de la Californie provient presque entièrement des affluents du Sacramento et
des vallées situées dans le voisinage.

En été, on recueille l'or, en Californie, des sables de
rivière ou des gîtes aurifères situés sur les bords des
ruisseaux, et en général près de l'eau, indispensable au
lavage des terres; en hiver, on l'y exploite des gîtes
aurifères secs.

§ 5. Découverte de l'or en Californie, et richesse de cette contrée en métaux.

Jusqu'en 1848, personne ne soupçonnait la présence de
l'or en Californie. Les Espagnols, ayant possédé ce pays
pendant l'espace de 200 ans, n'y exploitèrent pas d'or, quoiqu'en 1602, le navigateur Viscaino ouît dire aux sauvages
indigènes que ce métal abondait dans leur contrée. Mais,
en raison de l'éloignement et de la solitude de ces contrées,
et plus encore des idées religieuses qui dominaient à cette
époque, et surtout du caractère chevaleresque des Espagnols, ces derniers dirigèrent de préférence leurs efforts
vers la conversion des sauvages de la Californie au ca-
tholicisme. Il est remarquable que même les Américains
actuels, qui eurent le projet de s'emparer de la Californie,
n'eurent pas connaissance de sa richesse en or; ils n'a-
vaient en vue que l'acquisition de ses excellents ports de
mer et l'agrandissement de leur propre territoire.

Les richesses minérales dont la Californie est si largement pourvue, ne manquent pas d'étonner par leur
abondance et leur diversité. A la découverte et à l'établissement encore récents de l'exploitation de l'or, se joi-
gnit, en 1851, l'exploitation du mercure, fournissant déjà

une énorme quantité de ce métal. Plus tard, on découvrit
des gisements de plomb et d'étain, promettant une riche
moisson. En dernier lieu, au moment où ce livre doit être
livré à l'impression et où on y lit : « qu'on n'a pas encore
« exploité d'argent en Californie jusqu'à présent, » on a
reçu des nouvelles de la découverte de mines d'argent
dans cette contrée, près de la ville de Monterey et dont
on a déjà commencé l'exploitation en 1853.

Et, comme aujourd'hui l'exploitation du mercure en
Californie s'effectue déjà sur une grande échelle, qu'elle
augmente continuellement en faisant baisser les prix de
ce métal ; que, malgré cela, on a commencé à introduire
en Amérique l'exploitation encore plus avantageuse de
l'argent par le procédé du sel, il est évident que l'exploitation de ce dernier métal en Californie laisse présager
un développement extraordinaire.

L'or fut découvert en Californie, vers la fin de février 1848, sur la rivière appelée par les Américains
American-Fork qui se jette dans le Sacramento. Mais ce
fut plus tard, c'est-à-dire vers la fin de l'automne 1848,
que cette découverte fut officiellement annoncée.

Voici comment elle s'accomplit. Sutter, Suisse de
naissance, ayant servi comme capitaine dans la garde
suisse sous Charles X, roi de France, quitta l'Europe
après le licenciement de cette garde à la révolution
de 1830 et alla s'établir dans les savanes illimitées de
l'Orégon, territoire limitrophe de la Californie actuelle,
où il s'occupa de l'élève du bétail. Le gouverneur de
la Californie engagea Sutter à s'établir dans la Californie
même, dans la fertile vallée du Sacramento, où il lui fut
donné en propriété 128 kilomètres carrés de terre choi-
sies par lui-même. Sutter, en construisant une métairie

fortifiée, qu'il appela du nom de *Nouvelle-Helvétie*, commença à habituer les sauvages voisins à l'élève du bétail et à la culture du blé. Ses succès furent tellement rapides, qu'en 1847, c'est-à-dire avant l'incorporation de la Californie aux États-Unis de l'Amérique, il recueillait déjà dans ses champs jusqu'à 15,000 hectolitres de froment : son bétail était dans un état encore plus prospère. En 1848, il se mit à construire une scierie pour le sciage de bois situés à une distance de 27 kilomètres de sa métairie. Lorsqu'on creusa les bords du ruisseau, afin d'obtenir une chute d'eau assez forte pour mettre en mouvement la scierie, on aperçut très-distinctement des grains brillants sur les terres rejetées et lavées par le courant. Le constructeur de la scierie, Markham, ami de Sutter, accourut chez ce dernier et lui montra ces grains d'or. Il avait vu antérieurement dans les champs des quartz ou des roches avec des filons brillants, mais il n'y avait pas fait attention [1]. Sutter organisa alors l'exploitation de l'or par le lavage dans les gîtes aurifères voisins. C'est à la suite de cette découverte que fut établie l'exploitation de l'or en Californie.

§ 6. Mode d'exploitation des minerais et des gîtes aurifères ; appareils et instruments en usage.

1° *Mode d'exploitation des minerais et des gîtes aurifères.* — En Californie, chaque individu a le droit d'exploiter librement le minerai d'or et les gîtes aurifères, sans demander aucune autorisation et sans payer d'impôts.

Quant à l'étendue concédée pour l'exploitation, tant des

[1] Ampère. *Promenade.*

minerais que des gîtes aurifères secs, elle n'a d'autre
limite que celle des minerais ou des gîtes aurifères eux-
mêmes. Relativement aux gîtes aurifères humides, pour
l'exploitation desquels il faut nécessairement de l'eau,
chacun n'a le droit d'occuper pour son compte, selon
l'usage adopté en Californie, qu'une étendue de $4\frac{1}{2}$ mètres
en longueur sur le bord de la rivière. Par contre, l'espace
perpendiculaire au bord de la rivière n'est pas déterminé :
chacun peut en occuper autant qu'il veut, pourvu qu'il
reste dans les limites du gîte aurifère. Cette distance de
la rivière aux gîtes aurifères varie souvent, allant du rivage sur une étendue de 50, 100 et même 250 mètres. Il
reste encore à expliquer qu'en Californie, sous le nom
d'endroits libres pour l'exploitation des gîtes aurifères,
on entend non-seulement l'endroit qui n'a pas été occupé
précédemment par quelque autre, mais aussi celui qui
fut occupé, mais sur lequel on n'a commencé aucune
espèce de travaux dans l'espace de dix jours.

Il faut encore ajouter que l'usage ou la nouvelle organisation civile du pays s'oppose à ce que les conditions
et contrats faits et passés avec des particuliers dans des
pays étrangers, pour l'exploitation des minerais et des
gîtes aurifères, puissent être mis à exécution par les
propriétaires locaux, après l'arrivée de ces particuliers
en Californie. Ordinairement, les ouvriers, amenés dans
ce but en Californie, ne se conforment plus aux conditions
arrêtées avec eux. Après leur arrivée, ils entreprennent
à leur volonté l'occupation qui leur paraît la plus avantageuse. Ils se transportent de préférence dans les gîtes
aurifères, où chacun travaille pour son compte, en petites
compagnies composées de deux ou trois individus, et
rarement de cinq ou six.

Par conséquent, en Californie, en Australie, on n'entreprend pas, comme cela se passe en Sibérie, l'exploitation de gîtes aurifères sur une vaste échelle, avec un nombre considérable d'ouvriers et avec des appareils et des machines très-bien conditionnés.

L'exploitation des minerais aurifères exige la coopération d'un grand nombre d'individus. Aussi, malgré la richesse évidente, en or, des quartz de la Californie, on y a exploité très-peu de minerais aurifères jusqu'à ce jour. En outre, bien que ces minerais soient actuellement exploités par des compagnies, ces associations sont formées pour la plupart d'individus participant aux travaux d'exploitation; par conséquent, ces compagnies ne sont pas autre chose que des communautés volontaires plus ou moins nombreuses. Il existe surtout très-peu de ces sociétés formées par actions ayant des capitaux considérables; et ce n'est que depuis 1853 que quelques-unes d'entre elles ont commencé à se constituer.

Quant aux compagnies étrangères qui se sont formées à Londres et surtout à Paris, aucune d'elles n'est parvenue à s'organiser en Californie. Les fondateurs de ces compagnies, ne possédant pas de renseignements positifs sur les moyens de production et sur les localités, y expédiaient, avec de grandes dépenses, des ouvriers qui ne voulurent pas travailler une fois débarqués. Avec eux, on expédiait des appareils et des machines, qui ne convenaient pas à l'exploitation locale ou dont on ne pouvait faire aucun usage. On ne peut s'empêcher de regretter les pertes considérables en capitaux dépensés sans aucune utilité pour ces expéditions.

Les travaux dans les gîtes aurifères humides commencent, suivant les localités, en avril, en mai et même en juin, et se terminent dans les derniers jours d'octobre, époque à laquelle commence l'hiver de ce pays, c'est-à-dire la saison des pluies périodiques et le débordement des fleuves. Quand les chercheurs d'or se rendent dans les montagnes et sur les hauteurs, ils y exploitent par le van l'or des gîtes aurifères secs.

Au reste, la saison des pluies ne commence pas à la même époque dans toute la Californie; elle survient plus tôt dans la partie nord et plus tard au sud; de sorte que, des gîtes aurifères situés au nord, on peut encore arriver à temps pour les travaux de ceux du sud.

2° Appareils et instruments employés pour l'exploitation de l'or. — Les machines qui servent à bocarder le minerai s'importent en Californie des États-Unis ou de l'Europe. Depuis 1852, quelques machines semblables furent établies sur les lieux et sont mues par une force de 20, 30 et même de 60 chevaux-vapeur[1].

Ainsi, les appareils et les instruments dont on se sert, surtout pour recueillir l'or, tant des minerais bocardés que des terres des gîtes aurifères, sont très-imparfaits. Au reste, depuis 1853, on a commencé à introduire des instruments et des appareils d'exploitation plus perfectionnés.

Pour l'exploitation de l'or principalement, on se sert en Californie des quatre instruments ou appareils suivants, savoir : d'un bassin, d'un berceau, d'une auge et d'une caisse pour le mercure.

Le bassin. C'est un vaisseau ordinaire en fer-blanc. On y verse la terre aurifère, et, en le faisant entrer dans

---

Ces données m'ont été communiquées par M. Rotcheff, voyageur russe.

l'eau, on lui imprime un mouvement de rotation; puis on décante l'eau, on emplit de nouveau le bassin, et les terres en suspension sont ainsi emportées avec elle. On continue à agiter l'eau jusqu'à ce que toute la terre soit sortie du vase; alors, on voit briller les grains d'or qui restent dans le fond.

C'est un procédé, certes, bien simple, mais c'est aussi le plus imparfait pour l'exploitation de l'or. Néanmoins, suivant le témoignage de voyageurs qui sont allés en Californie, une quantité d'individus n'employent pas d'autre appareil. Le voyageur russe Rotcheff m'a assuré personnellement que jusqu'à ce jour les Chinois, fort nombreux dans les gîtes aurifères de ce pays, ne se servaient pas d'un autre procédé pour exploiter l'or. Le Chinois, me dit M. Rotcheff, avec sa sobriété habituelle et en l'absence de toute espèce d'impôts en Californie, est très-content lorsque l'exploitation de l'or par ce procédé lui rapporte une journée de six francs.

Le berceau et l'auge. — Avec le berceau, ainsi qu'avec l'auge, il faut, suivant leurs dimensions, de 1 à 4 ouvriers. L'auge a en longueur de 112 à 168 centimètres, et de 56 à 112 centimètres en largeur. Au-dessus on adapte un tamis fait avec une feuille de fer, afin que, lorsqu'on y verse les terres aurifères, le tamis retienne les cailloux, qu'on jette de côté pour qu'il n'en soit pas obstrué. Sous ce dernier on attache une toile, destinée à recevoir les plus gros grains de sable; l'auge même est divisée en deux compartiments par une petite planche; à l'un des côtés de cet appareil est adapté un manche qui sert à lui imprimer un mouvement de balancement. Pendant qu'elle est ainsi mise en mouvement, un ouvrier la remplit d'eau avec un puisoir; un second jette la terre aurifère sur le tamis,

qu'un troisième débarrasse des cailloux qui s'y trouvent
mêlés.

La terre même est entraînée par l'eau hors de l'auge ;
l'or se dépose au fond et s'accumule vers ses cloisons.
Le berceau ressemble à l'auge par sa construction. Il est
évident que par l'exploitation de l'or au moyen de l'auge,
on ne recueille que les grains d'or plus ou moins gros ;
les autres grains plus menus et les paillettes restent dans
les terres ou sont emportés par l'eau même qui sert à
l'opération du lavage.

Selon le témoignage du voyageur Rotcheff, un ouvrier
occupé en Californie au berceau ne peut pas laver plus
de 100 seaux de terre aurifère en un jour, à la condition
que cette terre soit préparée et apportée par un second
ouvrier. En admettant qu'un seau contienne **16,370**
grammes, un ouvrier ne peut donc laver que **1,637,000**
grammes de terre dans sa journée. Cependant, malgré
la richesse des gîtes aurifères californiens, beaucoup de
travailleurs se servent encore aujourd'hui du berceau
pour en exploiter l'or.

La construction de l'auge permet de recueillir une plus
grande quantité d'or dans les mêmes conditions. En
outre, on peut aussi laver beaucoup plus de terre avec
ce dernier appareil.

La caisse du mercure ressemble beaucoup à l'auge. On
verse **6,135** grammes de mercure dans cette caisse, qui
est divisée en plusieurs compartiments, avec des pièces
transversales ; ensuite, après y avoir jeté la terre aurifère,
on imprime à la caisse un mouvement de balancement
afin de mettre le mercure en contact immédiat avec la
terre et de lui donner ainsi la possibilité de se combiner
avec l'or. On extrait beaucoup plus d'or de cette manière.

Il n'y a que l'or rougeâtre qui s'unisse très-difficilement avec le mercure.

Les recherches de gîtes aurifères, c'est-à-dire les essais qu'on fait pour s'assurer de la présence de l'or dans un endroit, s'effectuent également d'une manière très-imparfaite en Californie.

On sait qu'en Sibérie ces recherches se font au moyen de fossés assez spacieux qu'on creuse jusqu'à ce qu'on rencontre une couche trop dure empêchant d'avancer plus profondément. En Californie, au contraire, on creuse pour ce genre de fouilles de petits fossés ronds, ayant tout au plus 1 mètre de diamètre et $1\frac{1}{2}$ ou 2 mètres de profondeur. Si les chercheurs d'or n'en rencontrent pas à une profondeur aussi insignifiante, ils abandonnent l'endroit et vont à la recherche d'un autre. Au surplus, depuis 1853, on commence, quoique rarement, à y creuser à une profondeur plus considérable.

D'un autre côté, les voyageurs s'étonnent de l'habileté et des procédés peu dispendieux avec lesquels les Américains savent détourner les rivières en Californie.

D'après les indications du voyageur Rotcheff, cela se pratique tout simplement sans aucuns travaux d'art et sans l'usage du fer. On arrête avec une digue les eaux de la rivière qui contient de l'or, et on leur donne un autre cours à peu de distance de leur lit, dans lequel il est permis d'entrer un peu plus bas. Durant la chute de l'eau dans son lit primitif, on construit des roues de moulin qui servent à mettre en mouvement quelques appareils bien simples, à l'aide desquels on pompe l'eau de ce même lit, qui, mis à sec, permet d'exploiter pendant ce temps les terres qui s'y trouvent.

Ce même Rotcheff m'a cité un procédé très-curieux

employé en Californie pour conduire jusqu'aux gîtes aurifères peu éloignés l'eau nécessaire à leur exploitation :
Les bords de la rivière sur lesquels se faisaient les travaux que j'ai vus, dit Rotcheff, étaient assez élevés, de
manière qu'on était obligé d'élever l'eau avec la pompe
au moins à une hauteur de 10 mètres, et ensuite de la
faire descendre dans des chéneaux. Les Américains ima-
ginèrent un autre moyen de se procurer de l'eau : ils en
firent dériver d'un lac situé dans les montagnes, à une
distance de 5 kilomètres du sable aurifère en exploitation, et la firent passer, au moyen d'un canal serpen-
tant sur presque toute sa longueur, dans la direction de
la vallée située parallèlement à l'endroit en exploitation.
De ce canal, situé sur le penchant de la montagne, des
tuyaux en toile sont dirigés, sur une étendue de quelquefois 150 mètres, vers le lieu où se trouve le sable
aurifère. On emploie aussi de semblables tuyaux en fer-
blanc ; j'en ai compté jusqu'à cinquante. La confection
de pareils tuyaux exige certainement des dépenses considérables ; mais aussi cette entreprise procure de grands
avantages aux propriétaires : chaque tuyau, conduisant
du canal aux travaux du gîte aurifère, ne se loue pas au-
dessous de 24 francs par jour. Par conséquent, ceux qui
en emploient une soixantaine payent au propriétaire de
ce nouveau genre de conduit 1,440 francs par jour et
plus.

§ 7. Richesse des minerais et des gîtes aurifères de la Californie.

Le produit, ou, en d'autres termes, le revenu net
de l'exploitation de l'or, dépend, comme pour toute
autre industrie, des fonds nécessaires à l'entretien du

17.

producteur, c'est-à-dire du travailleur et de ses instruments.

Dans le courant de 1848 et 1849, lorsque des armées de chercheurs d'or envahirent la Californie, le prix de tous les objets de première nécessité était naturellement exorbitant, en raison de l'éloignement et de la solitude de ces contrées. Bien qu'après l'établissement du commerce et des voies de communication commodes, qui eut lieu en 1850 et 1851, les prix eussent baissé de beaucoup, il faut avouer qu'ils étaient cependant encore très-élevés. Depuis lors, cette baisse a continué, mais elle n'a pas atteint le niveau des autres pays. Aujourd'hui, on ne paye plus en Californie de 4 à 6 francs une livre de pain, ainsi que ce fut le cas il y a deux ans ; 20 francs pour un chou, 3 francs pour un navet, 14 francs pour une mesure de crème ; jusqu'à 260 francs pour le loyer d'une paire de bœufs avec la charrette, et 24,000 francs pour une barrique d'eau-de-vie. On peut supposer approximativement qu'un mineur qui exploite l'or dans les gîtes aurifères dépense actuellement de 8 à 12 francs par jour pour se procurer tout ce dont il a besoin, et qu'avec 3,200 francs il peut s'entretenir d'une manière convenable, non-seulement pendant la saison des travaux, mais pendant toute une année.

D'après le témoignage de tous les géologues qui ont visité la Californie, et du voyageur russe Rotcheff en particulier, la richesse des quartz ou des roches est extraordinaire. Comme preuve à l'appui, nous dirons que, malgré la richesse et l'abondance des gîtes aurifères de ce pays, une compagnie s'est déjà organisée aujourd'hui pour entreprendre l'extraction de l'or des minerais ou des quartz. Il n'est pas difficile, suivant M. Rotcheff, d'y trouver des minerais de quartz dont 409 grammes fournissent une valeur en or de 40 à 60 centimes. Suivant le témoignage d'autres voyageurs, on y rencontre des minerais dont 14,000 grammes rendent 1 gramme d'or.

Quant aux gîtes aurifères, leur richesse est variée là comme partout et dépend des conditions dans lesquelles ils ont été formés; mais on prétend généralement que ceux de la Californie sont très-riches.

M. Rotcheff m'a communiqué le calcul suivant qu'il fit pendant son séjour, en 1852, dans les gîtes aurifères de la rivière Joubi, qui se jette dans le Feather-River, dans un endroit appelé Sikar :

Une compagnie, sous le nom d'Oxaï, exploitait l'or à la journée; elle recueillait en or, de 16,370 grammes de terre, une valeur en moyenne de 1 franc 20 centimes, et le maximum était de 640 à 801 francs. Dans d'autres endroits, la valeur de l'or recueilli était en minimum de 28 francs et en maximum de 340 francs.

En Californie, si, durant l'exploitation d'un gîte aurifère, chaque orpailleur ne recueille pas, par journée de huit heures de travail, pour une valeur de 24 francs en or, il abandonne le gîte aurifère comme désavantageux, ou, s'il y reste, c'est dans le ferme espoir de trouver des nids ou des morceaux d'or natif ou nuggets. On peut dire avec assurance que les gîtes aurifères de la Californie, dans lesquels les chercheurs d'or recueillent moins de 24 francs en or par jour, sont très-rares. En admettant, continue M. Rotcheff, 16,370 grammes de terre par seau, il est démontré que 1,637,000, en Californie, contiennent en moyenne jusqu'à 12 grammes d'or. Ordinairement, l'ouvrier qui emploie le berceau, ainsi qu'il est dit plus haut, peut laver jusqu'à 1,637,000 grammes de terre par jour, et n'en recueille pas moins de 12 grammes d'or de la valeur de 40 francs. Le moindre revenu brut en or d'un chercheur d'or, dans les gîtes aurifères de la Californie, s'élève à 24 francs par jour ; mais les trouvailles heureuses sont très-fréquentes. Ainsi, dans la compagnie de l'Oxojo, composée de 36 hommes, c'est-à-dire de 36 intéressés (*claims*), on exploita chaque jour par seaux de 16,370 grammes, sur la rivière Joubi, pendant toute la durée des six mois d'été, c'est-à-dire du mois d'avril jusqu'en octobre. Quelquefois, on exploitait pour la valeur de 400 à 600 francs d'un seul bassin de terre prise dans le lit d'une rivière détournée.

Suivant le témoignage du même voyageur, on abandonne en Californie une foule de gîtes aurifères considérés comme désavantageux, et qui rendent cependant en or 20 grammes sur 1,637 kilogrammes de terre.

Beaucoup de gens supposent que, dans les gîtes aurifères de la Californie, chaque chercheur d'or recueille dans une journée de travail, en or, jusqu'à 20 grammes de la valeur de 68 francs, et qu'il reste ainsi, déduction faite de ses dépenses, avec un bénéfice net de 56 francs par jour. Par conséquent, le gain net pour toute la saison de travail serait de 8,000 francs. Selon le rapport du gouverneur de la Californie, le revenu net d'un ouvrier est d'à peu près 3,220 francs, en moyenne, par saison de travail.

Comme conclusion sur la richesse en or de la Californie, on peut ajouter que la quantité d'or qu'on y exploite doit recevoir un accroissement nouveau et considérable, si les rapports relatifs à l'annexion d'une partie du territoire de la Sonora à la Californie, sont fondés. Ce territoire est excessivement riche, tant en minerais qu'en gîtes aurifères. Dans la Sonora, dit M. de Humboldt [1], se trouve de l'or dans les terres de tous les ravins, et même dans toutes les vallées, et l'on rencontre souvent de gros morceaux d'or natif ou nuggets. Ces gîtes aurifères ne s'exploitaient presque pas antérieurement, à cause du danger provenant des invasions des Indiens sauvages. Actuellement, on a commencé à y exploiter avec beaucoup de succès les terres aurifères ou les argiles. Personne ne peut prévoir si, en cas d'annexion d'une partie ou de tout l'État de la Sonora à la Californie, l'exploitation de l'or ne s'y établira pas sur une grande échelle.

Il reste à mentionner à présent les opinions de ceux qui supposent que les gîtes aurifères seront bientôt épuisés, et qu'alors s'évanouira la richesse de la Californie. Si même les gîtes aurifères de la Californie doivent s'épuiser, qui pourra déterminer l'époque et les limites de cet épuisement, lorsque, à la superficie et à des profondeurs variées de la terre, sur une étendue aussi vaste on en trouve de si abondants, et surtout, dans les immenses montagnes de la Californie, des quartz aurifères si riches ? Comme preuve, on peut citer la description précédemment donnée du baron de Humboldt sur ces montagnes, ainsi que le rapport récent adressé au gouvernement français par son envoyé, l'ingénieur Emile Chevalier, qui s'exprime ainsi [2] : « La véritable richesse en or de la Californie ne se « manifestera complétement que lorsque ses gîtes auri- « fères actuels, s'ils ne sont pas épuisés, seront au moins « diminués, et lorsqu'avec l'aide de machines on com-

[1] M. de Humboldt, *Essai politique*, t. III, p. 240.
[2] *Revue des Deux-Mondes*, 1852, 5e livraison, p. 989.

« mencera à exploiter avec intelligence l'or de ses abon-
« dants minerais ou quartz. »

En présence de la diversité des gîtes aurifères de la
Californie, il est certainement difficile de déterminer leur
richesse moyenne, d'autant plus que cela ne dépend pas
uniquement de leur richesse réelle, mais aussi des procédés, des appareils et de l'expérience de l'ouvrier même;
toutefois, je suppose que les renseignements recueillis à
cet égard et présentés dans le tableau suivant, donne-
ront une idée approximative de la richesse des gîtes aurifères de la Californie :

*Renseignements recueillis sur la valeur de l'or qu'un homme peut
exploiter en moyenne, chaque jour, dans les gîtes aurifères de la
Californie, en travaillant huit heures par jour.*

	francs.
Sur le fleuve Sacramento, suivant des renseignements donnés par des habitants de la Californie. . . . . de	84 à 168
Sur le fleuve Saint-Joachim . . . . . de	· 84 à 336
Dans les gîtes aurifères de ces mêmes localités, suivant les calculs du consul américain Larken, en 1848. . . . . de	132 à 266
Sur la rivière de la Plume, suivant les annonces des gazettes de ce pays.	32
Dans les gîtes aurifères de cette même rivière.	32
Près de la rivière Joubi et de la rivière des Ours.	24
Près de la rivière American-Fork.	26
Suivant les renseignements rassemblés par Falson. . . . . de	124 à 1,600
Suivant le témoignage du consul Marenhold, dans beaucoup d'endroits de la Californie, de	1,000 à 1,600
Suivant les calculs de M. Michel Chevalier [1] .	76
idem d'autres individus, de	389 à 760

[1] *Cours d'économie politique*, t. III, p. 242.

§ 8. Division en périodes de la production de l'or en Californie.

Comme la découverte de l'or en Californie n'eut pas lieu avant 1848, les quatre premières des six périodes formant ici la répartition de l'exploitation universelle, n'existent pas pour cette contrée. Il nous reste donc à indiquer la marche de l'exploitation de l'or dans ce pays, pendant le courant des cinquième et sixième périodes seulement.

Cinquième période. s'étendant de 1848 à 1851, comprenant 3 années.

La découverte de l'or en Californie eut lieu, ainsi qu'il est dit déjà, vers la fin de l'automne de 1848. Les habitants indigènes se mirent alors à l'exploiter. Selon les calculs du gouverneur de la Californie, Buttler-King[1], 5,000 hommes s'y occupaient déjà, en 1848, de l'exploitation de l'or, et y recueillirent dans cette année pour une valeur de 25 millions de francs; mais l'exploitation effective n'y commença qu'en août et septembre 1849.

Suivant le rapport de ce même Buttler-King, dans le courant de la première moitié de 1849, c'est-à-dire pendant trois mois, il y avait en tout jusqu'à **21,000** hommes travaillant aux gîtes aurifères de la Californie. Dans le courant de la seconde moitié des travaux de 1849, c'est-à-dire pendant soixante-cinq jours, il y en avait déjà

[1] Voyez le rapport adressé au secrétaire d'État indiqué plus haut.

4,000 ; mais la plus grande partie de ces travailleurs se composait de gens nouvellement arrivés, sans expérience et peu habitués aux fatigues. Malgré cela, on y exploita en 1849, d'après l'indication de Buttler-King, pour une valeur de 151,500,000 francs d'or [1].

Il ressort des rapports de l'ingénieur Émile Chevalier, publiés aujourd'hui par le gouvernement français, qui l'envoya dans l'isthme de Panama, qu'en 1850 on a exporté de l'or de la Californie, par la route de Panama, pour une valeur de 468 millions de francs, et des États de l'Amérique du Sud, pour 68 millions. D'après les publications du gouvernement de la Californie, on y a exploité dans toute la saison des travaux, du 1er avril au 31 décembre 1850, pour une valeur en or de 364 millions de francs. Presque la même quantité se trouve indiquée dans les comptes rendus publiés par le ministre du commerce français.

Selon des avis insérés dans le *Globe*[2], journal anglais, on a exploité, en 1849, de l'or en Californie pour une valeur de 151 millions de francs, et, en 1850, pour 302 millions.

En prenant pour base ces renseignements, on voit qu'on a exploité en Californie, dans le courant de la cinquième période, de 1848 à 1851 comprenant 3 années, la quantité d'or suivante :

```
En 1848.  .  .  .  Or.  .  .  .  .   7,443 kil. valant   25,000,000 fr.
   1849.  .  .  .  —   .  .  .  .    45,381  —      —    151,400,000
   1850.  .  .  .  —   .  .  .  .    90,645  —      —    302,400,000
                                    ________         ___________
              Total.  .  .   143,469  —      —    478,000,000
                                    ________         ___________
          Moyenne annuelle.  .    47,823 kil. valant 159,600,000 fr.
```

[1] *Voyez* le rapport adressé au secrétaire d'État indiqué plus haut.
[2] 18 octobre 1852.

Sixième période, s'étendant de **1851** à **1855**, comprenant
4 années.

L'exploitation de l'or en Californie ne cesse pas de s'accroître dans le courant de la sixième période. Selon le témoignage de quelques voyageurs, il y a actuellement de 100,000 à 180,000 hommes qui travaillent dans les gîtes aurifères. On a exploité de l'or dans ce pays, en 1851, pour une valeur de :

360 millions de francs, selon des résultats officiels publiés en Californie ;

300 millions, selon les calculs de l'ancien ministre des finances français, Léon Faucher ;

436 millions, d'après le témoignage du voyageur russe Rotcheff, qui était à cette époque en Californie [1] ;

428 millions, selon les nouvelles publiées dans la gazette anglaise le *Globe* [2].

En 1852, on y a exploité de l'or pour une valeur de :

504 millions, d'après les nouvelles du pays même ;

440 millions, d'après les calculs de la gazette anglaise le *Times*.

Selon les comptes publiés actuellement par le gouvernement de la Californie, la quantité d'or qu'on y a exploitée en 1852 est d'accord avec celle que le *Times* indique ; ainsi que celle exportée, dans le courant de 1853, par la douane de la Californie, dont les chiffres ont été recueillis selon les nouvelles officielles du gouvernement de ce pays ; mais on a ajouté à cette quantité exportée par la douane de la Californie, proportionnément aux nouvelles de 1852, celle exportée de la

---

[1] *Lettres de Rotcheff*. *Abeille du Nord*, mai 1852, N° 111 et 112.
[2] 18 octobre 1852.

Californie et non déclarée en douane par les voyageurs, et aussi celle qui est restée dans le pays même sur la quantité exploitée en 1853.

Quoiqu'il soit évident, d'après ces renseignements d'accord entre eux, que la quantité d'or exploitée en Californie subit un accroissement important et continuel, il faut cependant expliquer que l'exploitation de l'or en 1851 et 1852, même en 1853 et 1854, aurait pu être beaucoup plus importante, si l'activité et les efforts communs n'eussent pas été dirigés principalement du côté du développement de la civilisation, c'est-à-dire appliqués à la construction des ports et à la fondation des villes et des villages, à leur pavage, à l'éclairage des rues au gaz, à l'établissement de chaussées et de chemins de fer ; de sorte que, malgré l'augmentation incessante de la population de la Californie, une grande partie de cette population fut employée à satisfaire aux exigences d'une civilisation qui se développait rapidement.

En admettant ces indications moyennes, il est démontré que, dans le courant de la sixième période de 1851 à 1855 comprenant 4 années, on a exploité en Californie la quantité d'or suivante :

En 1851. . . . Or. . .	128,173 kil. valant	428,400,000 fr.
1852. . . . — . .	131,880 — —	440,000,000
1853. . . . — . .	155,871 — —	520,000,000
1854. . . . — . .	155,871 — —	520,000,000
Total. . .	571,795 — —	1,908,400,000
Moyenne annuelle. .	142,948 kil. valant	477,100,000 fr.

TABLEAU GÉNÉRAL

de la quantité et de la valeur de l'or exploité en Californie depuis le commencement même de l'exploitation, c'est-à-dire depuis 1848 jusqu'au 1er janvier 1855, ou pendant 7 années.

En 1848. . . . Or. . .	7,443 kil. valant	25,000.000 fr.
1849. . . . — . .	45.381	—	151.400,000
1850. . . . — . .	90,643	—	302.100,000
1851. . . . — . .	128,173	—	423.400,000
1852. . . . — . .	131,880	—	440,000,000
1853. . . . — . .	155,871	—	520.000,000
1854. . . . — . .	155,871	—	520.000,000
Total. . .	715,264	—	2,387,200,000

CHAPITRE XVIII.

RÉCAPITULATION DE LA QUANTITÉ ET DE LA VALEUR DE L'OR ET DE L'ARGENT EXPLOITÉS EN AMÉRIQUE, DEPUIS SA DÉCOUVERTE JUSQU'EN 1855, Y COMPRIS LA CALIFORNIE.

Si l'on réunit les déductions qui précèdent sur l'Amérique et la Californie, on aura le résultat suivant :

Aujourd'hui, vers 1855, on exploite chaque année dans toute l'Amérique, y compris la Californie, 169,834 kilogrammes d'or et 755,180 kilogrammes d'argent. Valeur totale des deux métaux, 734,512,280 francs.

On a exploité en tout en Amérique, avec la Californie, depuis la découverte de ce continent jusqu'en 1855, 3,559,295 kilogrammes d'or et 146,591,473 kilogrammes d'argent. Valeur totale des deux métaux, 41,646 millions de francs.

Ces mêmes déductions sont représentées en détail dans le tableau suivant :

TABLEAU GÉNÉRAL de la quantité et de la valeur de l'or et de l'argent exploités dans toutes les contrées de l'Amérique, depuis sa découverte jusqu'au 1er janvier 1855, y compris la Californie.

	OR.		ARGENT.		MOYENNE ANNUELLE de l'exploitation de l'or et de l'argent.
	kilogrammes.	francs.	kilogrammes.	francs.	francs.
La 1re période n'existe pas pour l'Amérique qui n'était pas encore découverte.					
2e période, de 1492 à 1810. . . .	2,381,309	7,662,758,000	123,433,277	24,902,584,000	102,729,782*
3e période, de 1810 à 1825. . . .	416,880	390,000,000	4,788,225	1,064,700,000	96,980,000
4e période, de 1825 à 1848. . . .	248,101	828,000,000	13,083,744	2,909,270,000	462,490,000
5e période, de 1848 à 1851. . . .	485,358	618,575,400	2,265,540	503,761,440	374,442,280
6e période, de 1851 à 1855. . . .	627,647	2,094,767,200	3,020,720	674,681,920	691,612,280
Totaux.	3,559,295	11,594,400,600	146,591,473	30,051,997,360	

Total général de la valeur des deux métaux.   Or . . 11,594,100,600 fr.

Argent. 30,051,997,360

Ensemble. . . 41,646,097,960

* Moyenne annuelle de 1492 à 1500.	1,357,500 fr.
» de 1500 » 1545.	16,290,000
» de 1545 » 1600.	59,730,000
» de 1600 » 1700.	86,880,000
» de 1700 » 1750.	122,175,000
» de 1750 » 1805.	191,679,000
» de 1805 » 1810	225,425,000
Moyenne totale de la période de 1492 à 1810.	102,729,782 fr.

CHAPITRE XIX.

ÉTAT DE LA PRODUCTION DE L'OR ET DE L'ARGENT EN ASIE ET EN OCÉANIE DEPUIS L'ANTIQUITÉ JUSQU'EN 1855.

§ 1. État de la production de l'Asie.

L'état de la production de l'or et de l'argent en Asie jusqu'à J.-C. est déjà exposé dans le chapitre ix. Cette production était certes considérable relativement aux époques et aux conditions dans lesquelles se trouvait la science métallique d'alors ; cependant, on ne peut pas appeler immense cette quantité, comparativement à la quantité universelle qui s'exploite aujourd'hui. Des circonstances défavorables, et les événements politiques surtout, furent cause de la décadence de la production de l'or et de l'argent, mais surtout de l'or, en Asie.

Cette décadence qui survint encore avant J.-C. continue malheureusement jusqu'à présent ; toutefois, l'augmentation de l'exploitation de l'or s'est clairement manifestée, dans les dernières années, sur quelques îles de l'Océanie ; mais les détails y relatifs seront exposés plus loin.

Malgré la décadence actuelle de l'exploitation, on peut dire que la richesse de l'Asie en gisements d'or et d'argent et en gîtes aurifères, n'est soumise à aucun doute ;

ensuite il faut avouer, autant qu'on peut avoir des
renseignements positifs sur l'Asie et l'Océanie, qu'on y
exploite en général peu d'argent relativement à la quantité d'or.

Pour l'établissement de la production de l'or et de l'argent, il faut nécessairement beaucoup plus de garantie
et de protection de la part du gouvernement que pour
toute autre production. Sans parler des nations nomades
de l'Asie, de ses contrées mal organisées et même de ses
États les plus civilisés, tels que la Turquie, la Perse, le
Thibet, la Chine, le Japon et l'Inde anglaise, on peut cependant dire qu'on n'y a pas encore dirigé l'attention sur
sa richesse naturelle en or et en argent, malgré que les
habitants connussent beaucoup de gisements de ces métaux. Il faut espérer que les gouvernements actuels de la
Turquie et de la Perse, la restauration de l'ancienne
dynastie régnante en Chine, et les relations commerciales qui viennent d'unir les États-Unis et le Japon,
finiront par établir en Asie la production de l'or et de
l'argent sur des bases solides.

§ 2. État de la production de l'Océanie en général.

Nous avons déjà dit que les nombreuses îles des
archipels, situées sous l'équateur et dans l'hémisphère
sud, sont des sommets de chaînes de montagnes im-
mergées dans l'Océan, de formation postérieure ; que les
terrains mêmes de beaucoup d'entre elles consistent en
volcans à peine éteints, et que généralement les montagnes d'origine plus tardive sont riches en or et en
argent. Selon toute probabilité, ces îles renferment d'a-
bondants gisements de ces métaux.

A l'exception de quelques villes ou de quelques colonies européennes, toutes les autres îles de l'Océanie sont habitées par des nations non éclairées ou même tout à fait sauvages [1]; cependant, en raison de la grande richesse en or de ces contrées, nous verrons plus loin qu'on en a exploité déjà dans beaucoup d'entre elles une quantité assez considérable.

§ 3. Exploitation de l'or et de l'argent dans la Turquie asiatique.

Quoiqu'on connaisse déjà des gisements dans la Turquie asiatique, l'exploitation de l'or des minerais n'a pas encore commencé. Au reste, selon les nouvelles reçues en 1854, on a trouvé vers la fin de 1853, près de la ville de Bagdad, sur la montagne Kardouzan, un gisement d'or qui promet beaucoup. L'exploitation de l'or des gîtes aurifères de la Turquie asiatique est également à peine établie de nos jours. Pour ce qui concerne les sables aurifères, les traditions historiques, comme aussi les roches de la Turquie asiatique, sont des preuves convaincantes de leur existence dans ce pays. Au reste, on ne sait pas actuellement si l'on y a exploité de l'or en quantité tant soit peu considérable. L'exploitation de l'argent se borne de même, jusqu'à présent, à la quantité qu'on recueille dans les mines argentifères situées près d'Erzeroum. Suivant le témoignage de Jacob et de M. Michel Chevalier [2], il y a vingt-cinq ans que les mines d'Er-

---

[1] Pour donner une plus grande clarté aux indications, on entend ici par Océanie toutes les îles et les archipels de l'Asie et de l'Amérique, sauf les Antilles, et on en exclut également la Nouvelle-Hollande ou l'Australie proprement dite, la Nouvelle-Zélande et la terre Victoria récemment découverte.

[2] *Cours d'économie politique*, t. III, p. 251.

zeroum fournissent annuellement jusqu'à **11,245** kilogrammes d'argent. En l'absence de renseignements sur l'accroissement de cette quantité, on peut supposer approximativement que la quantité d'argent qu'on y exploite aujourd'hui n'est pas inférieure au chiffre ci-dessus. Au reste, l'argent des mines d'Erzeroum s'expédie à Constantinople pour l'Hôtel de la Monnaie, d'où il sort converti en numéraire [1].

§ 4. Exploitation de l'or et de l'argent en Perse.

On ignore si l'exploitation de l'or et de l'argent a été établie en Perse.

§ 5. Exploitation de l'or et de l'argent dans l'Asie mineure et au Thibet.

On peut dire avec assurance que le Thibet fournissait de l'or dans l'antiquité.

On affirme que beaucoup de contrées de l'Asie centrale sont riches en gisements d'or et d'argent; on sait même positivement qu'il s'en trouve dans les montagnes de l'Himalaya et du Thibet. Aujourd'hui, on n'y exploite apparemment ni or ni argent des minerais dans ces contrées; seulement, dans quelques endroits, et cela en petite quantité, on exploite des gîtes aurifères.

§ 6. Exploitation de l'or et de l'argent en Chine.

D'après les témoignages unanimes d'Européens qui ont séjourné en Chine, beaucoup de provinces de ce

[1] *Voyez* chapitre x.

18.

pays possèdent des gisements d'or et d'argent, comme aussi des gîtes aurifères. Les voyageurs russes qui ont été en Chine confirment également cette assertion [1].

Le colonel Kowalefski, ingénieur envoyé à Pékin, en 1850, par le gouvernement russe [2], dit que les gîtes aurifères se trouvent de préférence dans la partie occidentale de la Chine, c'est-à-dire dans les Montagnes-Bleues, en allant de Khouri-Kara-Oussou jusqu'à Khotan et plus loin ; au nord, également dans la province d'Ili, sur les rivières Balitsin-Houna et Chouan-Chou-Ouzi ; dans le district d'Ouroumtsimsk, sur les montagnes du sud de Koultoun, Khoutoukbaï, Monas, Laklon et Kour-Kara-Ouskol ; le long de la rivière Tzirgalan, avec ses affluents Hourban-Kaktou, et également dans la chaîne de montagnes de Tarba-Hataï, sur les rivières Dardalet et Kour-Kara-Oussou. En outre, le colonel Kowalefski assure que les plus riches gîtes aurifères se trouvent dans le district de Doun-Khounsk, près de la montagne Cha-Tchoou, sur la rivière Dan-Jé.

M. Chrapowitski, membre de la mission religieuse russe à Pékin, dit également [3] « qu'en Chine, les mine
« rais argentifères se trouvent le plus souvent sur les
« versants de montagnes et dans les vallées. Ces mine
« rais se reconnaissent à un filon aussi mince qu'un che
« veu, qui devient visible à travers le minerai. Les mine
« rais argentifères se distinguent également par l'appa
« rence et la quantité ; la richesse en argent est variée :
« parfois, on retire de 36 à 108 grammes d'argent par

[1] *Journal des mines russe*, 1845.
[2] *Ibid.*, 1852, n° 4, p. 52.
[3] *Ibid.*, 1852, p. 77 et 78.

« d'un seul panier de quartz du poids de 15 kilogrammes,
« et d'autres fois seulement de 3 à 4 grammes. On ne
« peut pas reconnaître également la profondeur des
« filons, c'est-à-dire des minerais ; quelquefois, on les
« rencontre à la surface même de la terre, et, d'autres
« fois, ils sont à une profondeur de quelques mètres, et
« même de plusieurs centaines de mètres. »

Les usines métallurgiques de la Chine se trouvent en
grande partie dans les provinces de Tzan-Sii et de Ioun-
Nan. On exploite l'or dans la partie nord de la province
de Ioun-Nan, et aussi en grande quantité le long de
la rivière Tsin-Cha-Tsian. On y recueille l'or des gîtes
aurifères par le lavage. Les dépenses que cause l'exploitation des gîtes aurifères, comme aussi les bénéfices
qu'elle procure, sont presque les mêmes dans tous les
endroits; mais durant l'exploitation de ceux situés dans
les endroits-creux et dans les lits des ruisseaux qui des-
cendent des montagnes, on trouve des morceaux d'or
natif ou nuggets plus ou moins gros; alors les bénéfices sont souvent considérables. On reçoit en général
beaucoup d'or de la province de Ioun-Nan ; il y a aujourd'hui trois endroits dans cette province où l'on
exploite les gîtes aurifères, savoir : Ioun-Baï, près de la
rivière Tsin-Cha-Tsian ; Baochan, près de la rivière Lou-
Tsian, et Kaï-Khoua, dans le petit bourg Si-Ban. En
outre, M. Chrapowitski ajoute qu'on compte seize mines
argentifères dans la province de Ioun-Nan ; il affirme
également que les habitants des provinces Ioun-Nan et
Houan-Sii reçoivent l'argent exploité dans les royaumes
d'Ava et d'Annam. Au delà de la frontière de Ioun-Nan
on exploite des mines argentifères à Da-Chan-Tchan,
appartenant au royaume d'Ava ; et au delà des limites

de la province de Honan-Sii on exploite les mines de
Soun-San-Tchan, appartenant au royaume d'Annam. Ces
deux gisements sont très-riches en argent ; et comme les
indigènes de ces deux royaumes n'en connaissent pas
l'exploitation, les gouvernements permettent aux Chinois
d'exploiter les mines, se contentant de la perception d'un
impôt sur l'argent exploité. On exploite aujourd'hui dans
les usines de Da-Chan-Tchan jusqu'à **38,500** kilogrammes d'argent par année. La liberté dont jouissent les ouvriers dans ces mines donne souvent lieu à des rixes :
les plus fortes associations d'ouvriers s'emparent des
mines les plus riches, jusqu'à ce qu'ils en soient chas-
sés à leur tour par une compagnie encore plus nombreuse.

Malgré la richesse évidente de la Chine, tant en gisements ou minerais aurifères et argentifères qu'en gîtes
aurifères, le gouvernement a pris, depuis l'antiquité jusqu'aujourd'hui, toutes les mesures possibles pour entraver
l'exploitation de l'or et de l'argent dans cet empire. Dans
les endroits où le gouvernement chinois tolère l'exploitation de l'or et de l'argent comme un mal inévitable,
comme une occupation indispensable des habitants, il
s'efforce de l'entraver par toutes sortes de restrictions :
par exemple, par une loi indiquant minutieusement les
endroits où l'exploitation est permise et la défendant
sévèrement partout ailleurs ; par une autre loi qui détermine la durée du temps pendant lequel on peut se permet-
tre l'exploitation de ces mines et de ces gîtes aurifères autorisés. Pour s'assurer de l'exécution rigoureuse de cette loi,
un poste militaire chargé de la surveillance, reste sur les
lieux tout le temps que l'exploitation est interdite. Une
autre loi la défend aux communautés qui comptent plus de

cinquante hommes. En outre, cette loi détermine l'espace
même accordé à l'établissement d'une mine, et cela à
condition que la mine sera creusée dans une direction
verticale, sans dévier de côté. L'espace indiqué pour la
mine est très-borné, c'est-à-dire à peu près de 3 mètres
carrés [1]. On fait aussi de grandes restrictions pour l'espace des gîtes aurifères. Abstraction faite de détails, on
peut dire seulement que l'espace indiqué pour les gîtes
est très-peu étendu, et en outre qu'il n'en suit jamais les
contours naturels, c'est-à-dire que l'étendue fixée pour
l'exploitation est en ligne droite, tandis qu'on sait
que les gîtes aurifères forment des sinuosités. Chaque
individu qui veut exploiter une mine doit présenter préalablement comme caution une quantité d'argent conve-
nue, équivalant à $22\frac{1}{7}$ kilogrammes [2]. En dernier lieu, la
quantité d'or exploitée est chargée d'un fort impôt, ainsi
qu'il sera expliqué plus loin.

Les mines aurifères et argentifères et les gîtes aurifères de la Chine sont exploités par des particuliers, à
l'exception des mines dont le gouvernement chinois se
réserve l'exploitation. Malgré toutes ces lois restrictives,
ou, pour mieux dire, grâce à ces mesures oppressives, les
abus des employés nommés pour la surveillance de ces exploitations sont excessifs ; aussi, l'exploitation secrète de
l'or et de l'argent s'exerce-t-elle d'une manière assez considérable [3].

Il est très-difficile de déterminer la quantité d'or et
d'argent qu'on exploite actuellement en Chine, parce que

---

[1] *Journal des mines russe*, 1852, p. 81. Article de M. Chrapowitski, membre
de la mission de Pékin.

[2] *Ibid.*, p. 81.

[3] *Ibid.*, p. 79.

le gouvernement garde le plus profond secret, même sur
le chiffre des impôts qu'il prélève ; au surplus, la quantité
d'argent représentée comme couvrant l'impôt paraît très-
peu considérable. Le colonel Kowalefski dit encore dans
son article [1] qu'on imprima une seule fois, et cela par
hasard, le rapport de l'administrateur de Tarba-Gata dans
la gazette officielle de Pékin. On voit dans ce compte
qu'en 1849, dans les mines d'or de Dartermtousk, on
avait perçu un impôt de 2 $\frac{4}{5}$ kilogrammes sur l'argent
qu'on y avait exploité.

Rondot, qui a été dans ce pays, dit également, en
annonçant dans son ouvrage [2] l'impossibilité d'apprendre
quelque chose de positif sur la quantité d'or et d'argent
exploitée en Chine, qu'on sait que dans la province de
Kirrea, située dans la Tatarie chinoise, deux cents à
trois cents hommes sont constamment occupés à l'exploitation de l'or des minerais, et qu'on exploite quelques
petits gîtes aurifères dans la province de Hou-Kouang.
Pour ce qui concerne l'argent, Rondot ajoute de même
qu'on imprima une fois en Chine un mémoire présenté à
l'Empereur, où il était relaté que quarante à cinquante
mille hommes s'occupent de l'exploitation de l'argent
dans les districts de Ho-Chann et de Son-Sing et dans
la province de Ioun-Nan ; qu'ils y exploitent, en argent,
jusqu'à 75,000 kilogrammes par année, et qu'en outre
on en exploite encore dans d'autres endroits de l'Empire.

M. Michel Chevalier dit dans son *Cours d'économie politique* [3] qu'il est permis de supposer que la quantité d'ar-

[1] *Journal des mines russe*, 1852, n° 4, p. 51.
[2] *Recherches sur le commerce extérieur de la Chine*.
[3] *Cours d'économie politique*, t. III, p. 254.

gent exploitée annuellement en Chine atteint le chiffre
de quelques milliers de kilogrammes.

Il nous reste actuellement à nous réjouir avec M. Michel
Chevalier de voir arriver le moment où un rapprochement
va s'opérer entre le vaste empire chinois et le monde
civilisé. Alors, selon toute probabilité, la production de
l'or et de l'argent y prendra un immense développement,
ce qui contribuera certes beaucoup à augmenter la
quantité universelle d'or et d'argent exploitée.

Jusqu'à ce qu'on puisse affirmer que la Chine est en-
trée dans le concours de la production universelle, et en
se basant sur les renseignements qui précèdent, on peut
dire approximativement qu'on y exploite actuellement en
or jusqu'à 5,000 kilogrammes, et en argent jusqu'à 24,000
kilogrammes par année. Valeur totale des deux métaux,
21,800,000 francs.

§ 7. Exploitation de l'or et de l'argent au Japon.

Le Japon a beaucoup de rapports avec la Chine pour ce
qui concerne la production de l'or et de l'argent. D'après
toutes les apparences, ce pays est encore plus riche que la
Chine en gisements d'or et d'argent, mais surtout d'argent. Le gouvernement de cet Empire, ainsi que celui
de la Chine, met toutes les entraves possibles à l'accroissement de l'exploitation de ces métaux.

Comme preuve de la richesse du Japon en or et en
argent, on peut citer les lingots que les Hollandais recevaient autrefois du Japon, lorsque leur commerce y jouissait d'une grande faveur.

La quantité approximative d'or et d'argent exploitée
au Japon n'est nullement connue ; mais il paraît que le

moment est aussi venu pour le Japon, où devra cesser
cet isolement si nuisible à sa prospérité intérieure, et où
ses richesses évidentes en or et en argent deviendront
accessibles à la force productrice et au commerce uni-
versel.

§ 8. Exploitation de l'or et de l'argent dans l'Asie méridionale et dans l'Inde anglaise.

Dans son *Histoire sur les possessions asiatiques de la
Grande-Bretagne*, Martin Montgommery cite positivement
certains endroits de l'Inde anglaise où l'on exploite des
mines d'or.

Le célèbre économiste Jacob suppose qu'on exploitait
en 1820, dans l'Asie méridionale, annuellement 7,200 kilogrammes en or. Depuis lors, cette quantité a probablement augmenté.

On ne possède aucun renseignement positif sur l'exploitation de l'argent dans ces contrées.

§ 9. Exploitation de l'or dans les îles de l'Archipel de la Sonde.

Sous la dénomination d'Archipel de la Sonde, on comprend une foule d'îles qui se trouvent dans la mer de la
Sonde, située au sud de l'Asie. Les principales de ces
îles sont : Sumatra, Java et Bornéo.

La population de cet archipel se monte à 17 millions
d'habitants. Quoiqu'on y rencontre déjà des commence-
ments d'agriculture, même quelques arts et un commerce
relativement peu considérable, les populations y sont
plongées cependant pour la plupart dans l'ignorance et
courbées sous l'oppression d'un gouvernement barbare.
Les principales îles sont administrées par des chefs de

familles indigènes, appelés sultans. Au surplus, la Hollande y possède quelques petites colonies, avec des ports de mer. Le climat de l'Archipel de la Sonde est salubre, et la nature y a généreusement répandu ses bienfaits.

D'après la nature des terrains et des montagnes, ces îles doivent être très-riches en métaux. On sait positivement qu'on extrait de l'or de quelques-unes d'entre elles. On sait aussi que c'est à Bornéo et à Sumatra qu'on exploite principalement l'or; que la quantité exploitée est assez considérable, et qu'elle augmente annuellement.

On comprend qu'en présence de la situation politique et civile de l'Archipel de la Sonde, il soit très-difficile de se procurer des renseignements sur la quantité d'or qu'on y exploite; cependant, les économistes anglais, Jacob et Crawfort, supposent qu'on exploitait en 1820, dans toutes les îles de l'Archipel de la Sonde, annuellement en or la quantité suivante : 2,635 kilogrammes à Bornéo; 1,047 à Sumatra, et 1,014 dans toutes les autres îles de l'Archipel. Total, 4,700 kilogrammes.

M. Michel Chevalier [1], en se basant sur les renseignements qu'il a recueillis, suppose qu'on exploite aujourd'hui dans toutes les îles de cet archipel, approximativement 20,000 kilogrammes d'or par an. Au reste, les relations commerciales de l'Europe avec ces îles ont beaucoup augmenté vers les derniers temps, et, selon toute probabilité, l'influence européenne contribuera de plus en plus à y accroître l'exploitation de l'or.

---

[1] *Cours d'économie politique*, t. III, p. 253.

§ 10. Exploitation de l'or aux Philippines.

Les Philippines sont situées dans la même partie du monde que l'Archipel de la Sonde. On dit généralement que la situation politique de l'Archipel des Philippines est la même. L'île la plus considérable de cet archipel est Luçon, dont la principale ville est Manille : cette île appartient à l'Espagne. La ville de Manille est très-importante par son commerce ; par conséquent, sous le rapport de l'or et de l'argent, elle a déjà été mentionnée plusieurs fois dans ce livre.

Les terrains et les roches qui se trouvent dans les îles de l'Archipel des Philippines sont d'origine volcanique et apparemment très-riches en métaux. On sait même qu'on y exploite l'or et le fer dans les montagnes. Quoique, selon les témoignages de voyageurs, on exploite beaucoup d'or dans les principales îles de cet archipel, on ne sait cependant rien de positif à l'égard de la quantité.

On peut répéter ici, sur la position actuelle des îles de l'Archipel des Philippines, ce qu'on a dit plus haut de l'Archipel de la Sonde, c'est-à-dire que l'influence exercée sur elles par l'Europe augmente d'année en année et qu'elle aura certainement pour conséquence inévitable l'accroissement de la quantité d'or qu'on y exploite.

§ 11. Récapitulation de la quantité et de la valeur de l'or et de l'argent exploités en Asie et en Océanie vers 1855.

Les renseignements ci-joints sur la production de l'or et de l'argent en Asie et en Océanie se bornent ici à la période de 1810 à 1855. Néanmoins, on sait qu'on a exploité également de l'or et de l'argent en Asie depuis J.-C. jusqu'à 1810. Certes, la quantité d'or et d'argent exploitée pendant un laps de temps si long a varié bien souvent, selon les circonstances plus ou moins favorables ; mais dans la récapitulation, et parlant toujours approximativement, on peut avancer qu'en moyenne la quantité d'or et d'argent exploitée, chaque année, avant ladite période, ne pouvait évidemment pas être moindre que la moitié de la quantité annuelle de ce métal qu'on a exploitée en Asie et en Océanie depuis 1810.

Ainsi, en se basant sur les données précédentes, et en adoptant les calculs faits en conséquence par MM. Michel Chevalier et Crawfort [1], on peut dire approximativement que l'exploitation actuelle de l'Asie et de l'Océanie ne forme en moyenne, par année, pas moins pour l'or de 27,000 kilogrammes, et pour l'argent 110,000 kilogrammes. Valeur totale des deux métaux, 114,500,000 francs.

C'est ainsi qu'en acceptant la production de l'or et de l'argent en Asie pour tout le temps qui s'est écoulé depuis J.-C. jusqu'à 1810, comme il est dit plus haut, c'est-à-dire approximativement, en prenant seulement la moitié de la quantité exploitée en Asie et en Océanie en 1810, et en y ajoutant la quantité d'or et d'argent en nature qui s'est accumulée dans ces contrées du monde jusqu'à l'époque de J.-C., ainsi qu'il est expliqué en détail chapitre IX, § 2, il en résulte que la quantité d'or et d'argent en nature qui existait en Asie et en Océanie, comme aussi celle de ces métaux qui en fut extraite depuis l'antiquité la plus reculée jusqu'à 1855, s'élevait pour

---

[1] *Cours d'économie politique*, par M. Chevalier, t. III, p. 256 et 257.

l'or jusqu'à 7,958,938 kilogrammes ; pour l'argent à 72,663,362. Valeur en or, 26,550,500,000 francs ; en argent, 16,157 millions. Total pour les deux métaux, 42,707,500,000 francs.

Ces déductions sont indiquées plus en détail dans le tableau suivant.

TABLEAU GÉNÉRAL

de la quantité et de la valeur de l'or et de l'argent exploités en Asie, non compris la Russie d'Asie, et en Océanie, depuis l'antiquité jusqu'en 1855.

PÉRIODES D'EXPLOITATION.	OR.		ARGENT.		TOTAL de l'exploitation pour toutes les périodes.	MOYENNE ANNUELLE.				
						OR.		ARGENT.		TOTAL.
	kilogr.	fr.	kilogr.	fr.	fr.	kilogr.	fr.	kilogr.	fr.	fr.
Il existait, en nature, au temps de J.-C.	1,997,938	6,665,333,332	59,969,362	13,334,666,668	20,000,000,000	»	»	»	»	»
1re période, de J.-C. à 1492.	4,476,000	14,931,410,816	8,952,000	1,990,417,520	16,921,828,336	3,000	10,007,648	6,000	1,334,060	11,441,708
2e période, de 1492 à 1810.	951,000	3,172,424,416	1,902,000	422,897,020	3,595,321,436	3,000	10,007,648	6,000	1,334,060	11,441,708
3e période, de 1810 à 1825.	90,000	300,229,440	180,000	40,021,800	340,251,240	6,000	20,015,296	12,000	2,668,120	22,683,416
4e période, de 1825 à 1848.	276,000	920,703,616	920,000	204,569,820	1,125,273,436	12,000	40,030,592	40,000	8,894,340	48,924,932
5e période, de 1848 à 1851.	60,000	200,166,624	300,000	66,707,548	266,874,172	20,000	66,722,208	100,000	22,235,848	88,958,056
6e période, de 1851 à 1855.	108,000	360,275,360	440,000	97,835,920	458,111,280	27,000	90,068,840	110,000	24,458,980	114,527,820
Totaux.	7,958,938	26,550,543,604	72,663,362	16,157,116,296	42,707,659,900					

CHAPITRE XX.

PRODUCTION DE L'OR ET DE L'ARGENT EN AFRIQUE, DEPUIS L'ANTIQUITÉ
JUSQU'EN 1855.

§ 1. État de la production en Afrique.

On a déjà exposé, dans le chapitre IX, la situation de
la production de l'or et de l'argent en Afrique jusqu'à
J.-C.; depuis cette époque jusqu'à nos jours, la civilisation, et en même temps la production de l'or et de l'argent, n'ont presque pas changé dans cette partie du
monde : quelques colonies anglaises, au reste peu nombreuses, du cap de Bonne-Espérance, et l'administration
de Saïd-Pacha, vice-roi actuel de l'Égypte, peuvent seules
former une exception. Saïd-Pacha prépare, selon toute
probabilité, un meilleur avenir à l'ancien royaume des
Pharaons, auquel la Grèce, et, après elle, les autres nations européennes sont redevables de leur civilisation
actuelle.

On peut encore mentionner les espérances bien fondées de la république actuelle de Libéria, qui s'est formée
nouvellement, et dont le territoire est situé le long de la
côte occidentale de l'Afrique.

L'Afrique, qui forme une vaste partie du monde, est
habitée par des peuplades fort différentes; mais ces peu-

plades barbares formant, sauf l'exception que nous venons
de mentionner, presque toute la population actuelle de
l'Afrique, se trouve à un degré si bas de civilisation que
la majeure partie de ces contrées restent même tout à fait
inaccessibles aux progrès de la science européenne.
Le Nord et les parties situées sur les côtes sont seuls
connus, et cela depuis peu de temps.

Malgré tout, s'il n'est pas permis de supposer qu'on
exploite aujourd'hui de l'argent en Afrique, exploitation
qui exige toujours une habileté particulière, on sait, par
contre, d'une manière positive, qu'on y continue à exploiter l'or des gîtes aurifères. Les indigènes gardaient dans
l'antiquité et gardent encore aujourd'hui l'or exploité des
gîtes aurifères dans des tuyaux de plumes. C'est avec
cet or ainsi conservé qu'ils achètent maintenant des
marchandises aux Européens. La dénomination même
de *Côte-d'Or de la Guinée*, nom que porte une partie considérable de la côte occidentale de l'Afrique, indique
clairement qu'on y échangeait depuis fort longtemps l'or
contre des marchandises.

Le mot *guinée*, nom de monnaie anglaise, rappelle également que l'or, dont les Anglais se servaient pour leur
numéraire, était, dans le principe, recueilli par eux
surtout à la Côte-d'Or de Guinée.

Selon les nouvelles les plus récentes, les contrées des
côtes septentrionale et occidentale de la Guinée sont
riches en gîtes aurifères; les nombreuses montagnes de
l'Afrique centrale, principalement les plateaux, ou les
élévations graduelles des montagnes de l'Abyssinie,
abondent en or. Dans les vastes contrées, telles que le
Soudan, la Sénégambie, la Mozambique, la Nubie et le
Kordofan, on exploite continuellement des gîtes auri-

fères. D'après le témoignage de l'ingénieur russe, colonel Kowalefski, qui a pénétré au pied de la montagne Doul, les versants de la chaîne de l'intérieur de l'Afrique, ou des monts de la Lune, abondent également en gîtes aurifères : et quoique ceux-ci ne se distinguent pas encore jusqu'à présent par leur richesse, ils occupent cependant une immense étendue, non-seulement dans les vallées de la montagne Doul, mais aussi dans presque toutes celles des montagnes environnantes.

Il est à remarquer, en outre, que lorsque feu le vice-roi d'Égypte, bien que, d'après les apparences, il ne dût pas espérer trouver de l'or dans les terrains fertiles de l'Égypte, engagea le colonel Kowalefski à faire des fouilles dans les plaines du Nil, ce dernier cependant non-seulement y trouva des gîtes aurifères assez riches, mais il y organisa une exploitation de l'or par le lavage. Ces gîtes aurifères, découverts par Kowalefski, sont situés à une profondeur de 8 à 16 centimètres. Quant à leur richesse, 1,637 kilogrammes de terre rendent 8 grammes d'or d'un titre très-élevé.

Il est également remarquable que Kowalefski, en remontant le Nil vers les hauteurs de l'endroit où il découvrit le second gîte aurifère, trouva dans tout cet endroit des traces d'exploitation qui remontent probablement au temps des Pharaons.

On comprend qu'en présence des circonstances défavorables actuelles, il doit être très-difficile de se procurer des renseignements sur la quantité d'or exploitée en Afrique. En nous bornant provisoirement aux contrées connues de ce continent, on peut citer les recherches faites en conséquence par Crawfort. Selon ses calculs, l'exploitation annuelle de l'or en Afrique ne peut pas être évaluée au-dessous de 14,000 kilogrammes.

D'après les déductions de M. Michel Chevalier [1], à peu près 4,000 kilogrammes de cet or exploité en Afrique circulent sur tous les marchés du monde par le canal du commerce anglais avec l'Afrique.

Malgré tous les obstacles qu'opposent la férocité des nations et la barbarie des gouvernements de l'Afrique, les besoins qui s'y font sentir des produits de l'Europe et particulièrement de l'Angleterre, les contraignent à augmenter continuellement la quantité d'or exploitée.

§ 2. Récapitulation de la quantité et de la valeur de l'or et de l'argent exploités en Afrique jusqu'en 1855.

Les renseignements ci-joints sur la production de l'or et de l'argent en Afrique se bornent à la période de 1810 à 1855.

Néanmoins, on sait qu'on a aussi exploité de l'or et de l'argent en Afrique depuis Jésus-Christ jusqu'en 1810. Cette quantité exploitée pendant un laps de temps si long a varié bien souvent, selon les circonstances plus ou moins favorables. Mais en parlant toujours approximativement, on peut avancer qu'en moyenne la quantité d'or et d'argent exploitée chaque année avant ladite période ne pourrait évidemment pas être inférieure à la moitié de la quantité annuelle de ce métal exploitée en Afrique depuis 1810.

En se basant sur les données précédentes, on peut dire approximativement que l'exploitation actuelle de l'or en

[1] *Cours d'économie politique*, par M. Michel Chevalier, t. III, p. 252.

19.

Afrique n'est pas au-dessous de 4,200 kilogrammes par an, représentant une valeur de 14 millions de francs. Quant à l'argent, il paraît que jusqu'aujourd'hui on n'y exploite pas du tout ce métal.

C'est ainsi qu'en acceptant la production de l'or et de l'argent en Afrique pendant tout le temps qui s'est écoulé depuis Jésus-Christ jusqu'à 1810, comme il est dit plus haut, c'est-à-dire approximativement en prenant seulement la moitié de la quantité exploitée en Afrique en 1810, et en y ajoutant la quantité d'or et d'argent en nature qui s'est accumulée dans cette contrée du monde jusqu'à l'époque de Jésus-Christ, ainsi qu'il est expliqué en détail chapitre IX, § 3 ; il en résulte que la quantité d'or et d'argent en nature qui existait en Afrique, comme aussi celle de ces métaux, qui en fut exploitée depuis l'antiquité la plus reculée jusqu'à 1855, s'élevait pour l'or jusqu'à 2,104,694 kilogrammes et pour l'argent à 1,239,229 kilogrammes. Valeur de l'or, 7,012 millions de francs, de l'argent, 280 millions. Total pour les deux métaux, 7,292 millions de francs.

Ces calculs sont indiqués plus en détail dans le tableau suivant :

TABLEAU GÉNÉRAL

de la quantité et de la valeur de l'or et de l'argent exploités en Afrique depuis l'antiquité jusqu'en 1855.

PÉRIODES D'EXPLOITATION.	OR.		MOYENNE ANNUELLE DE L'OR.	
	kilogrammes.	francs.	kilogrammes.	francs.
Il existait en nature au temps de J.-C.	167,894	560,000,000	»	»
1re période, de J.-C. à 1492.	1,492,000	4,970,347,344	1,000	3,331,332
2e période, de 1492 à 1810.	317,000	1,056,032,244	1,000	3,331,362
3e période, de 1810 à 1825.	30,060	99,939,960	2,000	6,662,664
4e période, de 1825 à 1848.	69,000	230,475,904	3,000	10,007,648
5e période, de 1848 à 1851.	12,000	40,016,940	4,000	13,338,980
6e période, de 1851 à 1855.	16,800	55,922,688	4,200	13,980,672
Totaux.	2,104,694	7,012,435,080		
ARGENT.				
Remarque. En outre, il existait en nature au temps de J.-C.	1,259,229	280,000,000		
Valeur des deux métaux. . . .		7,292,435,080		

CHAPITRE XXI.

APERÇU HISTORIQUE DE LA PRODUCTION, DE LA QUANTITÉ ET DE LA VALEUR DE L'OR EXPLOITÉ EN AUSTRALIE DEPUIS LE COMMENCEMENT MÊME DE L'EXPLOITATION JUSQU'EN 1855.

§ 1. Situation géographique et politique de l'Australie.

Le continent de l'Australie est situé dans l'hémisphère sud et son étendue égale presque celle de l'Europe. Il est entouré d'une foule d'îles grandes et petites, parmi lesquelles l'île de Van-Diemen ou Tasmanie se fait surtout remarquer.

La découverte de l'Australie doit être, selon toute apparence, attribuée aux Portugais, comme ayant eu lieu avant 1542. Au reste, la découverte réelle de ce continent, faite par les Espagnols sous le commandement de Louis Torrès, doit être rapportée à l'année 1606. En 1608, l'amiral espagnol Quiros, en examinant cette contrée en détail, la nomma Australie ; mais les Anglais furent les premiers qui commencèrent à s'y coloniser en 1787. Leur première colonie fut fondée à l'endroit si connu aujourd'hui sous le nom de Sydney, ville située dans le territoire actuel de la Nouvelle-Galles. Cette première colonie se composait de 985 habitants des deux sexes, les administrateurs de la colonie y compris. C'étaient des condamnés exilés. Mais par la suite, avec le développement de la prospérité de l'Australie, les Anglais discontinuèrent d'y envoyer des condamnés, et la colonie volontaire s'accrut alors rapidement. Aujourd'hui l'Australie est considérée comme appartenant à l'Angleterre.

L'immense étendue de l'Australie, l'influence qu'elle exerce déjà sur le commerce et la situation financière de l'Europe, et l'importance qu'elle acquiert chaque jour davantage, rendent nécessaires ici, même sous le rapport de la production universelle de l'or, qui est le but de ce livre, quelques détails sur la subdivision gouvernementale de ce continent.

Le continent de l'Australie se subdivise en quatre territoires, savoir :

Le territoire de la Nouvelle-Galles, dont la capitale est Sydney, et le principal port de mer Jackson. L'étendue occupée par ce territoire est plus grande que l'Italie. On compte, comme faisant partie de la Nouvelle-Galles, le vaste district de Victoria, presque complétement inhabité et dont la principale ville est Port-Ossington.

Le territoire de Victoria, ou l'Australie heureuse, a pour capitale Melbourne et pour principal port de mer Port-Philippe. L'étendue de ce territoire égale celle de l'Angleterre, de l'Écosse et de l'Irlande réunies.

Le territoire d'Adélaïde, ou l'Australie méridionale, dont la capitale est Adélaïde. L'étendue de ce territoire est deux fois aussi grande que celle de l'Angleterre et de l'Irlande.

Le territoire de la Rivière-des-Cygnes, ou l'Australie occidentale, dont la capitale est Perth.

Deux îles considérables font en outre partie du continent de l'Australie, savoir : la terre de Van-Diémen ou

Tasmanie et la Nouvelle-Zélande. Les Anglais ont introduit leur langue dans toutes ces contrées, ainsi que leurs mœurs, leurs coutumes, leur caractère entreprenant, leur amour du travail et leur activité.

Jusqu'à présent, on n'exploite l'or qu'à la Nouvelle-Galles et à Victoria, et il n'y a pas longtemps qu'on a commencé à l'exploiter sur l'île de Tasmanie.

L'administration intérieure de ces territoires de l'Australie eut lieu dès le commencement de l'installation des Anglais, par des employés choisis parmi eux, conformément à leurs coutumes. L'administration supérieure était confiée précédemment au gouverneur de chacun de ces territoires choisi par le ministre des colonies d'Angleterre. En présence du rapide accroissement de la prospérité de ce pays, le Parlement de la Grande-Bretagne accorda, par un acte de 1843, à tous les quatre territoires susmentionnés, les pouvoirs politiques nécessaires pour organiser une administration indépendante, ne se réservant sur eux que la juridiction suprême de l'Angleterre. Antérieurement encore, le Parlement de la Grande-Bretagne concéda à l'administration locale, par un acte de 1842, le droit de vendre à l'encan toutes les terres inoccupées, qui constituaient jusqu'à cette époque une propriété gouvernementale de l'Angleterre. Il était en outre ordonné que la moitié des sommes résultant de ces ventes serait employée par les autorités locales à encourager l'installation des émigrants, et que l'autre moitié serait laissée à la disposition du gouverneur de chaque territoire de l'Australie. Le gouverneur jouissait en outre du plein droit d'employer ces sommes aux travaux publics du territoire, sans avoir recours à la décision du ministère anglais.

§ 2. Population de l'Australie.

Il est dit plus haut que toute la population anglaise de
l'Australie s'élevait en 1787 à 985 habitants. En 1801,
cette population ne dépassait pas encore 6,508 âmes[1].
En 1843, elle atteignit déjà le chiffre de 190,000 âmes. Mais
malgré l'accroissement rapide de la prospérité de l'Australie, toute la population anglaise, ou pour mieux dire,
toute la population européenne ne dépassait pas 400,000
âmes en 1851, c'est-à-dire, avant la découverte de l'or
en Australie. Depuis lors, elle augmenta rapidement
chaque année. En 1852, 87,881 habitants de la Grande-
Bretagne seule émigrèrent en Australie, dans les districts où l'on exploitait l'or. Vers la fin de 1853, les
émigrations de toutes les parties du monde, principalement de l'Angleterre, atteignaient déjà le chiffre de
10,000 âmes par mois ; et il est probable que la population européenne de l'Australie en 1855 se compose déjà
de 650,000 âmes.

Presque toute cette population européenne se trouve
dans le territoire de la Nouvelle-Galles, de Victoria et
sur l'île de Tasmanie. Elle s'y concentra en outre dans
les principales villes et les principaux ports de mer.

Pour ce qui concerne les sauvages indigènes, leurs
peuplades, peu nombreuses et généralement très-pacifiques, sont disséminées sur toute l'étendue de ce vaste
continent. Au reste, les contrées centrales de l'Australie
ne sont encore presque pas connues.

[1] *Mémoires historiques sur l'Australie*, par l'évêque Salvado, traduits par
l'abbé Falcimagne. Paris. 1854. page 15

§ 3. Développement de la civilisation et du commerce.

La civilisation, une sage organisation et le commerce furent introduits dès le commencement dans les colonies anglaises de l'Australie. Le sol fertile des colonies actuelles produit en abondance le blé, la vigne et une variété infinie de végétaux qu'on rencontre à peine sous d'autres climats. L'élève du bétail et des bêtes à laines s'y est surtout développée avec des résultats extraordinaires. Avant la découverte des sables aurifères, c'est-à-dire avant 1851, l'Australie envoyait déjà de ses laines en Angleterre pour une somme de 80 millions de francs par année. Avant cette époque, elle commença même à exporter ses suifs et ses blés[1].

Il est naturel que les colonies australiennes, favorisées par des circonstances aussi avantageuses, se soient élevées, dans le court espace de 25 années d'existence, à un degré de prospérité extraordinaire. En 1851, la population de la ville de Sydney avait déjà atteint le chiffre de 50,000 âmes, et celle de Melbourne celui de 23,000. Les lumières s'y répandirent rapidement ; des écoles furent fondées partout et l'on y bâtit même des établissements supérieurs pour l'instruction publique. En journaux seuls, on y en publiait plus de cinquante ; les villes étaient éclairées au gaz ; les principales colonies communiquaient entre elles par des bateaux à vapeur et de belles

[1] Au surplus, malgré le grand développement de l'exploitation de l'or en Australie, fournissant aux ouvriers le travail le plus avantageux, l'exportation de la laine pour l'Angleterre n'a pas encore diminué jusqu'à présent. Ainsi, on a exporté, en 1851, de l'Australie pour l'Angleterre, 18 millions de kilogrammes de laine ; en 1852, 19 millions ; et 21 millions en 1853.

chaussées, et l'on commença même à y construire deux chemins de fer.

En présence d'une situation aussi florissante, la découverte de gîtes aurifères permet de présager encore à l'Australie une nouvelle source de richesses et de prospérité, en apparence inépuisable. Depuis cette époque, la civilisation et le commerce commencèrent à s'y développer avec une rapidité plus grande et peut-être sans exemple.

Jusqu'en 1851, près de 600 navires arrivaient annuellement en Australie, sur lesquels 247 appartenaient à l'Angleterre seule. Plus tard, en 1853, le nombre des navires y arrivant était déjà de 1.657. Dans ce nombre figuraient 1,201 navires anglais. Le revirement annuel du commerce extérieur de l'Australie avec la Grande-Bretagne s'accrut dans les proportions suivantes, savoir : on y importait, en 1851, pour une valeur de 70 millions de francs; en 1852 pour 103,500,000, et en 1853 pour 363,750,000. L'exportation de l'Australie s'accrut dans les mêmes proportions. De telle sorte que, vers 1855, le revirement général d'exportation et d'importation de l'Australie avec toutes les parties du monde s'élevait à 727 millions de francs. Par conséquent, il s'augmenta de plus de dix fois depuis lors.

§ 1. Découverte de l'or en Australie.

Si le hasard fut souvent l'auteur de découvertes importantes, il faut cependant rapporter l'honneur de la découverte de l'or en Australie à la science et à l'intelligence de l'homme. Le savant Polonais, comte Stréletski, se convainquit, en visitant l'Australie en 1839, que les cou-

trées qu'il en avait parcourues devaient posséder des
gisements aurifères. Le gouverneur de la Nouvelle-Galles
remit au ministre des colonies anglaises un mémoire
composé à ce sujet par ce Polonais.

Le géologue anglais, R. Murchison, connu, entre autres
titres, dans le monde savant par ses travaux sur les recherches de roches et de terrains constituant les montagnes
de l'Oural en Russie, examina la description des roches de
l'Australie, faite par le comte Stréletski. Murchison fut
frappé de la ressemblance qui existait entre les terrains
et les roches pierreuses des monts Ourals et de l'Australie. A cette occasion, ainsi que plus tard en 1848, il
fit connaître au monde savant sa supposition que les
montagnes situées au sud et à l'est de l'Australie devaient
contenir des gisements aurifères. Il se fit même venir
des échantillons de roches de ce continent. Ayant acquis
la ferme conviction que ses suppositions étaient fondées,
il les communiqua au ministère des colonies en Angleterre. Plus tard, en 1849, Murchison exposa ses convic-
tions dans un mémoire sur la répartition des gisements
aurifères, mémoire qu'il lut dans l'assemblée de la Société
des naturalistes de la Grande-Bretagne. Mais cette opinion du comte Stréletski et de R. Murchison ne fut
partagée par personne.

La déférence due à la science nous oblige à mentionner
que le savant allemand, ou plutôt européen, M. le baron
de Humboldt, fut le premier à remarquer que l'or se
trouve inévitablement dans les chaînes de montagnes qui
s'étendent dans la direction du méridien. L'expérience
a prouvé la justesse de cette observation de M. de
Humboldt, parce que les montagnes qui renferment
de l'or, comme, par exemple, les monts Ourals, les

montagnes de la Californie et de l'Australie, s'étendent
effectivement dans cette direction. Apparemment, cette
supposition de M. de Humboldt donna lieu par la suite
au géologue australien, docteur Clarke, prêtre de la pa-
roisse de St-Léonard, près deSydney, de se convaincre
que les montagnes de l'Australie renfermaient de l'or et
qu'il fallait faire nécessairement des fouilles près de la
ville de Bathurst. Clarke publia même en 1847 un article
à cet égard dans la gazette de la ville de Sydney. Mais
cette indication n'eut également pas de suites. Presqu'à
cette même époque, un individu nommé Smidt proposa
au conseil administratif du territoire de la Nouvelle-Galles
de découvrir des gîtes aurifères, si l'on voulait lui accorder la récompense qu'il exigeait. Mais le conseil ne fut
pas d'accord avec lui.

Un originaire du territoire de la Nouvelle-Galles,
nommé Hargraves, se rendit en 1850 en Californie, probablement pour s'y occuper, comme tant d'autres, de
l'exploitation de l'or. Après son arrivée dans les gîtes aurifères, Hargraves fut étonné de la ressemblance des
roches de la Californie avec les roches de son pays natal.
Il retourna promptement en Australie, poursuivi par cette
idée. Après s'être convaincu sur les lieux de la justesse
de ses conjectures, Hargraves s'adressa par écrit, le
3 avril 1851, au secrétaire du conseil administratif du
territoire de la Nouvelle-Galles, et proposa de lui montrer
quelques endroits où se trouvait de l'or, en s'en rappor-
tant à la justice du conseil sur la récompense qu'il de-
mandait. Sa proposition fut acceptée[1].

Trois endroits furent primitivement indiqués par Har-

----
[1] *Mémoires, etc.* par Salvado, p. 402.

graves, et dans tous les trois furent trouvés des gîtes
aurifères. Ces endroits sont situés : le premier sur le
versant occidental des montagnes Bleues, dans le territoire de la Nouvelle-Galles ; savoir, dans la crique de
Sommerhill, dans le district de Bathurst, près de la vallée
de Fréderic, à environ 55 ½ kilomètres de Bathurst et
266 ½ kilomètres de Sydney. Le second endroit indiqué
par Hargraves est à une petite distance du premier. Il
s'appelle le marais de Louis-Lewis-Ponds. Le troisième
endroit était sur les rives du fleuve Macquarie.

« Le 3 avril 1851, on exploita dans ces trois endroits
« le premier or de l'Australie, du poids de 4 onces an-
« glaises, et c'est ainsi que fut établie en Australie l'ex-
« ploitation de l'or, qui depuis ce temps n'a pas cessé de
« s'accroître. »

On raconte que quelque temps auparavant un pauvre
berger, originaire d'Écosse, du nom de Mac-Grégor, s'é-
tant établi dans la montagne de Sydney, vendait de temps
à autre aux bijoutiers de Sydney de petits morceaux
d'or natif. Personne ne put découvrir d'où cet homme le
tirait. Beaucoup de personnes supposèrent que c'était le
fruit d'un larcin. Plus tard, le berger Mac-Grégor dévoila
son secret, c'est-à-dire, après la découverte de Hargraves,
lorsqu'il ne pouvait déjà plus le garder. Dans le principe,
Mac-Grégor trouva par hasard un gisement d'or et il s'y
rendait de temps en temps pour l'exploiter. Ce gisement
est situé sur la crique de Mitchell, au delà de la vallée de
Wellington, environ 370 ½ kilomètres à l'ouest de Sydney[1].

Les premières nouvelles confirmant la découverte de

<hr>

[1] Salvado, p. 402.

l'or par Hargraves, se répandaient dans la ville de Sydney le 2 mai 1851 [1]. Mais le véritable début de l'exploitation de l'or se rapporte au 9 mai 1851 [2], c'est-à-dire au jour même pendant lequel la communauté de chercheurs d'or, qui s'y était formée, sortit de la ville de Bathurst et commença à exploiter l'or dans la crique de Sommerhill. Le 13 de ce même mois, ils apportèrent dans la ville de Bathurst le premier lingot d'or. Cet événement eut une grande influence sur les habitants de la ville et, par la suite, sur tout le territoire de la Nouvelle-Galles. En sorte que le 19 de ce même mois, 400 travailleurs s'étaient déjà rendus dans les gîtes aurifères de Sommerhill, et de 25 leur nombre s'élevait déjà à 1,000.

Le conseil administratif du territoire de la Nouvelle-Galles paya immédiatement à Hargraves la récompense de douze mille francs, fixée par lui-même. En outre, Hargraves fut nommé inspecteur en chef des gîtes aurifères, avec une pension viagère de 8,750 francs par an. A cette occasion, l'administration territoriale ne laissa pas sans récompense son savant géologue Clarke.

A la découverte faite par Hargraves des gîtes aurifères succédérent rapidement, l'une après l'autre, celles de beaucoup d'autres dans un grand nombre d'endroits différens. On organisa d'abord l'exploitation des gîtes aurifères situés sur les bords de la rivière Abercrombie, coulant à travers le district de Georgiana. Ensuite, on s'occupa des ruisseaux s'écoulant des hauteurs de Canabola et de ceux qui coulent au sud. Plus tard, des gîtes aurifères furent découverts sur tout le cours du

---

[1] Sabine, p. 162 et 164.
[2] Ibid.

fleuve Macquarie, jusqu'aux villes de Bathurst et de Wellington. En dernier lieu, on découvrit de riches gîtes aurifères situés l'un après l'autre sur toute l'étendue longeant la rivière Turron.

A peine ces découvertes eurent-elles eu lieu sur le territoire de la Nouvelle-Galles, qu'on commença à découvrir des gîtes aurifères sur le territoire limitrophe de Victoria. Ce fut en août 1851 que furent découverts les premiers gîtes aurifères dans ce dernier territoire, près de sa capitale, Melbourne, dans le lit de la rivière d'Anderson. En septembre 1851, on découvrit également des gîtes aurifères plus loin, dans la localité de Ballarat. En octobre de cette même année, 7,000 hommes travaillaient déjà sur cette vaste localité. Sur ce même territoire de Victoria, on découvrit en octobre 1851 de riches gîtes aurifères près du mont Alexandre dont nous parlerons tout à l'heure; et par la suite dans les ruisseaux qui s'écoulent de cette montagne, tels que le Forest, le Fryer, le Barker et le Cambell [1]. Dans l'année suivante 1852, 40,000 individus travaillaient déjà dans les environs du mont Alexandre.

Après la découverte d'aussi riches gîtes aurifères, la plus grande partie de la population européenne de l'Australie se porta naturellement vers ces contrées pour y exploiter l'or. Il est vrai que l'agriculture et l'élève du bétail, deux branches florissantes, furent abandonnées en partie pour ce motif; il est également vrai que l'attrait irrésistible qui poussait la population vers l'exploitation de l'or, produisit des changements dans beaucoup de relations déjà établies, dans l'existence des habitants et

---

[1] Salvado, p. 418.

dans les rapports réciproques des classes; mais il est incontestable que ces nouvelles richesses augmentèrent beaucoup la prospérité générale de l'Australie, et qu'elles lui préparent sans nul doute un avenir brillant et prochain.

La production de l'or en Australie présente de grands avantages; les communications par eau et par terre sont commodément établies, et les versants des montagnes et des élévations sont entrecoupés partout par une quantité innombrable de ruisseaux, procurant ainsi la possibilité d'une exploitation énorme et peu dispendieuse.

La position de la Californie est certes favorable sous le rapport de l'exploitation de l'or; mais celle de l'Australie l'est incomparablement davantage. A l'époque de la découverte de l'or, la Californie était et est encore aujourd'hui un désert, sauf les localités où l'on exploite les sables aurifères; tandis qu'en Australie, les sables aurifères sont situés près de villes florissantes et près de bourgs, où abondent tous les biens résultant de l'industrie et de la salubrité du climat. En outre, la population de la Californie se composait et se compose encore maintenant d'individus accourus de toutes les parties du monde et dont la majeure partie est sans civilisation, turbulente, souvent démoralisée et admettant à peine le droit de propriété; tandis que la population de l'Australie est composée presque exclusivement d'Anglais et de leurs descendants; c'étaient des citoyens qui jouissaient déjà de la civilisation, des sciences, de la sécurité publique, soumis aux lois et respectant le droit de propriété.

§ 5. Mesures gouvernementales et impôts établis sous le rapport de l'exploitation
de l'or.

Aussitôt que la présence des gîtes aurifères fut cons-
tatée en Australie et que des milliers de chercheurs d'or
quittèrent, ainsi qu'il est dit plus haut, la ville de Bathurst pour se diriger vers le fleuve Marquarie et ses affluents, le gouverneur du territoire de la Nouvelle-Galles,
sir Ch. Fitzroy, entrevit le moment où cette apparition si
extraordinaire et si inespérée renverserait complétement
l'ordre établi et annulerait entièrement l'action des lois
en vigueur. Inquiété par cette perspective, le gouverneur se hâta de publier que l'exploitation de tous les gîtes
aurifères de l'Australie constituait une propriété du
gouvernement, et que, par conséquent, il poursuivrait
avec toute la rigueur des lois ceux qui commenceraient
à exploiter ces gîtes aurifères. Mais cette défense ne
produisant aucun effet, et la foule qui se dirigeait sur
les gîtes aurifères, augmentant chaque jour davantage, le gouverneur se vit contraint de déployer tous
les moyens à sa disposition pour imprimer une marche régulière à ce mouvement impétueux de presque
toute la population du territoire, et pour sauvegarder,
autant que possible, l'ordre, la sécurité et l'influence des
lois dans les gîtes aurifères où plusieurs milliers d'hommes
s'étaient accumulés dans l'espace de quelques jours. En
conséquence, le conseil administratif du territoire publia
un règlement en vertu duquel il était décrété que chaque individu désirant exploiter l'or dans les gîtes aurifères devait être muni d'un permis, et payer pour chaque
mois de travail 37 francs 50 centimes d'avance. Quicon-

que commencerait à exploiter l'or sans avoir pris cette autorisation serait puni par la confiscation de tout l'or qu'il aurait exploité. En outre, on exigeait, pour la remise d'un pareil permis, la présentation d'un certificat constatant que l'individu avait préalablement rempli les conditions arrêtées avec le propriétaire de la terre.

Par la suite, c'est-à-dire en 1853, le conseil administratif du territoire diminua le prix mentionné de la concession. Actuellement on ne paye que **12** francs **50** centimes pour chaque mois de travail[1]. Les personnes qui vivent dans les gîtes aurifères sans y exploiter l'or, mais qui s'y occupent d'affaires de commerce sont obligées, ainsi que les travailleurs, d'être munies d'un permis et de payer la même contribution.

L'espace de terre que les travailleurs autorisés avaient le droit d'occuper dans les gîtes aurifères, était déterminé par des lois particulières. Cet espace était de **7** mètres carrés pour les gîtes aurifères situés dans les endroits élevés, à travers lesquels coulait un ruisseau et où se trouvait généralement de l'eau. Quant aux endroits situés sur le lit d'un ruisseau desséché ou sur les bords d'une rivière, on assignait aux travailleurs de **5** à **7** mètres carrés malgré les facilités que présentait la localité pour l'exploitation. Dans quelques gîtes aurifères situés le long des bords d'une eau courante, ces limitations de terre s'effectuaient dans la proportion suivante, savoir : on assignait pour deux hommes **3** mètres en longueur sur la rive ; **5** mètres pour trois hommes ; **6** mètres pour quatre ; **7** mètres pour cinq ; **11** mètres pour six et ainsi de suite[2]. Dans les

---

[1] Salvado, p. 105.
[2] Id., p. 406.

20.

endroits dépourvus d'eau courante, cette limitation était
de 7 mètres carrés pour trois hommes. Au reste la pres-
cription de la mesure n'est pas exactement observée. Les
inspecteurs des gîtes de la Couronne réglaient habituellement, d'après les localités du gîte aurifère, la part de
terrain qu'ils assignaient à chacun [1]. Il faut encore observer que ces limitations se faisaient à la condition inva-
riable que ceux qui recevaient des terrains devaient y
travailler personnellement. Par conséquent, aussitôt que
les travaux ne marchaient pas dans un endroit assigné,
cet endroit devenait libre pour chacun, excepté dans le
cas d'une inondation qui s'opposait forcément à la con-
tinuation des travaux.

§ 6. Procédés et instruments employés en Australie pour l'exploitation de l'or.

Les procédés et les instruments servant à l'exploitation
de l'or en Australie sont très-semblables à ceux de la
Californie ; mais on dit généralement que l'exploitation
s'effectue avec encore moins de succès en Australie.

On fait un grand usage de l'appareil de lavage appelé
berceau ou balançoire, dans les gîtes aurifères austra-
liens. Il est décrit dans le chapitre XVII, qui traite des
appareils employés en Californie. Il n'est pas plus perfectionné que celui de cette contrée, et en s'en servant
pour l'exploitation on perd une grande quantité d'or. Les
terres dont on a déjà extrait l'or par l'appareil du berceau
étant relavées avec un autre appareil plus parfait, comme
par exemple avec la *table hongroise*, rendraient encore

---

[1] Salvado, p. 406.

assez d'or pour rémunérer ce second travail[1]. En 1853, on a commencé à se servir de la table de lavage hongroise dans les gîtes aurifères de l'Australie. Les travaux s'y effectuent par des associations temporaires de quatre et cinq individus[2].

On n'a pas encore introduit en Australie l'exploitation de l'or par le moyen du mercure, ni pour les minerais, ni pour les gîtes aurifères[3].

§ 7. Abondance de l'Australie en gisements de métaux en général et d'or en particulier.

Quoique les contrées centrales de l'Australie soient complétement inexplorées, que les côtes soient peu connues et même quelques-unes pas du tout, on peut affirmer cependant, en en jugeant par les localités qui ont été déjà visitées, que l'Australie est riche en gisements métallique

Les montagnes situées sur le territoire de la Nouvelle-Galles sont très-riches en minerais de fer, d'après le témoignage de l'évêque Salvado[4]; et dans les vallées, on trouve également en abondance des sables ferrugineux (*iron stone*), qui donnent une quantité considérable de fer pur. On a déjà découvert dans beaucoup d'endroits des gisements plombifères. A une petite distance d'Adélaïde, chef-lieu de territoire, on exploite déjà actuellement quatre riches mines de plomb. Parmi ces dernières, on cite la mine de Glen-Osmond, qui fournit 80

[1] Salvado, p. 412.
[2] Id., p. 119.
[3] Id., p. 118.
[4] Id., p. 305

kilogrammes de plomb sur 100 kilogrammes de minerai.
Cette même quantité de plomb contient en outre jusqu'à
12 kilogrammes d'argent. On continue aussi à exploiter
avec grands succès la riche mine plombifère qui se trouve
dans la province de la Rivière-des-Cygnes (*Swan-River*).
Le plomb de toutes ces cinq mines contient une quantité
considérable d'argent [1].

On a déjà découvert dans beaucoup d'endroits des gisements de cuivre. Le territoire d'Adélaïde en fait actuellement un très-grand commerce et on l'y exploite en
quantité considérable. A une petite distance de la capitale de ce territoire, on en exploite quelques mines.
La plus importante d'entre elles, Burra-Burra, fut découverte accidentellement en 1845. C'est non-seulement la
mine la plus riche du monde, mais l'abondance de ses minerais est puissante et très-étendue. Selon le témoignage
de l'évêque Salvado [2], on exploite aujourd'hui dans la
mine de Burra-Burra jusqu'à $2\frac{1}{2}$ millions de kilogrammes
de cuivre par mois. La richesse de cette mine est si
extraordinaire que sur 100 kilogrammes de minerai on
obtient 98 kilogrammes de cuivre pur par la fonte [3]. Le
seul territoire d'Adélaïde exploitait déjà jusqu'en 1853
pour une valeur de 9,100,000 francs de cuivre par an.
Quoiqu'à l'époque du début de l'exploitation de l'or, celle
du cuivre eût diminué dans le territoire d'Adélaïde, on y
a encore exploité en cuivre, malgré cela, en 1853, pour
5,500,000 francs [4].

Dans le territoire de la Nouvelle-Galles, près de la ville

[1] Salvado, p 395.
[2] *Id.*, p. 57 et 395.
[3] *Id.*
[4] *Id.*, p. 395

de New-Castle, sur les bords du fleuve Hunter, et dans le territoire de la Rivière-des-Cygnes, on exploite d'immenses et riches gisements de houille[1].

La richesse de l'Australie en or est réellement surprenante ; l'abondance, déjà connue aujourd'hui des gîtes aurifères, donne pleinement le droit de conclure que l'Australie est abondamment pourvue de gisements de ce métal.

On en a effectivement découvert aujourd'hui déjà quelques gisements. Ainsi, sur le territoire d'Adélaïde, on a trouvé de riches minerais aurifères[2] dans la mine appelée Victoria. On découvrit, en 1853, des minerais aurifères près d'Echunga[3]. Mais les résultats de ces découvertes ne sont pas encore connus. Au surplus, l'abondance et la richesse des gîtes aurifères de l'Australie formeront, encore pendant de longues années, un empêchement à l'exploitation de l'or des minerais.

Pour ce qui concerne les gîtes aurifères en eux-mêmes, leur richesse est hors de proportion. Ceux du mont Alexandre ont déjà été exploités sur une étendue de **187** kilomètres et se sont montrés très-abondants. On assure que toute la chaîne des montagnes, appelées montagnes Bleues, s'étendant le long des territoires de la Nouvelle-Galles et de Victoria, constitue un gisement d'or inépuisable.

Selon le témoignage de Delessert, ingénieur des mines australien, la partie de l'Australie déjà explorée aujourd'hui et contenant des gîtes aurifères, est située du nord au sud, sur une étendue de **1,388** kilomètres, et de **1,067** kilomètres de l'ouest à l'est. Par conséquent, cette vaste

---

[1] Salvado, p. 395.

[2] *Id.*, p. 58.

[3] *Id.*, p. 395.

étendue contenant de l'or, est même plus considérable déjà que celle que l'on connaît en Californie. En outre, les parties encore non explorées de l'Australie sont peut-être tout aussi riches en gîtes aurifères.

Les gîtes aurifères s'exploitent maintenant en Australie sur deux territoires seulement, savoir : dans celui de la Nouvelle-Galles et celui de Victoria, ou plus exacte-ment, l'exploitation ne se concentre provisoirement que dans quelques endroits les plus rapprochés des princi-pales villes de ces territoires.

§ 8. Profondeur des couches des gîtes aurifères en Australie.

L'immense étendue occupée par les gîtes aurifères de l'Australie est déjà mentionnée plus haut. Il faut ajouter que, relativement aux endroits où les gîtes aurifères se trouvent de préférence, l'Australie ressemble entièrement à cet égard, comme on le prétend généralement, à la Ca-lifornie et à la Sibérie. C'est-à-dire qu'en Australie les gîtes aurifères humides ou *rivers-diggings* se trouvent de pré-férence dans les lits de rivières desséchées pendant la saison d'été et sur leurs bords ; et les gîtes aurifères secs ou *dry-diggings*, dans les vallées, sur les hauteurs et les versants des montagnes.

Dans le rapport officiel de Letrobe, vice-gouverneur de l'Australie, en date du 10 octobre 1851, il est dit que les plus riches gîtes aurifères sont situés dans des terrains d'argile bleuâtre. Dans ces terrains on trouve surtout de l'or en gros grains et de l'or natif ou nugget.

La plus grande partie des gîtes aurifères qui s'exploitent en Australie, sont à fleur de terre et à une profondeur de 3 à 10 mètres. Hargraves et d'autres chercheurs d'or ex-

périmentés supposent que la manière actuelle d'exploiter
les gîtes aurifères en Australie est défectueuse, et qu'en
général il est encore plus avantageux de chercher des
gîtes situés à une plus grande profondeur que ceux qui
ont été exploités. D'après les dernières nouvelles, on a
effectivement commencé à exploiter en Australie des gîtes
aurifères beaucoup plus profonds, dont quelques-uns
sont à une profondeur de 10 mètres. Il est également
digne de remarque qu'on a reconnu en Australie, ainsi
que cela eut lieu en Californie, que si l'on continue à s'en-
foncer dans le gîte aurifère découvert, on en rencontre un
autre plus riche. Le voyageur russe A.-G. Rotcheff, cité
plusieurs fois déjà dans ce livre et qui a séjourné longtemps dans les mines aurifères de la Sibérie, m'a assuré
qu'on y trouve souvent un second gîte aurifère plus riche
sous celui qui avait été découvert en premier lieu.

§ 9. Richesse des gîtes aurifères de l'Australie.

En Australie, comme dans toutes les autres contrées
produisant de l'or, la richesse des gîtes aurifères varie;
mais, en général, la richesse de ceux de l'Australie est
très-grande.

En Australie, comme partout, les avantages résultant
de l'exploitation, c'est-à-dire le bénéfice net recueilli des
gîtes aurifères, dépend naturellement des dépenses que
nécessite cette exploitation.

Il n'existe point d'impôt proprement dit sur l'or exploité
en Australie, et chacun y exploite ce métal où il veut et
autant qu'il en peut recueillir. Quant au modique payement qu'on exige des chercheurs d'or pour la permission
qui leur est accordée, payement qui s'élève par mois à

12 francs 50 centimes par personne, cette recette, perçue sous la forme de passe-port, est absolument nécessaire pour subvenir aux appointements des inspecteurs des gîtes aurifères, et aux autres dépenses administratives très-peu considérables du reste.

Jusqu'à la découverte de l'or en Australie, les objets les plus indispensables à la vie y étaient très-chers. Depuis la découverte même de l'or, tous les prix ont beaucoup augmenté. C'est surtout dans les gîtes aurifères qu'ils se sont élevés subitement à une proportion énorme.

Les prix d'une journée de travail et des objets de consommation dans les principaux gîtes aurifères de l'Australie en 1852, étaient les suivants :

PAYE DES JOURNALIERS.

1° *Par jour :*

	fr.	c.
Un charpentier	33	»
Un maçon	39	»
Un forgeron	27	»
Un coupeur de bois	12	»
Un cuisinier	11	»
Un simple journalier	4	»

2° *Par année, avec la nourriture du maître :*

Un jardinier	1,882	»
Un berger	928	»
Un gardien de chevaux	1,782	»

PRIX DES ALIMENTS.

	fr.	c.
Une livre de pain	»	45
Une livre de viande de bœuf ou de mouton	»	65
Une oie ou une dinde	23	»
Un melon	9	»
Une tête de chou	1	70

Ces prix ont un peu diminué en 1853[1], et il est certain que, comme en Californie, ils devront diminuer encore davantage. Cependant ils resteront élevés tant que l'exploitation de l'or sera aussi avantageuse.

Mais, malgré la cherté actuelle qui existe en Australie, la richesse des gîtes aurifères donne la possibilité de couvrir, avec de grands bénéfices, toutes les dépenses qui paraissent extraordinaires. La richesse des gîtes aurifères de l'Australie est effectivement hors de proportion[2]. Les déductions suivantes indiquent la valeur de l'exploitation d'un chercheur d'or, en une journée de travail de huit heures, dans les gîtes aurifères de l'Australie. Dans ceux de Bathurst, on exploitait l'or, surtout au commencement, avec des appareils très-imparfaits, et même avec des bassins de fer-blanc, ou avec tout autre vase de ce genre. En outre, les chercheurs d'or ne possédaient, dans le principe, aucune expérience. Malgré cela, on y considérait une journée comme peu productive, lorsque le travailleur ne recueillait qu'une ou deux onces anglaises par jour, c'est-à-dire pour une valeur de 84 à 160 francs. Suivant le rapport de Hardy, inspecteur des gîtes aurifères du territoire de la Nouvelle-Galles, chaque chercheur d'or, travaillant dans les gîtes aurifères de la rivière Turron et de ses affluents, retirait pour au moins 12 francs d'or dans une journée de travail. Cependant c'étaient les gains les plus minimes; les plus fréquents s'élevaient de 20 à 25 francs. Beaucoup d'individus gagnent jusqu'à 50 francs par jour, sans compter, en outre, les morceaux d'or natif qu'ils trouvent parfois.

---

[1] Salvado, p. 424.
[2] *Id.*, p. 404.

Dans les gîtes aurifères de la rivière Peel, coulant près de la ville de Sydney, beaucoup de travailleurs retirent de 600 à 900 francs d'or par jour. Dans ceux du mont Alexandre, chaque chercheur d'or recueille de 350 à 800 francs par jour, et souvent beaucoup plus. Dans le district de Canabalas, on retire de 12 à 72 francs par jour. Près de Bredweed et sur les bords de la rivière Mary, près de la ville de Wellington, pour 28 francs. Dans le district de Tamburas de 180 à 1,140 francs.

D'après l'exploitation en général des gîtes aurifères en Australie, on considère comme médiocre une journée, à huit heures de travail, qui rend au travailleur un gain d'une valeur de 88 francs ; comme journée moyenne, celle qui donne une exploitation de 604 francs ; et comme bonne, la journée qui lui fournit 1,000 francs.

Outre leur richesse, les gîtes aurifères de l'Australie sont encore remarquables en ceci, qu'on trouve fréquemment dans beaucoup d'entre eux des morceaux d'or natif, des *nuggets* plus ou moins gros, mais d'une valeur considérable. On y rencontre aussi souvent des nids ou des endroits où l'or s'est déposé de préférence. Les morceaux d'or natif, ou les nuggets de quelques grammes et même de 7 à 10 kilogrammes, se rencontrent souvent. En 1853, un seul travailleur recueillit en une journée pour 12,500 fr. d'or, dans la terre appartenant au citoyen Wentworth. Cet endroit, ou comme on dit généralement ce nid, était si riche, que la terre qu'on en retirait contenait 25 parties d'or pur sur 100 parties de terre. Les fortunes subites sont très-fréquentes après de semblables trouvailles. Dans les gîtes aurifères de la montagne Sommer, un seul travailleur recueillit en un seul jour pour 40,000 francs d'or. C'est dans la vallée de Mary que fut trouvé le fameux morceau

d'or natif du poids de 50,307 grammes [1]. C'est également
là que furent trouvés trois morceaux d'or natif, du poids
de 36,810 grammes. A Ballarat, trois chercheurs d'or en
trouvèrent en une journée pour 240,000 francs ; quatre autres en recueillirent pour 187,500 francs en une demi-jour-
née de travail. Dans d'autres endroits, un chercheur d'or
exploitait de 7,500 jusqu'à 11,250 francs en une journée.
Quatre matelots exploitèrent, dans l'espace de six semaines, pour 260,000 francs, près du mont Alexandre. C'est
aussi là que quatre chercheurs d'or retirèrent pour 1 million de francs dans l'espace de deux mois ; un autre y
exploitait pour 11,200 francs par jour ; et enfin, en une
heure de temps, 38,000 francs y furent trouvés par un
travailleur. En général, on prête aujourd'hui peu d'attention même aux gîtes aurifères médiocrement riches, et l'on rejette tout à fait ceux où l'or se montre
en paillettes menues ou en petits grains ; on s'occupe,
par contre, uniquement de l'exploitation de ceux qui contiennent de l'or en gros grains ou des morceaux d'or natif. Sans doute, il est encore très-difficile d'indiquer actuellement, avec exactitude, la richesse moyenne des
gîtes aurifères de l'Australie ; mais il semble qu'on pourrait admettre qu'un individu, en travaillant huit heures
par jour, peut y exploiter dans une pareille journée, l'un
dans l'autre et en terme moyen, pour un poids de 50 grammes d'or, équivalant à 175 francs.

Je soumets ici à l'examen des lecteurs le poids des
plus gros morceaux d'or natif, ou nuggets connus, qui
furent trouvés jusqu'aujourd'hui.

---

[1] Ce morceau d'or natif est actuellement à Londres, où il fut vendu
153,000 francs, et il rendit 14 kilogrammes 197 grammes d'or pur.

NUGGETS TROUVÉS :

	kilog.	gr.
En Russie, dans les gîtes aurifères de Miark, en 1826, du poids de.	10	118
Aux États-Unis, dans l'État de Caroline, district d'Anon, en 1821, du poids de.	21	700
Près de la rivière Rio-Hayna, en 1502, du poids de.	14	500
En Russie, dans les mêmes gîtes aurifères de Miark, en 1842, du poids de.	36	002
En Australie, du poids de.	50	307

Actuellement, on découvre tous les jours de nouveaux gîtes aurifères en Australie, et chaque nouvelle découverte surpasse en richesse celle qui l'a précédée. Ainsi les gîtes aurifères du territoire de Victoria sont plus riches que ceux de la rivière Turron, dont l'abondance n'est cependant pas diminuée.

On peut encore ajouter que, selon le témoignage de quelques personnes, si l'on se mettait à extraire l'or par le procédé du mercure, non-seulement des terres qu'on n'a pas encore traitées par les appareils actuels, mais aussi de celles déjà lavées et considérées comme très-pauvres à l'époque de leur découverte, on pourrait encore en retirer un gain satisfaisant [1].

Enfin, pour donner une idée générale des grands bénéfices que recueillent les chercheurs d'or en Australie, il suffit de dire que chaque travailleur dans les gîtes aurifères de cette contrée, peut subvenir à toutes ses dépenses, qui s'élèvent à peu près à **21** francs par jour [2].

---

[1] Salvado, p. 418.
[2] *Ibid.*, p. 411.

§ 10. Division en périodes de la production de l'or.

Comme la découverte de l'or en Australie[1] n'eut pas lieu avant 1851, les périodes de la production universelle ne peuvent pas exister pour ce continent. On n'y a pas encore exploité d'argent jusqu'à présent. La quantité et la valeur de l'or exploité en Australie, depuis le commencement même de l'exploitation, c'est-à-dire depuis le mois d'avril 1851 jusqu'au 1er janvier 1855, se trouvent représentées dans le tableau suivant :

		OR	
On a exploité depuis le 3 avril jusqu'au 31 décembre 1851. .	7,346 kil. valant	25,200,000 fr.	
En 1852. . — .	174,216 —	— 600,000,000	
1853. . — .	290,360 —	— 1,000,000,000	
1854. . — .	290,360 —	— 1,000,000,000	
Total. . .	762,282 —	— 2,625,200,000	
Moyenne annuelle. .	190,570 kil. valant	656,300,000 fr.	

[1] Dans l'archipel des nombreuses îles de l'océan Pacifique, situé à cinq cents kilomètres de l'Australie, se trouve la Nouvelle-Calédonie, qui avec les principales îles est aujourd'hui occupée par la France, et lui appartient. Suivant des nouvelles récentes, on espère y trouver de riches gîtes aurifères.

CHAPITRE XXII.

ÉTAT COMPARATIF DE LA PRODUCTION DE L'OR DANS LES PRINCIPALES CONTRÉES D'EXPLOITATION, NOMMÉMENT EN RUSSIE, EN CALIFORNIE ET EN AUSTRALIE.

§ 1. Relativement aux outils et appareils d'exploitation.

Il est dit aux chapitres VI, VII, VIII, XVII et XXI, que dans toutes les contrées connues du monde, sans en excepter la Russie, la Californie et l'Australie, une quantité très-minime de l'or qu'elles produisent, provient des mines, et que tout le reste est recueilli des gîtes aurifères, c'est-à-dire de terres qui contiennent de l'or. Aussi en parlant ici de la production de l'or, il est question de celui que rendent les gîtes aurifères.

Au chapitre VI, nous avons parlé des outils et des appareils employés pour l'exploitation de l'or dans les principales contrées qui produisent ce métal, nommément en Russie, en Californie et en Australie. Il est dit que ceux qu'on emploie en Californie et en Australie sont très-imparfaits et qu'ils ne permettent d'extraire qu'une partie de l'or de la terre aurifère, l'autre partie restant dans les terres qu'on rejette après qu'elles ont été lavées ; que le mode même d'exploitation des gîtes aurifères est loin d'être sa-

tisfaisant dans ces deux pays, où, d'ailleurs, depuis les
années 1853 et 1854, il a été amélioré, ainsi que les appareils eux-mêmes. Il est dit enfin que, sous le double
rapport des appareils et du mode d'exploitation, la Russie
a atteint un degré de perfection remarquable. Aussi l'on
peut en conclure qu'en général c'est uniquement grâce à
ce perfectionnement et à une exploitation intelligente que
la production de l'or en Russie peut rivaliser avantageu-
sement avec celle des autres contrées, où les gîtes aurifères mêmes sont plus riches et les conditions locales
plus favorables.

§ 2. Relativement au mode d'exploitation même.

Les conditions locales font qu'en Sibérie ou, pour parler en général, en Russie, le mode d'exploitation de l'or a
lieu sur d'autres bases qu'en Californie et en Australie.
Dans ces deux pays, tout individu, même étranger, qui
y arrive, a le droit illimité d'aller, selon sa volonté, à
la recherche d'un gîte aurifère et de l'exploiter sans en
demander l'autorisation à qui que ce soit. Par conséquent, en Californie, de même qu'en Australie, chacun
travaille aux gîtes aurifères séparément et à ses risques et périls. Si, du reste, il s'y forme volontairement et parmi les orpailleurs mêmes des associations ou
des compagnies, elles sont ordinairement fort peu nombreuses et se composent de deux, de quatre ou de six,
rarement de huit individus. D'ailleurs ces compagnies se
forment pour peu de temps, quelquefois pour la durée
seul de l'exploitation du gîte aurifère qu'on a découvert,
quelquefois pour un mois, souvent même pour quelques

jours, bien rarement pour toute la saison du travail, c'est-
à-dire pour six, huit ou neuf mois.

Avec ces conditions locales l'exploitant qui, en Californie et en Australie, se rend aux gîtes aurifères n'a
besoin ni de capital ni de préparatifs. Arrivant ordinairement sans argent, il s'associe à la première compagnie
qu'il rencontre et reçoit à crédit tout ce qu'il lui faut pour
travailler. Cet emprunt qu'il fait est ordinairement consacré à son entretien et à l'achat de l'appareil nécessaire
consistant en un bassin ou berceau en fer-blanc dont le
prix sur les lieux varie de quatre à vingt francs. Cette
dette, si peu importante, il l'acquitte avec le premier or
exploité, ordinairement le jour même, au plus tard, quelques jours après. Tous les autres objets nécessaires à son
entretien, le chercheur d'or arrivant aux gîtes aurifères
les trouve sur les lieux mêmes, où des marchands et des
industriels élèvent temporairement toutes sortes de bou-
tiques.

Il en est tout à fait autrement en Sibérie. Là, un capital plus ou moins grand, mais toujours considérable, est
nécessaire, non-seulement pour l'exploitation, mais déjà
même pour la recherche d'un gîte aurifère. Il faut en
outre consacrer plusieurs mois à préparer les objets
qu'exigent la recherche et l'exploitation.

En Sibérie, et généralement en Russie, un chercheur
d'or doit trouver avant tout le gîte aurifère même; dans
ce but, il doit prendre à gages des gens expérimentés
pour les mettre à la tête d'une compagnie, et se procurer
des guides, c'est-à-dire des individus connaissant au moins
superficiellement les contrées désertes de la vaste Sibérie. Puis, après avoir choisi dans différentes villes et différents villages, toujours fort éloignés les uns des autres,

des commis travailleurs, il faut qu'il munisse la compagnie qu'il a organisée d'instruments de toute espèce, et lui fournisse la nourriture et même les vêtements pour plusieurs semaines et souvent pour plusieurs mois.

L'organisation d'une pareille compagnie de recherche ou de découverte occasionne déjà une dépense considérable, qui se monte, pour les trois mois de travail de la saison, à la somme suivante [1] :

Pour une demi-compagnie :

> *A pied :* 15,200 francs.
> *A cheval :* 16,000 francs.

Pour une compagnie complète :

> *A pied :* Gages du chef et des ouvriers ; leur entretien ; instruments et outils ; fourniture des objets nécessaires : 20,000 fr.
> *A cheval :* La même dépense, et de plus celle des chevaux et de leur attirail : 22,000 francs.

Si cette compagnie de recherche ne découvre pas de gîte aurifère, il faut en expédier une autre l'été suivant, et renouveler par conséquent les mêmes dépenses considérables. Si, au contraire, la compagnie trouve un gîte aurifère dont la richesse, au moment de la découverte, est toujours plus ou moins problématique, il est indispensable de former, pour l'exploiter, une autre compagnie de travailleurs, ou compagnie d'exploration proprement dite. Ceci exige un nouveau capital considé-

---

[1] D'après le calcul de l'ingénieur des mines Borosdine. *Voyez Otetchestvennuïa Zapiski* (*Annales de la patrie*) pour l'année 1845, n° 9, p. 12.

21.

rable, non-seulement pour payer des gérants, des intendants, des commis et des travailleurs, ainsi que pour leur fournir des vivres, des vêtements, des outils et des instruments ; mais encore pour construire dans les régions désertes de la Sibérie, où doit se faire l'exploitation du gîte découvert, les habitations nécessaires et les fabriques de lavage avec leurs machines.

§ 3. Relativement à la position géographique et au climat.

La Californie et l'Australie sont baignées par des océans et sillonnées dans toutes les directions par des rivières et des ruisseaux. Aussi ces contrées jouissent-elles, comparativement à la Sibérie, d'une disposition topographique bien plus avantageuse. En outre, le climat favorable de la Californie et de l'Australie, surtout des endroits où l'exploitation se fait actuellement, écarte de nombreuses difficultés et dispense d'une partie des travaux mêmes que nécessitent les rigueurs de la Sibérie, et en général de cette partie de la Russie produisant actuellement de l'or. Ces conditions locales font qu'en Australie et dans la Californie le travail des gîtes aurifères peut se prolonger pendant sept, huit, neuf mois et même davantage dans certains endroits ; tandis qu'en Russie il ne dure que les trois mois de l'été, et souvent moins de temps encore.

Ainsi, pour en revenir à la Russie, on peut dire que, si l'intérêt même de l'État exige que le travail, le capital et le génie d'entreprise soient rémunérés, cette rémunération doit être plus considérable pour la production de l'or en Sibérie et dans la Russie, en général, que pour toute autre production quelconque. Sans doute, l'exploitation de l'or des gîtes aurifères y est lucrative, mais elle est accompagnée de chances nombreuses, de travaux pénibles et de privations de toute espèce.

Pour donner une faible idée de ces difficultés, je citerai quelques passages du tableau qu'en fait l'ingénieur des mines russe, Hoffmann, qui a servi en Sibérie[1].

« Quoique les propriétaires de gîtes aurifères, surtout des plus considérables, dit M. Hoffmann, aient de très-grands profits, ils ont cependant à se soumettre à de grands sacrifices. L'insuffisance des indices, jointe à l'ignorance des chercheurs mêmes, fait de la découverte d'un gîte aurifère l'œuvre du hasard et de la persévérance. On sait que toutes les terres de la Sibérie appartiennent à la Couronne; il faut, par conséquent, que celui qui veut tenter fortune à la recherche de l'or, obtienne, avant tout, l'autorisation du gouvernement. Dans la supplique qu'il adresse dans ce but aux autorités, il est tenu d'indiquer approximativement la localité dans laquelle il a l'intention de faire ses recherches. C'est par le ministère des Finances que cette autorisation est accordée, et ce n'est qu'après l'avoir reçue de Saint-Pétersbourg que le chercheur d'or expédie les compagnies de travailleurs. L'organisation d'une compagnie de recherche ou de découverte coûte, même dans les plus minimes proportions, plusieurs milliers de francs[2]. Lorsque ces compagnies de recherche ou de découverte sont expédiées plusieurs années de suite sans résultat favorable, l'organisation

---

[1] Cet intéressant article est inséré dans le *Journal des mines russe* pour l'année 1844, n° 11.

[2] Voyez plus haut, dans le même chapitre, le calcul des dépenses qu'exige l'organisation des compagnies de recherche et des compagnies d'ouvriers en Sibérie.

seule de ces compagnies occasionne déjà de grandes dépenses. C'est ainsi, par exemple, que le conseiller de commerce Miasnikoff avait déjà dépensé plus d'un million de francs pour l'organisation de pareilles compagnies de recherche, avant qu'il découvrît son célèbre gîte aurifère nommé Peskine. Il est vrai que, dès les premières années, il fut indemnisé de ses dépenses et réalisa encore de grands bénéfices; mais d'autres entrepreneurs ne purent supporter l'insuccès de plusieurs années, et perdirent irrévocablement d'immenses capitaux. Sans doute, la persistance à surmonter les difficultés contribue beaucoup au succès.

Mais il faut mesurer sur une tout autre échelle les difficultés que présente la Sibérie. Ainsi, par exemple, la partie de la Sibérie orientale, dans laquelle on a découvert jusqu'à présent le plus grand nombre de gîtes aurifères, surpasse en étendue plusieurs États européens. Cette immense contrée est couverte, dans toute son étendue, d'une forêt vierge. Les habitants de la Sibérie lui donnent le nom de « Taïga. » Quelques parties seulement en sont visitées quelquefois par des chasseurs nomades; mais aucun chemin ne conduit à leurs huttes, et ce n'est qu'en hiver, à de longs intervalles, qu'y apparaissent des marchands de pelleteries russes. L'humidité de l'atmosphère y a transformé la plus grande partie du terrain en d'immenses marais qui couvrent les vallées et les montagnes, marais où s'embourbent profondément les hommes et le bétail. Seulement, à de rares intervalles, il s'y rencontre des endroits couverts d'herbe et pouvant servir de pâturages. En butte à toutes ces difficultés, les compagnies de recherche ou de découverte s'éloignent à des centaines de kilomètres des villages. Aussi doivent-elles se munir

d'approvisionnements, qui consistent en viandes sèches
et salées. N'ayant aucun abri, et passant les nuits sur la
mousse humide, les chercheurs d'or sont exposés à des
pluies continuelles, et, couverts d'habits mouillés, ils
s'occupent à creuser des fosses pour découvrir des gîtes
aurifères. Ce travail est très-pénible, et, à la profondeur de quelques mètres, la fosse explorée se remplit
déjà d'eau. Pour la vider, il est nécessaire de faire jouer
constamment les pompes. Les ouvriers, debout dans une
vase profonde, doivent creuser la fosse jusqu'au terrain
primitif, afin de se convaincre qu'on n'a pas passé un gîte
aurifère, c'est-à-dire une couche qui contient de l'or. Si
l'on considère combien ces travaux sont souvent infruc-
tueux, il est impossible de ne pas s'étonner de la pa-
tience de ces hommes. Lorsqu'au milieu de ces occupations, ils sont subitement surpris par l'hiver avec ses neiges
profondes, c'est alors que leurs souffrances parviennent à
leur comble. Le froid et le manque d'herbe tuent les chevaux. Les hommes abandonnant toutes leurs provisions,
ne chargent que les objets strictement nécessaires à leur
nourriture sur leurs petits traîneaux qu'ils tirent eux-
mêmes, et rôdent souvent ainsi des semaines entières
avant de rencontrer un village quelconque. Malgré tout
cela, les rigueurs mêmes de l'hiver en Sibérie ne retien-
nent pas les entrepreneurs les plus zélés. Ceux-ci se rendent, dans cette saison, à la forêt vierge, à la tête de compagnies organisées un peu autrement à cause du froid.
Ordinairement, les compagnies d'hiver sont envoyées
pour faire une exploration plus complète des découvertes
déjà effectuées en été, dans des contrées très-maréca-
geuses, où il est plus facile de travailler la terre en hiver,
quoiqu'elle soit fortement gelée et qu'on soit obligé de la

briser au moyen d'outils pointus en fer. La compagnie d'hiver part sans chevaux, et s'attelle elle-même aux petits traîneaux qui portent ses approvisionnements. Arrivés sur les lieux, les ouvriers creusent les fosses de recherche au moyen de haches et d'autres outils ; ils fondent au feu la terre qu'ils en ont retirée, pour savoir si elle contient de l'or, et en font ensuite le lavage avec de l'eau chaude. Après une journée d'un travail si pénible, pendant lequel ils s'exposent inévitablement à l'humidité, les ouvriers passent la nuit sur la neige, dans des huttes construites avec des branches de sapin. Il faut avoir la santé de fer de l'habitant de la Sibérie pour pouvoir supporter des fatigues et des privations aussi grandes : mais même parmi eux il y en a beaucoup qui y succombent. Lorsqu'enfin la compagnie est parvenue à se convaincre, au moyen des fosses explorées, que le gîte aurifère découvert est assez riche, l'entrepreneur doit faire une description détaillée, non-seulement de la localité où se trouve le gîte, mais aussi de la nature et de l'épaisseur des couches qui constituent le terrain, et même approximativement de la richesse du gîte. Dans ce but, il est nécessaire de creuser et de décrire au moins dix fosses explorées. Cette description est envoyée au tribunal de district du lieu, avec une supplique contenant la déclaration de la découverte ; cette déclaration est inscrite sur un livre destiné à cet usage ; la supplique, avec la mention de la découverte, est présentée ensuite au gouverneur général avec une autre supplique demandant de faire délimiter la portion de terre où se trouve le gîte découvert. Après des renseignements pris dans le but de savoir si le terrain indiqué n'a pas déjà été l'objet d'une déclaration antérieure, il est délimité, et il en est fait enfin une conces-

sion légale à l'explorateur. Voici en quoi consiste cette
concession : à l'endroit indiqué par l'individu qui a trouvé
le gîte, on lui assigne une portion de terre qui comprend
en largeur 218 mètres, et en longueur, jamais au delà
de 5 ½ kilomètres. Il est défendu de concéder à un seul et
même individu ou à une seule et même société deux pareilles portions de terre lorsqu'elles sont contiguës. Le
propriétaire du gîte découvert ayant ainsi obtenu la concession du terrain, doit préparer alors les approvisionnements et les instruments nécessaires. La farine se tire des
villages voisins, où l'on peut l'obtenir sans difficulté ;
mais les bêtes à cornes doivent être amenées des steppes
des Kirghiz, à plusieurs centaines de kilomètres de distance. Les objets en fer et en fonte viennent d'endroits
fort éloignés, nommément des usines de l'Oural ; le reste
s'achète aux foires d'Irbit et de Nijni-Novgorod. Tous ces
objets arrivent par terre, ou par eau dans le courant de
l'été, aux principaux lieux de dépôt établis sur les limites
de la forêt vierge, par les propriétaires du gîte ou par
leurs fondés de pouvoir. Les compagnies d'ouvriers sont
pendant toute l'année en communication avec ces lieux
de dépôt ; mais c'est en hiver seulement que tout est
transporté de là à travers la forêt, à l'endroit même du
gîte aurifère. Ordinairement, le premier été se passe en
travaux préparatoires : on construit les maisons nécessaires, les établissements d'exploitation, on fait écouler
l'eau, etc. Ce n'est qu'après tous ces travaux et préparatifs que l'on peut enfin se livrer à l'extraction même de
l'or du gîte aurifère [1]. »

---

[1] En Sibérie, les gîtes aurifères, ou les terres renfermant de l'or, sont traités
par l'eau, c'est-à-dire qu'on en extrait l'or qu'ils contiennent au moyen du
lavage ; ce qui se fait ordinairement pendant l'été. Mais si le gîte aurifère est

§ 4. Relativement à la richesse des gîtes aurifères.

Il est dit au chapitre III que la richesse de tout gîte aurifère dépend surtout des conditions qui ont présidé à sa formation ; mais que néanmoins ces conditions peuvent être plus favorables dans une contrée ou dans un endroit que dans l'autre. Ainsi l'on peut dire, généralement parlant, que les gîtes aurifères de la Sibérie orientale sont plus riches que ceux de la Sibérie occidentale ; que ceux de la Californie le sont plus que ceux de la Sibérie orientale, et qu'enfin ceux de l'Australie l'emportent en richesse sur ceux de la Californie.

Dans les chapitres X, XII, XVII et XXI, est indiquée par des chiffres la richesse moyenne des gîtes aurifères de toutes les contrées du globe où se fait l'exploitation de l'or. De la comparaison de ces chiffres il résulte que la richesse moyenne en or des gîtes aurifères, généralement parlant et le poids de 1,637 kilogrammes étant pris pour unité, est, en Californie, de 20 grammes ; en Australie, de 50 grammes ; en Russie, dans les gîtes aurifères riches, de 28 grammes ; dans les médiocres, de 4 grammes, et dans les plus pauvres, de $\frac{1}{4}$ gramme et même audessous ; ce qui fait, pour la Russie, un chiffre moyen de 6 grammes.

§ 5. Relativement aux bénéfices que l'exploitant retire des gîtes aurifères.

Les bénéfices, c'est-à-dire le revenu net que retire celui qui exploite un gîte aurifère, dépendent naturelle-

situé profondément, par exemple à 8 ou 9 mètres, il est souvent plus commode de l'exploiter en hiver.

ment des frais nécessités par son entretien et par les travaux mêmes de l'exploitation. Nous avons déjà dit plus haut, au chapitre x, que, d'après le calcul de M. Michel Chevalier, sans mettre en ligne de compte les cas de chance extraordinaire, mais en prenant un terme moyen, l'exploitation des sables aurifères d'alluvion du Rhin donne, dans une journée de travail, depuis $\frac{1}{2}$ jusqu'à $\frac{3}{4}$ gramme d'or représentant une valeur de 1 $\frac{3}{4}$ franc. Ce gain peut être considéré comme le plus minime qu'obtienne l'orpailleur dans toutes les contrées du monde où l'or s'exploite.

Nous avons dit également que, dans la Russie d'Asie, un ouvrier ordinaire, employé au lavage des terres, est payé à raison de 14 francs par mois par le propriétaire d'un gîte, qui, en outre, le nourrit à ses frais. On admet ordinairement qu'en Sibérie l'entretien d'un ouvrier employé au lavage des terres d'un gîte aurifère revient, en y comprenant le salaire, la nourriture et les dépenses supplémentaires de l'exploitation, à la somme ronde de 40 francs par mois [1]. Ainsi pour tout le temps du travail, c'est-à-dire pour les trois mois d'été, en y ajoutant le temps passé en route, en tout pour trois mois et demi ou pour cent jours, l'ouvrier russe gagne une somme nette de 140 francs. En décomptant de cette somme ce qu'il doit payer pour son passe-port et ses autres dépenses indispensables, il reste à l'ouvrier environ 80 francs de profit net, ce qui donne 80 centimes par journée de travail.

Au chapitre xvii, § 7, il est dit que dans la Californie, en exceptant les trouvailles d'une richesse extraordinaire

---

[1] En Sibérie, le plus habile ouvrier reçoit 50 et quelquefois 60 francs par mois. Du reste, le travail supplémentaire, en dehors de la tâche imposée, est rétribué par le propriétaire moyennant une petite gratification.

et ne calculant que l'exploitation des gîtes ordinaires, en n'admettant toujours qu'un résultat moyen et en considérant d'ailleurs que l'exploitant en Californie doit y dépenser pour son entretien personnel, pendant toute la saison du travail, 1,400 francs, il est dit que pour 6 mois ou plus exactement pour 140 journées de travail, à raison, selon l'usage du pays, de 8 heures par jour, on y réalise un bénéfice de 8,000 francs. Par conséquent, le profit net de l'exploitant californien est de 56 francs par journée de travail.

Le chapitre xxi, § 9, indique les principaux endroits où se trouvent les gîtes aurifères de l'Australie et la quantité d'or que chaque exploitant y extrait par jour. Comme en Australie on découvre chaque jour de nouveaux gîtes aurifères de plus en plus riches, il est très-difficile de constater avec une exactitude, même approximative, la richesse des gîtes aurifères de ce continent. On peut dire seulement, en général, que ceux de l'Australie sont plus riches que ceux de la Californie, et il est permis d'avancer qu'en termes moyens, le chercheur d'or en Australie extrait dans une journée, c'est-à-dire pendant 8 heures de travail, pour la valeur de 168 francs d'or, ce qui fait pour toute la saison du travail, en la comptant seulement à 7 mois par année, la somme de 35,280 francs.

§ 6. Relativement aux avantages que la production même de l'or procure aux habitants des localités dans les contrées aurifères.

Il n'est certes personne qui conteste que toute production de la nature utile à l'homme ne soit un bienfait, puisqu'elle est un don gratuit. Mais au lieu d'appliquer également à la production de l'or cette vérité incontestable, il y a des hommes, peu initiés aux principes de l'économie politique, qui expriment de vagues regrets et même des craintes au sujet des vastes proportions que prend l'exploitation de l'or.

En parlant ici de pareilles craintes, exprimées au sujet de la Russie, nous n'en mentionnerons que deux principales : l'accroissement de l'exploitation de l'or, disent les uns, peut diminuer le nombre des gîtes aurifères dans l'Asie russe et y tarir par conséquent, pour l'avenir, les sources de cette branche de richesses naturelles.

Pour pouvoir se convaincre de la justesse de ces craintes, il faudrait auparavant décider la question de savoir s'il est plus avantageux d'extraire actuellement l'or des gîtes aurifères, ou bien d'attendre encore 25, 50 ou 100 ans ? D'ailleurs les partisans de cette opinion auraient à préciser la limitation des lieux contenant des gîtes aurifères, tandis qu'au contraire la nature du terrain et des montagnes de ces contrées, la vaste étendue de la Russie asiatique et le nombre des gîtes aurifères qu'on y trouve presque partout, combattent victorieusement cette opinion. L'exploitation de l'or en Sibérie et dans la Russie d'Asie en général enlève, disent les autres, un grand nombre de bras à l'agriculture et fait ainsi monter le prix du blé ; par conséquent, ajoutent-ils, cette industrie est même nuisible à la contrée. Il suffit de faire observer, en réponse à cette opinion évidemment erronée, que si l'extraction de l'or est préjudiciable à l'agriculture, ce mal doit s'étendre aussi à l'extraction de l'argent, du cuivre, du fer, en un mot, à toute autre industrie qu'à celle de l'agriculture. D'ailleurs, si en effet l'extraction de l'or, du cuivre ou du fer enlève des bras à l'agriculture, cela veut dire seulement que ces industries sont plus avantageuses que l'agriculture et qu'elles rémunèrent mieux un travail très-pénible, dans une contrée comme la Sibérie où les produits de l'agriculture n'avaient, pour ainsi dire, aucune valeur, avant l'introduction de l'exploitation de l'or. En outre, ces plaintes au sujet du tort fait à l'agriculture et des prix élevés des produits agricoles de la Russie asiatique, sont fausses, je l'ajouterai, à mon grand regret. J'en donnerai pour preuve les renseignements officiels des localités sur le nombre d'ouvriers employés aux gîtes aurifères de la Russie d'Asie, sur les gages qu'ils reçoivent, ainsi que sur les prix du blé. Ces renseignements sont authentiques ; il n'est nullement besoin de les cacher aux autorités locales, d'autant plus que le gouvernement russe, sur les instances des propriétaires mêmes des gîtes aurifères de la Sibérie, a fait un règlement en vertu duquel aucun ouvrier n'est admis aux gîtes aurifères que muni d'un permis spécial qui lui est délivré par les autorités de sa commune, laquelle, en outre, répond de lui. Puis il se trouve aux gîtes aurifères des employés particuliers et des ingénieurs, sous l'inspection desquels se tiennent les livres et se font toutes les dispositions des travaux. Il résulte de ces tableaux officiels très-détaillés, indiqués plus haut, que, dans les gîtes aurifères de la Sibérie ou de l'Asie russe en général, les gages ordinaires d'un ouvrier, non compris la nourriture, sont de 40 francs par mois et de 140 francs pour les trois mois et demi que dure le travail. — Que le nombre total des ouvriers dans les gîtes aurifères de la Russie d'Asie, qui appartiennent à des particuliers, ne dépasse pas 20,000[1].

---

[1] On ne compte pas ici les ouvriers des usines de la Couronne qui sont in-

— Que, dans tous les cas, la population de la Sibérie étant de 5,500,000 habitants, un si petit nombre d'ouvriers n'a pu diminuer d'une manière sensible la quantité des bras employés à l'agriculture. — Que, d'ailleurs, les agriculteurs de la Sibérie ne se livrent nullement aux travaux des gîtes aurifères, leurs occupations étant en réalité infiniment plus commodes que celles des chercheurs d'or. — Que, sur le nombre total des individus qui travaillent aux gîtes aurifères de la Sibérie, les deux tiers sont des exilés sans domicile qui, avant l'établissement de l'exploitation aurifère, étaient la terreur des habitants paisibles des campagnes, et que l'autre tiers se compose d'individus appauvris par des cas fortuits et enlevés ainsi à leurs occupations habituelles [1]. — Que la moralité même de la classe agricole de l'Asie russe n'a pu souffrir en aucune manière de l'introduction de l'exploitation de l'or. Au contraire, un grand nombre de ces condamnés libérés, dont nous venons de parler, après avoir amassé une petite somme d'argent, embrassent souvent l'état de voituriers ou deviennent agriculteurs. Quant au petit nombre d'individus, en dehors de la catégorie susmentionnée des ouvriers des gîtes aurifères, si, parlant en général, leur conduite n'est pas tout à fait criminelle, elle est sans doute souvent irrégulière et entachée de toutes

corporés à vie, à l'instar des paysans qui appartiennent aux seigneurs. L'entretien de ces ouvriers de la Couronne a lieu d'après un règlement spécial qui détermine aussi leurs occupations. En général, on compte dans les gîtes aurifères, tant de la Couronne que des particuliers, un nombre total de 30,000 hommes.

[1] D'après les lois russes, les individus expédiés en Sibérie et qui ont été condamnés aux travaux forcés, non à perpétuité, mais à temps, y sont, à l'expiration de leur peine, inscrits dans les villages comme appartenant aux paysans; ils peuvent ensuite devenir eux-mêmes des paysans libres. Le plus grand nombre d'entre eux deviennent de laborieux et pacifiques agriculteurs.

sortes d'excès; mais, pour ceux-là même, un travail aussi pénible que celui des gîtes aurifères contribue, sans contredit, à l'amélioration de la moralité d'un grand nombre d'entre eux [1]. — Que pour l'entretien de ces 20,000 travailleurs occupés aux gîtes aurifères de la Russie d'Asie, qui augmentent annuellement la richesse de l'État d'une valeur de 76 millions de francs, il ne faut, pour les trois mois et demi que dure la saison du travail, guère plus de 2,800 hectolitres de farine de seigle, coûtant sur les lieux de 144,000 à 160,000 francs. Cette provision de farine est tellement insignifiante, que les propriétaires des gîtes aurifères la reçoivent toujours, sans aucune difficulté, des villages les plus voisins [2]. — Que les plaintes des propriétaires de mines aurifères sur l'augmentation des prix du blé, sont également mal fondées, quoique ces prix aient haussé en effet dans quelques villages. Mais cette augmentation indemnise seulement un peu plus les peines d'un petit nombre d'agriculteurs, et il serait à souhaiter qu'une telle augmentation y devînt générale. — Que les plaintes sur la cherté du transport des blés sont également injustes, puisqu'au contraire ces prix dans l'Asie russe sont très-peu élevés, si l'on prend en considération la grande distance des gîtes aurifères. Ainsi, par exemple, dans les gîtes aurifères les plus nombreux, à l'est du fleuve Iénisséï, le transport des villages les plus voisins à travers les déserts, à une distance de plusieurs centaines de kilomè-

---

[1] D'après les renseignements, imprimés en 1852, sur le grand nombre d'ouvriers employés dans les gîtes aurifères de la Sibérie orientale, dont nous avons donné le tableau au chapitre viii, il ne s'est pas commis parmi eux un seul crime dans le courant de toute l'année 1851.

[2] On sait que la nourriture principale de l'ouvrier russe consiste en pain ou en biscuit de farine de seigle.

tres, ne coûte que 38 à 43 centimes par kilogramme. Donc le prix du transport se règle surtout sur la distance ; aussi cette dépense inévitable entre naturellement dans le prix de l'or exploité.

On peut enfin citer les paroles du célèbre baron Alexandre de Humboldt, qui, en 1802, a visité le Mexique et le Pérou, ainsi que leurs mines [1].

« Au Mexique, dit-il, les champs les mieux labourés et dont la culture rappelle les terres les plus soignées de la France, se rencontrent dans les vallées situées entre Salamanca, Silio, Guanaxuato et Villa de Leon, localités qui entourent les mines les plus riches du globe. — Partout où l'on a découvert du minerai, continue le baron de Humboldt, même dans les lieux les plus inhabités et au fond des vallées les plus désertes des Cordillères, partout l'exploitation des mines, loin de nuire à l'agriculture et d'en entraver les progrès, a contribué au contraire activement à la porter à un haut degré de prospérité... » Il est impossible de ne pas reconnaître à cette occasion que le principe le plus juste et le plus sûr est de ne pas gêner, par je ne sais quelles combinaisons problématiques, telle industrie au profit de telle autre. Il faut, au contraire, laisser à chacun la liberté de se livrer au travail honnête qui lui procure le plus d'avantages. Dans tous les cas, il est hors de doute que la production de l'or a non-seulement donné de l'activité au commerce, mais qu'elle a contribué beaucoup à la richesse et au bien-être d'un très-grand nombre de localités de la Russie d'Asie.

---

[1] *Essai politique sur le royaume de la Nouvelle-Espagne*, par M. de Humboldt. Paris, 2e édition, t. ii, p. 375.

CHAPITRE XXIII.

RÉCAPITULATION GÉNÉRALE DE LA QUANTITÉ ET DE LA VALEUR DE L'OR ET DE L'ARGENT EXPLOITÉS DEPUIS L'ANTIQUITÉ JUSQU'EN 1855, DANS TOUTES LES CONTRÉES DU MONDE CONNU.

En réunissant les tableaux qui précèdent, par contrées et par périodes, il en résulte les calculs suivants :

Aujourd'hui, en 1855, on exploite annuellement :

1° En Europe, y compris la Russie, — en or, 26,805 kilogrammes ; en argent, 161,444 kilogrammes. Valeur des deux métaux, 125 millions de francs.

2° En Amérique, avec la Californie, — en or, 169,834 kilogrammes ; en argent, 755,180 kilogrammes. Valeur des deux métaux, 734 millions de francs.

3° En Asie, avec l'Océanie, — en or, 27,000 kilogrammes ; en argent, 110,000 kilogrammes. Valeur des deux métaux, 114 millions de francs.

4° En Afrique, — on n'y recueille pas d'argent ; mais on exploite en or 4,200 kilogrammes. Valeur, 13 millions de francs.

5° En Australie, — on n'y recueille pas non plus d'argent, mais on exploite en or 290,360 kilogrammes. Valeur, 1 milliard de francs.

Donc, aujourd'hui, en 1855, on exploite annuellement dans toutes les parties du monde connu, en or, 518,199 kilogrammes ; en argent, 1,026,624 kilogrammes. Valeur des deux métaux, 1,988 millions de francs.

La quantité en nature de l'or et de l'argent qui existait en Europe vers l'époque de J.-C., jointe à celle exploitée en Europe depuis J.-C. jusqu'en 1855, se monte, pour l'or, à 15,314,653 kilogrammes ; pour l'argent, à 244,410,170 kilogrammes. Valeur de l'or, 50,882 millions de francs ; de l'argent, 51,802 millions de francs. Valeur totale de ces deux métaux, 102,684 millions de francs.

Ces mêmes résultats généraux sont représentés en détail dans les tableaux suivants.

FIN DU TOME PREMIER.

TABLEAU GÉNÉRAL

DE LA QUANTITÉ UNIVERSELLE ET DE LA VALEUR DE L'OR ET DE L'ARGENT EXPLOITÉS DEPUIS L'ANTIQUITÉ JUSQU'EN 1855

REPRÉSENTÉES PAR PARTIES DU MONDE.

 Après la page 326.

CONTRÉES D'EXPLOITATION.	PÉRIODES D'EXPLOITATION.	OR.		ARGENT.		Exploitation de l'or et de l'argent, dans les époques indiquées, en moyenne annuelle.		
		kilogrammes.	francs.	francs.	kilogrammes.	OR. (kilogrammes)	ARGENT. (kilogrammes)	TOTAL. (francs)
EN EUROPE, Y COMPRIS LA RUSSIE.	Il existait en Europe, en nature, au temps de J.-C.	79,730	266,000,000	515,000,000	2,401,532	»	»	»
	1re période, de J.-C. à 1492	155,711	519,569,314	1,047,329,920	4,710,107	166	4,505	1,056,588
	2e période, de 1492 à 1810	207,178	691,111,860	2,615,209,960	11,761,653	965	43,825	43,004,748
	3e période, de 1810 à 1825	33,316	110,511,058	282,196,280	1,269,189	2,230	84,611	28,161,012
	4e période, de 1825 à 1848	270,413	901,821,608	603,039,728	2,712,212	11,767	117,921	65,419,621
	5e période, de 1848 à 1851	84,177	275,261,680	99,587,968	447,871	37,392	449,290	124,696,148
	6e période, de 1851 à 1855	100,927	336,812,556	432,000,960	591,652	25,931	118,410	117,210,879
	Totaux	929,441	3,100,615,736	5,314,176,816	21,896,106			
	Valeur totale, en francs, de l'or et de l'argent . . . 8,943,521,252 francs.							
EN AMÉRIQUE, Y COMPRIS LA CALIFORNIE.	1re période n'existe pas.							
	2e période, de 1492 à 1810	2,381,381	7,662,758,000	25,902,584,000	123,433,977	7,312	386,379	102,729,782
	3e période, de 1810 à 1825	116,880	390,900,000	1,061,790,000	4,788,225	7,792	319,315	96,980,000
	4e période, de 1825 à 1848	218,161	828,000,000	2,909,270,000	13,083,711	10,787	568,857	162,490,000
	5e période, de 1848 à 1851	185,358	618,575,500	503,761,410	2,265,540	61,786	755,180	374,412,280
	6e période, de 1851 à 1855	627,617	2,094,767,200	671,681,920	3,020,720	156,911	755,180	691,012,280
	Totaux	3,529,295	14,594,100,600	30,054,987,360	146,591,173			
	Valeur totale, en francs, de l'or et de l'argent . . . 41,606,095,960 francs.							
EN ASIE, Y COMPRIS L'OCÉANIE	Il existait en Asie, en nature, au temps de J.-C.	1,997,938	6,665,313,132	13,331,666,618	59,969,362	»	»	»
	1re période, de J.-C. à 1492	4,476,000	14,941,410,816	1,990,117,520	8,952,000	3,000	6,000	11,411,708
	2e période, de 1492 à 1810	951,000	3,172,424,516	421,897,020	1,902,000	3,000	6,000	11,411,708
	3e période, de 1810 à 1825	90,000	300,220,510	10,021,800	180,000	6,000	12,000	22,683,116
	4e période, de 1825 à 1848	276,000	920,701,616	201,560,820	920,000	12,000	50,000	48,921,932
	5e période, de 1848 à 1851	60,000	900,165,624	66,707,518	300,000	20,000	100,000	88,958,056
	6e période, de 1851 à 1855	108,000	360,275,360	97,835,920	440,000	27,000	110,000	415,527,840
	Totaux	7,958,938	26,350,514,604	16,157,116,296	72,663,362			
	Valeur totale, en francs, de l'or et de l'argent . . . 42,707,630,900 francs.							
EN AFRIQUE	Il existait en Afrique, en nature, au temps de J.-C.	167,894	560,000,000	280,000,000	1,259,229	»	»	»
	1re période, de J.-C. à 1492	4,192,000	4,970,357,351	»	»	1,000	»	3,311,332
	2e période, de 1492 à 1810	317,000	1,056,032,311	»	»	1,000	»	3,311,332
	3e période, de 1810 à 1825	30,000	99,939,060	»	»	2,000	»	6,662,663
	4e période, de 1825 à 1848	63,000	240,175,905	»	»	3,000	»	10,007,618
	5e période, de 1848 à 1851	12,000	40,016,940	»	»	4,000	»	13,214,980
	6e période, de 1851 à 1855	16,800	55,922,688	»	»	4,200	»	13,980,672
	Totaux	2,104,694	7,012,445,080	280,000,000	1,259,229			
	Valeur totale, en francs, de l'or et de l'argent . . . 7,292,445,080 francs.							
EN AUSTRALIE.	1re, 2e, 3e, 4e et 5e périodes n'existent pas.	»	»	»	»	»	»	»
	6e période, de 1851 à 1855	762,282	2,625,200,000	»	»	100,570	»	656,300,000

RÉSUMÉ. — Exploitation générale et totale depuis l'antiquité jusqu'en 1855. . . . . Or. . . . . . 15,314,653 kil. valant 50,882,324,020 francs.

Argent. . . . . 254,410,170 — — 51,802,590,172

Total . . . . . . 102,684,914,192 francs.

TABLEAU GÉNÉRAL
DE LA QUANTITÉ UNIVERSELLE ET DE LA VALEUR DE L'OR ET DE L'ARGENT EXPLOITÉS DEPUIS L'ANTIQUITÉ JUSQU'EN 1855
REPRÉSENTÉES PAR PÉRIODES D'EXPLOITATION.

PÉRIODES D'EXPLOITATION.	CONTRÉES D'EXPLOITATION.	OR. (kilogrammes)	OR. (francs)	ARGENT. (francs)	ARGENT. (kilogrammes)	Exploitation de l'or et de l'argent, dans les époques indiquées, en moyenne annuelle. OR. (kilogrammes)	ARGENT. (kilogrammes)	TOTAL. (francs)
Il existait, en numéraire, au temps de J.-C.	En Europe	70.730	206,000,000	535,000,000	2,401,532	»	»	»
	Asie avec l'Océanie	4,997,938	6,665,343,332	13,334,666,568	59,969,362	»	»	»
	Afrique	467,894	560,000,000	560,000,000	1,259,229	»	»	»
	Totaux	2,245,562	7,491,333,332	14,118,666,568	63,630,123	»	»	»
	Valeur totale, en francs, de l'or et de l'argent . . . 21,610,000,000 francs.							
Il a été exploité pendant la 1re période, de J.-C. à 1492.	En Asie avec l'Océanie	4,576,000	14,931,510,816	4,990,117,820	8,982,000	3,000	6,000	44,441,708
	Afrique	4,492,000	4,970,317,344	»	»	1,000	»	3,331,334
	Europe avec la Russie	155,711	519,169,344	1,817,329,920	4,710,107	106	2,900	1,056,584
	Totaux	6,123,711	20,421,127,504	3,937,747,110	13,661,107	1,106	8,900	13,829,628
	Valeur totale, en francs, de l'or et de l'argent . . . 23,406,574,594 francs.							
— 2e période, de 1492 à 1810.	En Europe avec la Russie	207.178	691,114,810	2,615,299,960	11,761,553	963	34,985	13,002,788
	Amérique	2,481,309	7,062,758,090	24,902,381,000	121,133,277	7,512	389,379	402,729,782
	Asie avec l'Océanie	951,000	3,172,524,416	122,597,020	1,902,000	3,000	6,000	41,441,708
	Afrique	317,000	1,056,032,244	»	»	1,000	»	3,331,334
	Totaux	3,856,487	12,582,329,520	27,940,780,980	137,996,830	12,477	439,364	430,505,616
	Valeur totale, en francs, de l'or et de l'argent . . . 40,523,119,500 francs.							
— 3e période, de 1810 à 1825.	En Europe avec la Russie	33.310	110,531,588	284,498,280	1,269,189	2,220	81,614	26,185,042
	Amérique	416,880	390,000,000	1,064,700,800	5,788,225	7,792	319,215	96,980,000
	Asie avec l'Océanie	90,000	300,329,110	50,921,800	180,000	6,000	12,000	22,683,510
	Afrique	30,000	99,939,960	»	»	2,000	»	6,662,664
	Totaux	270,190	900,704,088	1,386,920,880	6,437,114	18,012	415,827	152,510,698
	Valeur totale, en francs, de l'or et de l'argent . . . 2,285,625,168 francs.							
— 4e période, de 1825 à 1848.	En Europe avec la Russie	270,513	901,821,688	603,039,728	2,712,212	11,757	117,522	65,429,624
	Amérique	248,101	828,000,000	2,909,270,000	13,084,711	10,787	568,857	402,190,000
	Asie avec l'Océanie	276,000	920,703,616	201,569,820	920,000	12,000	40,000	18,024,932
	Afrique	69,000	230,175,904	»	»	3,000	»	40,007,648
	Totaux	863,514	2,880,701,128	3,716,899,348	16,715,923	37,544	726,779	280,852,204
	Valeur totale, en francs, de l'or et de l'argent . . . 6,597,604,876 francs.							
— 5e période, de 1848 à 1851.	En Europe avec la Russie	84,177	275,261,080	99,587,668	447,871	27,192	119,290	124,606,448
	Amérique avec la Californie	185,358	618,875,100	503,761,140	2,263,340	61,786	765,180	374,412,280
	Asie avec l'Océanie	60,000	200,166,624	66,707,548	300,000	20,000	100,000	88,958,056
	Afrique	12,000	40,016,940	»	»	3,000	»	43,338,980
	Totaux	339,545	1,133,020,644	670,056,656	3,013,411	113,178	1,004,170	601,015,764
	Valeur totale, en francs, de l'or et de l'argent . . . 1,803,077,300 francs.							
— 6e période, de 1851 à 1855.	En Europe avec la Russie	100,925	336,814,556	132,000,968	593,641	25,231	158,410	116,210,879
	Amérique avec la Californie	627,647	2,095,767,200	671,681,920	3,020,720	156,911	755,180	691,513,280
	Asie avec l'Océanie	408,000	360,273,594	97,835,920	440,000	27,000	110,000	111,527,820
	Afrique	46,800	55,922,648	»	»	3,200	»	43,980,674
	Australie	762,292	2,625,200,000	»	»	190,570	»	656,300,000
	Totaux	4,615,751	5,473,007,804	901,518,896	1,054,362	403,912	1,013,590	1,594,631,651
	Valeur totale, en francs, de l'or et de l'argent . . . 6,371,526,001 francs.							

RÉSUMÉ. — Exploitation générale et totale depuis l'antiquité jusqu'en 1855 . . . . Or . . . . 45,314,653 kil. valant 50,882,324,026 francs.
Argent . . 244,410,170 — 51,802,590,172

Total . . . . 102,684,914,192 francs.

TABLE DES MATIÈRES.

DEUXIÈME PARTIE.

*Quantité d'or et d'argent extraite dans toutes les contrées du monde
connu, depuis les temps reculés jusqu'en 1855.*

Après la page 339.

1° Tableau général de la quantité universelle et de la valeur de l'or et de l'argent exploités depuis l'antiquité jusqu'en 1855, représentées par parties du monde.

2° *Idem*, par périodes d'exploitation.

FIN DE LA TABLE DU PREMIER VOLUME.